小波变换与深度学习图像处理

李朝荣 著

科学出版社
北京

内 容 简 介

本书结合小波变换和深度学习这两种先进的技术手段,系统地设计多种小波域上的依赖关系,对小波变换域联合建模进行深入的研究,从而显著地提高小波对图像特征的表示能力,并推动小波分析在理论和应用方面的发展。本书首先介绍小波变换的基本原理和相关的数学知识,以及小波变换在图像处理中的应用;其次详细地讲解深度学习相关的理论知识和常用的图像处理方法;然后详细地介绍深度神经网络的基础理论和网络组件,以案例形式介绍 PyTorch 深度学习框架;最后,详细地介绍深度神经网络常用网络组件和模型,重点介绍和分析 ResNet 模型、Transformer 模型,以及现在主流的深度神经网络模型。

本书的内容详尽而全面,为从事数字信号处理和图像处理的工程师、科学家和研究人员提供了实用且深入的技术参考。同样,本书也适合作为高年级本科生和研究生机器视觉、人工智能等相关课程的参考资料。

图书在版编目(CIP)数据

小波变换与深度学习图像处理 / 李朝荣著. -- 北京:科学出版社,2024.10.
ISBN 978-7-03-079656-1

I. TP391.413

中国国家版本馆 CIP 数据核字第 2024JQ2762 号

责任编辑:陈　静　霍明亮 / 责任校对:胡小洁
责任印制:赵　博 / 封面设计:迷底书装

科学出版社 出版
北京东黄城根北街 16 号
邮政编码:100717
http://www.sciencep.com
北京中石油彩色印刷有限责任公司印刷
科学出版社发行　各地新华书店经销
*
2024 年 10 月第 一 版　开本:720×1000　1/16
2025 年 1 月第二次印刷　印张:16 1/2
字数:332 000
定价:148.00 元
(如有印装质量问题,我社负责调换)

前　言

小波变换称为"数学显微镜",它通过逐步多尺度细化,自动适应时频信号分析的要求,从而可以聚焦到信号的任意细节,被广泛地应用于图像、视频等信号处理领域。其中,图像表示与特征提取是小波应用的重要关键技术,它需要在小波变换域建立数学模型来表示图像。概率分布是小波变换域最常用的统计模型。国内外对小波域统计模型的研究已经有很长的历史,但长期以来在小波变换域上建立的是独立的统计模型。虽然大量文献已经证实了小波域上存在某种依赖关系,可以建立多维统计模型,但是依赖关系及其类型还不明确,如何利用这些依赖关系相关研究人员也没有进行深入的研究。

在当今世界,人工智能正迅速地改变着我们的生活和工作方式。深度学习是人工智能领域的一项重要技术,在计算机视觉、语音识别、自然语言处理等领域取得了广泛的应用。而图像处理作为深度学习应用的重要领域之一,也受到了越来越多的关注。深度神经网络能够对复杂的非线性问题进行高效的建模和预测,因此在图像处理领域中具有广泛的应用。在现有技术中,深度神经网络已经被广泛地应用于图像分类、目标检测、图像分割、图像生成和图像超分辨率等任务。例如,在图像分类任务中,深度神经网络能够准确地识别图像中的物体和场景,并进行分类和标记。随着深度神经网络技术的不断发展,未来将会有更多的应用出现。例如,深度神经网络可以用于对医学图像进行分析和诊断,进一步提高医学图像的自动化水平。此外,深度神经网络可以与虚拟现实、增强现实等技术结合使用,进一步提高图像处理的效率和质量。总的来说,深度神经网络在图像处理领域中的应用前景广阔,未来将会在多个领域发挥重要的作用。本书旨在为读者提供一种全新的思路和方法,帮助读者更好地理解与掌握小波变换和深度学习在图像处理领域的应用。作者在写作本书时，深入地研究了相关的理论知识和实际应用，并结合自己的经验和见解，力求将内容讲解清晰易懂，同时又不失深度和广度。

本书主要内容如下：

第 1 章介绍图像特征表示常用方法；

第 2 章详细介绍小波变换理论；

第 3 章介绍 Copula 理论及其参数估计；

第 4 章介绍小波域 Copula 多维模型纹理检索；

第 5 章介绍基于小波变换的旋转不变图像识别；

第 6 章介绍多种小波域统计模型及其深度特征融合；

第 7 章介绍 Gabor 小波特征学习人脸识别；

第 8 章介绍 Gabor 变换域高斯嵌入与深度网络融合人脸识别；

第 9 章介绍深度神经网络基础，让读者能够了解人工神经网络的基本理论；

第 10 章介绍 PyTorch 深度学习框架，让读者能够快速地运用 PyTorch 框架；

第 11 章介绍常见深度神经网络模型，让读者掌握主流的深度网络结构及其实现思路。

第 10 章和第 11 章分别由研究生凌旭东和杨鹏编写，周耀东与陈明香两位老师参与了本书部分文字校对工作，在此表示感谢！最后，我还要感谢所有支持本书出版的人员，特别是我的家人和朋友，还有那些一直在背后默默支持着我们的读者。希望本书能够对读者与学者的研究和工作有所帮助。

由于作者水平有限，书中难免会有疏漏之处，恳请广大读者批评指正。

作 者

2024 年 8 月

目　　录

前言

第 1 章　图像特征表示概述 ·· 1
   1.1　图像特征表示方法 ·· 1
   1.2　图像表示面临的一些问题 ·· 7
   1.3　图像表示的应用 ·· 8
   参考文献 ··· 10

第 2 章　小波变换理论 ·· 15
   2.1　传统小波变换 ··· 15
   2.2　复数小波变换 ··· 22
   2.3　方向小波变换 ··· 27
   2.4　小波散射变换与散射网络 ··· 30
   2.5　本章小结 ·· 31
   参考文献 ··· 31

第 3 章　Copula 理论及其参数估计 ··· 34
   3.1　Copula 理论 ·· 34
   3.2　Copula 参数估计 ··· 39

3.3 协方差模型 ·· 45

3.4 正态分布（高斯分布） ·· 46

3.5 本章小结 ·· 47

参考文献 ·· 47

第4章　小波域 Copula 多维模型纹理检索　48

4.1 概述 ·· 48

4.2 小波域依赖关系 ·· 49

4.3 小波域 Copula 多维模型 ·· 51

4.4 纹理图像检索与实验结果分析 ····································· 58

4.5 本章小结 ·· 60

参考文献 ·· 61

第5章　基于小波变换的旋转不变图像识别　64

5.1 概述 ·· 64

5.2 CSGW ··· 65

5.3 GW/CSGW 域旋转不变 Copula 模型 ······························ 66

5.4 实验与分析 ··· 72

5.5 本章小结 ·· 77

参考文献 ·· 79

第6章　多种小波域统计模型及其深度特征融合　82

6.1 概述 ·· 82

6.2 背景和动机 ··· 84

6.3 MDCM ·· 85

6.4 小波域 MDCM 图像表示 ·· 87

6.5 多种小波域 MDCM 及其深度特征融合 ·························· 91

6.6	实验与分析	91
6.7	本章小结	100
参考文献		100

第7章 Gabor 小波特征学习人脸识别 ... 105

7.1	概述	105
7.2	相关工作	107
7.3	LCMoG-CNN 人脸特征提取	108
7.4	LGMoG-LWPZ 人脸特征提取	110
7.5	实验与分析	112
7.6	综合分析	118
7.7	本章小结	121
参考文献		122

第8章 Gabor 变换域高斯嵌入与深度网络融合人脸识别 ... 126

8.1	概述	126
8.2	相关工作	128
8.3	Gabor 小波	130
8.4	线性空间中的高斯嵌入和向量化	131
8.5	LGLG 人脸识别	134
8.6	实验与分析	139
8.7	本章小结	149
参考文献		149

第9章 深度神经网络基础 ... 156

9.1	神经网络基础	156
9.2	全连接神经网络	158

9.3 卷积神经网络 ··· 169

9.4 本章小结 ··· 184

参考文献 ·· 184

第 10 章 PyTorch 深度学习框架 ··· 185

10.1 PyTorch 安装 ··· 185

10.2 PyTorch 基础 ··· 186

10.3 广播机制 ··· 191

10.4 PyTorch 求导功能 ··· 192

10.5 神经网络设计 ··· 194

10.6 图像分类案例 ··· 199

10.7 PyTorch-Lightning ··· 212

10.8 本章小结 ··· 218

第 11 章 常见深度神经网络模型 ··· 219

11.1 ResNet 模型与关键代码分析 ·· 219

11.2 编码-解码模型 ·· 222

11.3 Transformer 模型 ·· 226

11.4 视觉 Transformer（ViT）与关键代码分析 ···························· 237

11.5 RNN 模型原理与实现 ··· 242

11.6 GAN 模型原理与实现 ··· 250

11.7 本章小结 ··· 255

参考文献 ·· 256

第1章 图像特征表示概述

图像表示和分类是计算机视觉研究的热点与难点,在医学图像、工业、军事、航天等领域有着广泛的应用。对图像表示和分类的研究已经有多年的历史并取得了丰富的成果。但随着应用的深入,对图像表示和分类方法的要求也越来越高,设计出准确、高效的图像表示和分类方法是一个开放性的问题。

1.1 图像特征表示方法

根据灵长类视觉皮层的目标识别机理来设计图像识别方法被认为是实现机器视觉的有效思路。目前学术界普遍认同的机理是沿着低级视觉皮层逐步向上至高级皮层的识别过程,具体过程阐述如下[1]:

$$V_1 \to V_2 \to V_4 \to PIT \to AIT \to PFC$$

V_1 为初级视觉皮层,可以形成方向条,如边、线条。V_2 为次级视觉皮层,可以产生局部信息,形成轮廓。V_4 为高级视觉皮层,其具有较大的感受野,可以形成简单的形状。AIT/PIT(anterior inferior temporal/posterior inferior temporal)为前/后下颞叶皮层,能够覆盖整个视觉场,识别物体。PFC(prefrontal cortex)为前额皮层,处理复杂特征,实现物体辨别与分类。根据这一思路可以将目前存在的图像表示方法分为如下几类。

1)滤波器和描述子方法

滤波器和描述子方法常在 V_1 和 V_2 对图像特征进行提取。它通过简单的统计方法(如直方图、统计模型)来表达图像的特征。在图像特征提取中,离散小波和加博(Gabor)小波是应用广泛的两种滤波器[2-4]。小波变换能够将图像转换到强调边缘信息的特征域,并且具有完美的图像重构能力。而 Gabor 小波(Gabor Wavelet,GW)则是灵长类动物视觉细胞对视野的简单感知模拟,具有良好的方向选择特性和尺度选择特性。局部二进制模式（local binary pattern，LBP）及其扩展是一种典型的图像特征描述子，它通过特定的编码方案对局部邻域像素进行编码，并根据统计特性（如直方图）对这些编码进行分析，由于其简单易用而被广泛地应用。此外，尺度不变特征变换（scale-invariant feature transform，SIFT）[5]也常被使用，它提取图像的低级特征，通常与其他方法如基元编码结合使用来表达图像的高层语义。

2）统计方法

基于像素灰度的统计特征是纹理的一个重要特性，在机器视觉应用领域中被广泛地采用。纹理中的像素一般不是孤立的，而与其他像素存在一定的相关性。在统计方法中，直方图是最常见的用于统计纹理灰度的工具，它描述的是纹理图像中某个灰度值出现的频率（或次数）[6]。灰度共生矩阵（gray-level co-occurrence matrix，GLCM）方法[7]也是常用的统计方法。GLCM与二阶统计相关，它描述的是空间上具有某种位置关系的两个像素共同出现的概率。自相关函数化分析评估纹理基元重复特性，它在一定程度上也反映出纹理的粗糙度或精细程度。

3）几何方法

纹理是由基元（或称为标记）构成的。几何方法通过分析这些基元的排列和组合来深入理解和刻画纹理的特性。当纹理基元被确定后，有两种方法可以用于刻画纹理的特征：一种方法是计算纹理基元的统计属性；另一种方法是描述纹理基元的重复规则。常见的有Voronoi排列方法[8]和结构化分析方法[9]。Voronoi排列方法用于刻画标记的局部空域分布，因为局部空域标记（Token或Mark）的分布往往呈现Voronoi多边形几何形状。这里标记指的是由若干个像素组成的线段或封闭的小区域（圆形、矩形等）。结构化分析方法主要用于非常规则的纹理图像，由两个步骤组成：识别纹理标记（或元素）和推断纹理的分布规则。有很多文献描述了该方法用于几何标记的提取，如高斯拉普拉斯（Laplacian of Gaussian）算子和点过程方法[10]。

4）模型化分析方法

模型化分析方法是一种既能描述纹理也能合成纹理的方法。模型的参数能捕获纹理的重要感知属性，常见的模型方法有马尔可夫随机场（Markov random field，MRF）[11]和分形维。MRF是非常流行的统计模型，它常常用于图像的分割、分类与合成。MRF能很好地捕获纹理的局部空域信息，它假定每个像素的强度值仅依靠其局部邻域的强度值，相似的模型方法还有Gibbs模型[12]和自回归模型[13]。分形模型利用纹理的分形维数作为纹理的特征，如多分形谱（multifractal spectrum）[14]方法和局部不变分形特征（locally invariant fractal features）[15]方法。

5）小波变换方法

直接提取纹理图像的特征往往得不到满意的效果，通常的做法是将纹理图像进行一定的变换，使变换后的图像更具有某些显著的特性，更利于特征的提取。常见的变换域方法有离散小波变换（discrete wavelet transform，DWT）[16,17]、复数小波变换（complex wavelet transform，CWT）[18,19]、离散傅里叶变换（discrete Fourier transform，DFT）[20, 21]和离散余弦变换域[22]。在纹理分析领域，总体上讲离散小波变换是效果最好的变换域方法之一，在纹理分析中被广泛地应用。

在过去的几十年里，小波变换被实践证明是最有效的纹理分析工具之一。小波变换将一个图像分解成不同分辨率的一个低频子带和若干个高频子带，其高频子带能很好地表示图像的细节和结构信息。在小波域上，主要有两种方法来提取纹理特征：简单的小波签名方法[23, 24]和复杂统计分布模型方法[25-27]。常见的小波签名和常见的小波域统计分布模型分别见表 1-1 和表 1-2。简单的小波签名特征方法实现简单，常常用于分解子带比较多的小波，如方向小波变换、CWT 及小波包，如果子带较少，那么得到的特征维数也比较少，则很难表示复杂的纹理结构。复杂统计分布模型方法的主要优势在于，它能够将纹理之间的区别简化为统计分布模型之间的比较，这种直观且高效的方式相较于自回归模型和 MRF 等复杂的模型化方法，实现起来更为简便快捷。近年来，对统计分布模型的研究是小波域特征提取的主流方向。泛化高斯分布（generalized Gaussian distribution，GGD）是小波域最常用的建模方案[28, 29]，因为 GGD 能很好地捕获传统小波变换域呈现长尾形状分布的结构。

表 1-1 常见的小波签名

签名名称	签名表达式
norm-2 energy	$e_1 = \frac{1}{N}\sum_{k=1}^{N}|C_k|^2$，$C_k$ 是第 k 个小波系数；N 是小波系数个数
norm-1 energy	$e_2 = \frac{1}{N}\sum_{k=1}^{N}|C_k|$
standard deviation	$e_3 = \sqrt{\frac{1}{N}\sum_{k=1}^{N}(C_k - \mu)^2}$，$\mu$ 是均值
average residual	$e_4 = \frac{1}{N}\sum_{k=1}^{N}|C_k - \mu|$
entropy	$e_5 = \frac{1}{N}\sum_{k=1}^{N}|C_k|^2 \ln|C_k|^2$

表 1-2　常见的小波域统计分布模型

函数名称	概率密度函数	参数
generalized Gaussian	$\dfrac{\beta}{2\alpha\Gamma(1/\beta)}\exp(-\lvert x/\alpha \rvert^{\beta})$	α,β
韦布尔（Weibull）	$\dfrac{x^{\alpha-1}}{\Gamma(\alpha)\beta^{\alpha}}\exp(-x/\beta)$	α,β
伽马（Gamma）	$\dfrac{\alpha}{\beta}\left(\dfrac{x}{\beta}\right)^{\alpha-1}\exp(-(x/\beta)^{\alpha})$	α,β

除 GGD 外，高斯混合模型（Gaussian mixture model，GMM）在小波域也能起到很好的效果[30]，但该模型需要计算混合模型中个体高斯模型的参数及最优高斯模型个数，计算量较大。由于混合模型在刻画分布方面具有强大的能力，所以很自然地推断：如果将若干个 GGD 结合为混合模型，那么是否能收到好的效果呢？最近的研究表明用混合泛化高斯模型（mixture of generalized Gaussian model，MoGG）来实现对小波系数的建模能更好地描述和区分纹理结构[31,32]。然而对于复杂的统计分布模型，尤其是当混合统计分布模型用于对纹理特征相似度进行比较时，其比简单的小波签名方法计算量大。常见的基于统计分布模型的相似度比较方法通过计算两个统计分布模型之间的库尔贝克-莱布勒距离（Kullback-Leibler distance，KLD）来表示纹理的相似程度。然而复杂统计分布模型的相似度往往缺乏 KLD 的解析表达式，这需要借助蒙特卡罗（Monte-Carlo）等随机采样方法来实现，许多文献在这方面做了深入的研究并提出了一些统计分布模型的近似 KLD 解析表达式[29-31]。

目前多数方法仍然假定图像具有相同方向、相同缩放的情况。然而在多数情况下图像采集设备及采集角度、距离的不同会导致对同一景物的采集得到不一致的图像。旋转与缩放不变纹理特征提取是近年来纹理分析领域的重点。Do 和 Vetterli[17]在小波域上利用隐马尔可夫树（hidden Markov tree，HMT）表示图像的特征，通过对角化操作进一步获取了旋转不变特征。HMT 模型将小波变换域的各个高频子带结合在一起并进行分析，它是小波纹理分析中用统计方法考虑子带间相关性较早的一种技术。从笛卡儿（Cartesian）坐标到对数极（Log-Polar）坐标变换也能获得旋转与尺度不变特性，但同时变换的图像会产生行移动。Pun 和 Lee[24]在 Log-Polar 坐标基础上用自适应行不变小波包变换消除了行移位的影响。

基于复数小波的不变特征提取方法受到了广泛的关注。复数小波除了具备传统小波的特性，还具备方向与相角特征，其幅度是平移不变的，这些特性使其在图像分析领域有很好的利用价值。目前常用的复数小波变换有 Gabor 小波变换、对偶树复小波变换（dual-tree complex wavelet transform，DTCWT）、四元数小波变换（quaternion wavelet transform，QWT）三种。具备很好方向选择特性的 Gabor 小波变换在若干文献中被应用[32,33]。Arivazhagan 等[34]在 Gabor 不同尺度与方向分解上计算签名值并通过环状循环移位特征向量方式获得了不变特征。DTCWT[35]有六个方向的小波滤波器,其幅值有近似平移不变性,能很好地应用于不变特征的提取,在纹理分类与检索中有很好的应用价值[36,37]。2008年Chan等[38]在DTCWT基础上提出基于对偶树结构的QWT,与DTCWT相比QWT拥有更优秀的平移不变相频特性。Soulard和Carre[39]首先提出用QWT的幅度与相角结合来提取纹理的特征。Sathyabama等[40]用Log-Polar结合QWT来实现不变特征的提取。

目前在国内外报道中对小波域依赖性分析与建模方面的研究相对薄弱。众所周知小波域存在依赖关系,但由于其子带之间的依赖性很难进行准确的刻画,因而多数方法选择对小波域的各个子带建立相互独立的模型。基于隐马尔可夫模型(hidden Markov model,HMM)[17,41]的小波子带建模是最早考虑到各子带相关性的算法,但是该类算法也只是考虑了同一方向尺度间子带的相关性,在不同方向的三个子带间的相关性缺乏关联。最近国外文献报道了在小波变换域上用Copula多维模型捕获各个子带间的依赖关系的方法[42-44],获得了不错效果。然而这些基于Copula多维模型方法主要考虑了子带内的依赖或颜色分量依赖,而对其他依赖研究不够。

6)基元编码

也称为稀疏表示,其基本思想是用图像中的基本元素——基元的组合来表示图像。其中,字典学习目前也很受关注[45,46],它将这些基元组成的集合称为字典,通过最优投影迭代来计算图像的基元及其线性编码系数。与字典学习算法类似的视觉词袋(bag of visual word,BoVW)模型[47,48]也是利用图像的基本组成元素来表示图像的,不过这里被称为视觉单词,相应地由这些单词组成的集合称为词袋。图像的低级特征用滤波器或描述子(如SIFT)来计算,这些初级特征经过k-mean[48]、FV(fisher vector)[49]、局部约束线性编码(locality-constrained linear coding,LLC)[50]等编码后获得图像的高层语义表示。字典学习中的原子、BoVW中的单词类似V_1和V_2工作的结果,而这些原子或基元的编码仅仅简单模拟了PIT或AIT功能,为此研究人员提出了基于层次结构的字典稀疏编码模型来更好地模拟PIT和AIT功能,如HMAX(hierarchical model and x)模型[51]。

7)深度学习

深度学习是机器视觉的研究热点,其中,卷积神经网络(convolutional neural network,CNN)是一种重要图像特征提取与识别技术,它试图利用深层次的CNN来模拟灵长类动物的视觉从简单到复杂的分层处理过程,即模拟从V_1到PFC整个视觉处理过程,实现便捷的端对端特征提取和识别功能。

(1)深度网络结构发展。

自2012年AlexNet在图像分类比赛中获得成功后,网络模型从增加深度和宽度两个方面来提升性能。深度卷积神经网络(deep convolutional neural network,DCNN)

的层数从10多层增加到1000多层，宽度上也有增加，如Inception网络将原来单一的处理通道增加到6个分支。又如WideResNet在宽度上对深度残差网络（deep residual network，ResNet）进行了拓展，取得了好的效果。由于DCNN的参数变得越来越庞大，所以2019年Google又对网络进行了瘦身，采用模型压缩技术提出了EfficientNet。此外，基于蒸馏（distilling）迁移技术的Teacher-Student压缩模型也得到广泛的应用。2021年在机器视觉领域出现了Transformer网络模型[52]。近年来为了克服Transformer参数庞大、对长序列预测的不足，北京航空航天大学和加利福尼亚大学伯克利分校提出了Informer模型[53]，采用蒸馏技术对优势特征进一步加权（类似于特征选择），提升了预测效果，其实验结果表明在预测序列方面要优于Transformer和长短期记忆（long short-term memory，LSTM）网络。不同任务领域也出现了不同的网络结构：图像分类任务基本以DCNN和Transformer为主，或者是两者的混合。在图像分割任务方面，从2015年的基于全卷积网络（fully convolutional network，FCN）的UNet到2017年的SegNet，再到基于Transformer的PT（point transformer）[54]等模型，目前分割任务的基本结构是编码-解码（encoder-decoder）模式。在目标检测任务方面，有基于DCNN的YOLO模型、Faster-RCNN（region-CNN）模型和基于Transformer的DETR（detection transformer）等模型。由于图像是由多种不同颜色区域构成的，武汉大学和美国Purdue大学将图卷积神经网络（graph convolutional neural network，GCN）应用于基于点云（point cloud）的图像语义分割[55]，分割效果有实质性的提高。目前研究人员开发出了基于GCN的框架——GraphGallery（适用于TensorFlow2和PyTorch框架）。

（2）网络基本单元发展。

激活函数是神经网络的基本单元，从原来的Sigmoid发展到ReLU、Tanh-ReLU、Leaky-ReLU和多项式激活函数；逐步出现了池化、Dropout、BachNorm等功能，也出现了基于矩阵计算的self-attention和multi-head attention模块。为了提升性能，在AlexNet中采样Dropout层来解决过拟合问题；2021年，Choe等[56]提出基于Attention的Dropout，获得了实质性的性能提升。在模拟神经元方面，脉冲激活神经元可以看成经典神经元的另一种实现与升级（称为Spiking神经网络），它更能够模仿人类大脑的信息编码和处理过程。为了降低实现难度，研究人员用CNN方式来实现Spiking神经网格，并应用于图像分割和分类[57,58]。

（3）网络学习策略的发展。

网络学习策略的发展趋势主要是从学习策略上来调整loss函数。为了适应更细微的对象识别，出现了一些新的loss函数，如ArcFace loss、Angular-Softmax loss和Triplet loss。虽然机器视觉的人工智能模型需要大量数据的支持，但实际应用往往缺乏大规模数据。受到人类思维成熟是渐进式、阶段性的学习过程的启发，零样本学习（zero-shot learning）和小样本学习（few-shot learning）也受到了极大的关注[59]。

与直接增加原始样本不同，文献[60]通过在特征空间引入基于概率采样的方法，提高了特征样本的数量，从而有效地减少了计算负担。一般认为元学习（meta learning）是解决小样本学习问题的有效方法。目前，小样本学习，尤其是零样本学习的研究才刚刚起步，效果还远不及大量样本学习好。与此同时，人类具有自我学习的功能，机器学习领域也应该有类似的功能。自动机器学习（AutoML）是让程序本身进行神经架构搜索（neural architecture search，NAS），从而获得性能更优的DCNN结构。此外，自监督学习[61]和半监督学习[62]可以只通过无标签样本便能够学习出成熟的模型。自监督学习可以是基于encoder-decoder模式的产生式学习（generative learning），也可以是对比学习（contrastive learning）[63]。对于对比学习，通常需要伪标签，这些伪标签可以由机器程序在图像中自动提取。例如，Pham等[64]采用了创新的Teacher-Student模式，该模式能够自动提取出称为元伪标签的伪标签，用于训练Student模型。同时，Student模型的学习成果会反馈给Teacher模型，形成了一个循环优化的过程。这种方法在ImageNet数据集上取得了卓越的性能，获得了最佳的成绩。

8）深度混合方法

除上述技术外，为了提升视觉技术水平，出现了DCNN结合传统技术的混合方法，可以看成突破单一层次化的DCNN的机器视觉处理方案。如DCNN结合字典学习、DCNN结合BoVW模型、DCNN结合小波变换[65,66]等方法。

1.2　图像表示面临的一些问题

视觉分类任务是计算机视觉的基础，设计出高效实用的机器视觉分类模型或产品是极具挑战性的工作，是机器视觉研究的重要内容和目标，目前需要解决的关键问题主要有如下几个方面。

（1）如何改善和设计网络结构以突破现有技术瓶颈，实现图像精准分类和应用（如场景识别、视频中的异常识别），以及进一步实现高精度的目标检测和语义分割等应用。

（2）如何模拟视觉皮层的推理、决策和选择性机制，以提高网络模型对图像细节特征的提取性能，是一个引人深思的问题。具体包括设计推理模块、贯穿于整个视觉处理过程的指导性的推理机制等技术。

（3）如何将机器视觉模型嵌入脑功能模型，以提升机器视觉识别水平。上述的视觉处理模型取得了不错的成绩，但仍然处在不断发展的阶段，其发展历程基本上遵循了高级动物脑功能的视觉机理[67,68]。大脑皮层按功能分成很多个大分区，如图1-1所示。这些大分区又分为由特殊功能组成的小分区，其中与视觉有关的皮层区共有20多个。最重要的两条通路是背侧通路和腹侧通路。前者主要完成空间位置的认知，后者主要完成视觉目标认知。深度学习中的机器视觉任务研究路线基本上走的是腹侧通路。机器视觉只是脑功能的一部分，需要结合脑功能的逻辑判断、推理、记忆等功能才能真正地提升机器的视觉水平。

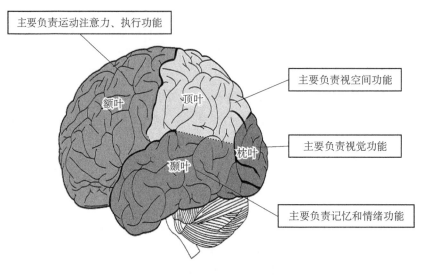

图1-1 大脑皮层分区与功能

由于人类大脑过于复杂，目前看来用计算机模拟脑功能非常困难，因此Cook等[69,70]转而研究低级动物——秀丽线虫的大脑组织结构。他们的研究表明秀丽线虫只有302个细胞，其大脑的空间组织是模块化的。秀丽线虫的大脑与高级动物的大脑有很多共同点，这能帮助我们更广泛地了解大脑。考虑到神经网络模拟高级动物视觉功能的成功经验，在设计神经网络时，如果能借鉴秀丽线虫脑功能简单模块化的特点，则可能极大地提升机器视觉水平。

1.3 图像表示的应用

图像表示是计算机视觉领域中的一个重要问题，它是指将图像转换为数字形式，以便计算机能够对其进行处理和分析。图像表示在计算机视觉领域中具有广泛的应用，包括图像分类、目标检测、图像分割、人脸识别、自动驾驶、医学图像分析等。

（1）在图像分类中，图像表示是将图像转换为特征向量的过程。这个过程通常是通过提取图像的局部特征来完成的，这些特征可以是颜色、纹理、形状等方面的特征。一旦图像被转换为特征向量，就可以使用机器学习算法对其进行分类，如支持向量机（support vector machine，SVM）、神经网络等。

（2）在目标检测中，图像表示是将图像中的目标与背景分离出来，并进行识别的过程。这个过程通常是通过使用滑动窗口的方法来完成的，这个窗口在图像中滑动，每个窗口被转换为特征向量，然后使用机器学习算法来判断窗口中是否包含目标。

（3）在图像分割中，图像表示是将图像分成不同的部分，以便更好地理解图像中的结构和内容。这个过程通常是使用聚类或分割算法来完成的，其中各个区域分别被转换为特征向量，然后使用聚类或分割算法将图像划分为不同的部分。

（4）在人脸识别中，图像表示是将人脸图像转换为特征向量的过程，以便进行比较和识别。这个过程早期是通过使用主成分分析（principal component analysis，PCA）或线性判别分析（linear discriminant analysis，LDA）等方法来完成的；现在特征提取是以深度神经网络为主。其中，每个人脸图像被转换为特征向量，然后使用机器学习算法来识别不同的人脸。

（5）在自动驾驶中，图像表示是将摄像头捕捉的图像转换为驾驶决策所需的信息。这个过程通常是通过使用深度神经网络来完成的，其中，图像被转换为特征向量，然后使用神经网络来预测车辆应该采取的行动。

（6）在医学图像分析中，图像表示是将医学图像转换为数字形式，以便进行分析和诊断。这个过程通常是通过使用图像处理和分析技术来完成的，其中，医学图像被转换为特征向量，然后使用机器学习算法来进行分析和诊断。

图像表示还涉及视频与图像序列分析。图像序列分析利用计算机视觉技术从图像序列中检测运动及运动物体并对其进行运动分析、跟踪或识别。近年来，图像序列分析得到了广泛的研究和应用，取得了显著的进展。在实现形式上，常见的有序列到序列的分析（天气预测[71]、视频行为识别[72]、视频目标跟踪等[73]）和序列到图像的分析（医学影像分割、图像序列去噪、超分辨重构等[74]）两类。

医学影像分割和降雨量预测是两种典型的图像序列应用。医学影像分割在医学研究、临床诊断、病理分析、计算机辅助手术等医学研究与实践领域中有着广泛的应用和研究价值。例如，在磁共振成像（magnetic resonance imaging，MRI）的过程中，通过改变磁共振（magnetic resonance，MR）信号的影响因素，可以得到不同的影像，这些不同的影像称为序列。因为肿瘤部位在不同的序列下的表现不同，只根据一种序列不能准确地判断肿瘤的位置、大小等信息。降雨量预测是指对未来零至数小时内的降雨量进行高分辨率的预测，对于洪涝灾害预警、城市交通管理及农业、工业水资源管理等方面都具有重大的意义。在基于深度学习的降雨预测领域，主流方法通常涉及将一系列连续的降水量分布图（比如雷达回波序列图）作为输入数据，送入深度学习模型中。这些模型随后会分析这些序列的时空特性，并据此预测未来一段时间内的雷达天气图像序列，从而实现对降雨情况的准确预测。

参 考 文 献

[1] 焦李成, 赵进, 杨淑媛, 等. 稀疏认知学习、计算与识别的研究进展[J]. 计算机学报, 2016, 39(4): 836-852.

[2] 李朝荣. Copula 驱动的小波域纹理特征提取研究[D]. 成都: 电子科技大学, 2013.

[3] 李朝荣, 付波, 林劼. 小波域 Copula 多维模型纹理检索[J]. 中国科学: 信息科学, 2014, 44(12): 1527-1541.

[4] Li C, Duan G, Zhong F. Rotation invariant texture retrieval considering the scale dependence of Gabor wavelet[J]. IEEE Transactions on Image Processing, 2015, 24(8): 2344-2354.

[5] Zheng L, Yang Y, Tian Q. SIFT meets CNN: A decade survey of instance retrieval[J]. IEEE Transactions on Pattern Analysis and Machine Intelligence, 2017, 40(5): 1224-1244.

[6] 马群, 赵美蓉, 郑叶龙, 等. 基于自适应条件直方图均衡的红外图像细节增强算法[J]. 红外技术, 2024, 46(1): 52-60.

[7] Cheis E H, Roy P. Image analysis techniques and gray-level co-occurrence matrices (GLCM) for calculating bioturbation indices and characterizing biogenic sedimentary structures[J]. Computers and Geosciences, 2008, 34(11): 1461-1472.

[8] Tuceryan M, Jain A K. Texture segmentation using voronoi polygons[J]. IEEE Transactions on Pattern Analysis and Machine Intelligence, 1990, 12(2): 211-216.

[9] Blostein D, Ahuja N. Shape from texture: Integrating texture-element extraction and surface estimation[J]. IEEE Transactions on Pattern Analysis and Machine Intelligence, 1989, 11(12): 1233-1251.

[10] Baddeley A J, van Lieshout M N M. Stochastic geometry models in high-level vision[J]. Statistics and Images, 1993, 38(1): 233-258.

[11] Geman D. Stochastic relaxation Gibbs distributions and the Bayesian restoration of images[J]. IEEE Transactions on Pattern Analysis and Machine Intelligence, 1984, 6(6): 721-741.

[12] Besag J. Spatial interaction and the statistical analysis of lattice systems[J]. Journal of Royal Statistical Society, 1974, 36(12): 192-255.

[13] Mao J, Jain A K. Texture classification and segmentation using multiresolution simultaneous autoregressive models[J]. Pattern Recognition, 1992, 25(2): 173-188.

[14] Xu Y, Ji H, Fermuller C. A projective invariant for textures[C]. IEEE Conference on Computer Vision and Pattern Recognition, New York, 2006: 1932-1939.

[15] Varma M, Garg R. Locally invariant fractal features for statistical texture classification[C]. IEEE 11th International Conference on Computer Vision, Rio de Janeiro, 2007: 1-8.

[16] Dong Y S, Ma J W. Wavelet-based image texture classification using local energy histograms[J]. IEEE Signal Processing Letters, 2011, 18(4): 247-250.

[17] Do M N, Vetterli M. Rotation invariant texture characterization and retrieval using steerable wavelet-domain hidden Markov models[J]. IEEE Transactions on Multimedia, 2002, 4(4): 517-568.

[18] Shin D, Kim D, Kim H, et al. An image retrieval technique using rotationally invariant Gabor features and a localization method[C]. IEEE International Conference on Multimedia and Exposition, Baltimore, 2003: 701-704.

[19] 张萌, 潘志刚. 基于分层模糊聚类和小波卷积神经网络的 SAR 图像变化检测算法[J]. 中国科学院大学学报, 2023, 40(5): 637.

[20] Zhang J, Tan T. New texture signatures and their use in rotation invariant texture classification[C]. Proceedings of the 2nd International Workshop on Texture Analysis and Synthesis with the European Conference on Computer Vision, Copenhagen, 2002: 157-162.

[21] Bama B S, Raju S. Fourier based rotation invariant texture features for content based image retrieval[C]. National Conference on Communications, Chennai, 2010: 1-5.

[22] Sorwar G, Abraham A, Dooley L S. Texture classification based on DCT and soft computing[C]. Proceedings of the 10th IEEE International Conference on Fuzzy Systems, Melbourne, 2001: 2-5.

[23] Porter R, Canagarajah N. Robust rotation-invariant texture classification: Wavelet, Gabor filter and GMRF based schemes[J]. IEEE Proceedings-Vision Image Signal Processing, 1997, 144(3): 180-188.

[24] Pun C M, Lee M C. Log-Polar wavelet energy signatures for rotation and scale invariant texture classification[J]. IEEE Transactions on Pattern Analysis and Machine Intelligence, 2003, 25(5): 590-604.

[25] Kwitt R, Uhl A. Lightweight probabilistic texture retrieval[J]. IEEE Transactions on Signal Processing, 2010, 19(1): 241-253.

[26] Bayro-Corrochano E. The theory and use of the quaternion wavelet transform[J]. Journal of Mathematical Imaging and Vision, 2006, 24(7): 19-35.

[27] Allili M S, Bouguila N, Ziou D. Finite generalized Gaussian mixture modeling and applications to image and video foreground segmentation[C]. Proceedings of the 4th Canadian Conference on Computer and Robot Vision, Montreal, 2007: 183-190.

[28] Wouwer G V D, Scheunders P, Dyck D V. Statistical texture characterization from discrete wavelet representation[J]. IEEE Transactions on Image Processing, 1999, 8(4): 592-598.

[29] Do M N, Vetterli M. Wavelet-based texture retrieval using generalized Gaussian density and Kullback-Leibler distance[J]. IEEE Transactions on Image Processing, 2002, 11(2): 146-158.

[30] Chipman H, Kolaczyk E, McCulloch R. Adaptive Bayesian wavelet shrinkage[J]. Journal of the American Statistical Association, 1997, 440(92): 1413-1421.

[31] Allili M S. Wavelet modeling using finite mixtures of generalized Gaussian distributions: Application to texture discrimination and retrieval[J]. IEEE Transactions on Image Processing, 2012, 21(4): 1452-1464.

[32] Kim S C, Kang T J. Texture classification and segmentation using wavelet packet frame and Gaussian mixture model[J]. Pattern Recognition, 2007, 40(4): 1207-1221.

[33] Fountain S R, Tan T, Baker K D. A comparative study of rotation invariant classification and retrieval of texture images[C]. Proceedings of the 9th British Machine Vision Conference, Southampton, 1998: 266-275.

[34] Arivazhagan S, Ganesan L, Priyal S P. Texture classification using Gabor wavelets based rotation invariant features[J]. Pattern Recognition Letters, 2006, 27(16): 1976-1982.

[35] Selesnick I W, Baraniuk R G, Kingsbury N C. The dual-tree complex wavelet transform[J]. IEEE Transactions on Signal Processing Magazine, 2005, 22(6): 123-151.

[36] Kokare M, Biswas P K, Chatterji B N. Rotation-invariant texture image retrieval using rotated complex wavelet filters[J]. IEEE Transactions on Systems, Man, and Cybernetics, 2006, 36(6): 1273-1283.

[37] Celik T, Tjahjadi T. Multiscale texture classification using dual-tree complex wavelet transform[J]. Pattern Recognition Letters, 2009, 30(3): 331-339.

[38] Chan W L, Choi H, Baraniuk R G. Coherent multiscale image processing using dual-tree quaternion wavelets[J]. IEEE Transactions on Image Processing, 2008, 17(7): 1069-1082.

[39] Soulard R, Carre P. Quaternionic wavelets for texture classification[C]. IEEE International Conference on Acoustics Speech and Signal Processing, Dallas, 2010: 4134-4137.

[40] Sathyabama B, Chitra P, Devi V G. Quaternion wavelets based rotation scale and translation invariant texture classification and retrieval[J]. Journal of Scientific and Industrial Research, 2011, 70(4): 256-263.

[41] Choi H, Baraniuk, Richard G. Multiscale image segmentation using wavelet-domain hidden Markov models[J]. IEEE Transactions on Image Processing, 2001, 10(9): 1309-1321.

[42] Sakji-Nsibi S, Benazza-Benyahia A. Copula-based statistical models for multicomponent image retrieval in the wavelet transform domain[C]. Proceedings of IEEE International Conference on Image Processing, Cairo, 2009: 253-256.

[43] Stitou Y, Lasmar N, Berthoumieu Y. Copulas based multivariate Gamma modeling for texture classification[C]. Proceedings of IEEE International Conference on Acoustics, Speech Signal Process, Taipei, 2009: 1045-1048.

[44] Kwitt R, Meerwald P, Uhl A. Efficient texture image retrieval using Copulas in a Bayesian framework [J]. IEEE Transactions on Image Processing, 2011, 20(7): 2063-2077.

[45] Zhang Q, Li B. Discriminative K-SVD for dictionary learning in face recognition[C]. IEEE

Conference on Computer Vision and Pattern Recognition, San Francisco, 2010: 2691-2698.

[46] Cherian A, Sra S. Riemannian dictionary learning and sparse coding for positive definite matrices[J]. IEEE Transactions on Neural Networks and Learning Systems, 2017, 28(12): 2859-2871.

[47] Peng X, Wang L, Wang X, et al. Bag of visual words and fusion methods for action recognition: Comprehensive study and good practice[J]. Computer Vision and Image Understanding, 2016, 150(9): 109-125.

[48] Koniusz P, Yan F, Gosselin P H, et al. Higher-order occurrence pooling for bags-of-words: Visual concept detection[J]. IEEE Transactions on Pattern Analysis and Machine Intelligence, 2017, 39(2): 313-326.

[49] Sánchez J, Perronnin F, Mensink T, et al. Image classification with the fisher vector: Theory and practice[J]. International Journal of Computer Vision, 2013, 105(3): 222-245.

[50] Wang J, Yang J, Yu K, et al. Locality-constrained linear coding for image classification[C]. IEEE Conference on Computer Vision and Pattern Recognition, San Francisco, 2010: 3360-3367.

[51] Ullman S, Assif L, Fetaya E, et al. Atoms of recognition in human and computer vision[J]. Proceedings of the National Academy of Sciences of the United States of America, 2016, 113(10): 2744-2749.

[52] Khan S, Naseer M, Hayat M, et al. Transformers in vision: A survey[J]. arXiv: 2101.01169v1, 2021.

[53] Zhou H, Zhang S, Peng J, et al. Informer: Beyond efficient transformer for long sequence time-series forecasting[J]. arXiv: 2012.07436v2, 2020.

[54] Zhao H, Jiang L, Jia J, et al. Point transformer[J]. arXiv: 2012.09164, 2020.

[55] Wang L, Huang Y, Hou Y, et al. Graph attention convolution for point cloud semantic segmentation[C]. IEEE Conference on Computer Vision and Pattern Recognition, Long Beach, 2019: 10288-10297.

[56] Choe J, Lee S, Shim H. Attention-based dropout layer for weakly supervised single object localization and semantic segmentation[J]. IEEE Transactions on Pattern Analysis and Machine Intelligence, 2021, 43(12): 4256-4271.

[57] Kim S, Park S, Na B, et al. Spiking-YOLO: Spiking neural network for energy-efficient object detection[J]. Proceedings of the AAAI Conference on Artificial Intelligence, 2020, 34(7): 11270-11277.

[58] Zhang M, Wang J, Zhang Z, et al. Spike-timing-dependent back propagation in deep spiking neural networks[J]. arXiv: 2003.11837v2, 2020.

[59] Sung F, Yang Y, Zhang L, et al. Learning to compare: Relation network for few-shot learning[J]. IEEE Conference on Computer Vision and Pattern Recognition, Salt Lake City, 2018: 1199-1208.

[60] Wang Y, Huang G, Song S, et al. Regularizing deep networks with semantic data augmentation[J].

IEEE Transactions on Pattern Analysis and Machine Intelligence, 2022, 44(7): 3733-3748.

[61] Kolesnikov A, Zhai X, Beyer L. Revisiting self-supervised visual representation learning[C]. IEEE Conference on Computer Vision and Pattern Recognition, Long Beach, 2020: 1920-1929.

[62] Sohn K, Berthelot D, Li C L, et al. FixMatch: Simplifying semi-supervised learning with consistency and confidence[C]. Advances in Neural Information Processing Systems, Vancouver, 2020: 1-13.

[63] Chen T, Kornblith S, Norouzi M, et al. A simple framework for contrastive learning of visual representations[J]. arXiv: 2002.05709v3, 2020.

[64] Pham H, Dai Z, Xie Q, et al. Meta pseudo labels[C]. IEEE Conference on Computer Vision and Pattern Recognition, Nashville, 2021: 11557-11568.

[65] Li C, Duan G, Zhong F. Rotation invariant texture retrieval considering the scale dependence of Gabor wavelet[J]. IEEE Transactions on Image Processing, 2015, 24(8): 2344-2354.

[66] Li C, Huang Y, Yang X, et al. Marginal distribution covariance model in the multiple wavelet domain for texture representation[J]. Pattern Recognition, 2019, 92(8): 246-257.

[67] Fukushima K, Miyake S, Ito T. Neocognitron: A neural network model for a mechanism of visual pattern recognition[J]. Transactions on Systems, Man, and Cybernetics, 1983, 13(5): 826-834.

[68] Hegdé J, Felleman D J. Reappraising the functional implications of the primate visual anatomical hierarchy[J]. Neuroscientist, 2007, 13(5): 416-421.

[69] Cook S J, Jarrell T A, Brittin C A, et al. Whole-animal connectomes of both Caenorhabditis elegans sexes[J]. Nature, 2019, 571(7763): 63-71.

[70] Brittin C A, Cook S J, Hall D H, et al. A multi-scale brain map derived from whole-brain volumetric reconstructions[J]. Nature, 2021, 591(7848): 105-110.

[71] Ravuri S, Lenc K, Willson M, et al. Skilful precipitation nowcasting using deep generative models of radar[J]. Nature, 2021, 597(7878): 672-677.

[72] Zheng S, Lu J, Zhao H, et al. Rethinking semantic segmentation from a sequence-to-sequence perspective with transformers[C]. Proceedings of the IEEE/CVF Conference on Computer Vision and Pattern Recognition, Nashville, 2021: 6877-6886.

[73] Romaguera L V, Alley S, Carrier J F, et al. Conditional-based transformer network with learnable queries for 4D deformation forecasting and tracking[J]. IEEE Transactions on Medical Imaging, 2023, 42(6): 1603-1618.

[74] Liu Z, Shen L. Medical image analysis based on transformer: A review[J]. arXiv: 2208.06643, 2022.

第2章 小波变换理论

小波变换的种类丰富多样，无论何种小波变换，其最基本的理论基础是多分辨分析（multiple resolution analysis，MRA），目前各种小波变换理论仍然在不断发展中。传统小波变换理论成熟、实用性强，但其缺陷是方向性较差和平移敏感。复数小波是传统小波的一种扩展，它的幅度系数具有平移不变性或良好的方向选择性。平稳小波在实现方式上没有小波变换的下采样操作，以数据冗余为代价实现了平移不变特性。方向小波具有良好的方向选择性，弥补了传统小波方向选择性较差的缺陷。这几种小波变换在纹理分析领域有着重要的应用价值。

2.1 传统小波变换

如果满足下面的两个条件，则函数 $\psi(t)$ 是母小波[1]：

（1）函数积分为零，$\int_{-\infty}^{\infty} \psi(t) \mathrm{d}t = 0$；

（2）函数平方可积，$\int_{-\infty}^{\infty} |\psi(t)|^2 \mathrm{d}t < \infty$。

第一个条件说明小波母函数是振荡的，具有波动的形状；第二个条件说明小波母函数能量是有限的，是小波的局部化属性。为了保证小波的重构，还需要满足下面的允许条件：

$$C = \int_{-\infty}^{\infty} \frac{|\psi(\omega)|^2}{\omega} \mathrm{d}\omega < \infty, \quad 0 < C < \infty \qquad (2\text{-}1)$$

式中，$\psi(\omega)$ 为 $\psi(t)$ 的频率表示。满足上述条件的函数可用于分解和重构一维信号。

2.1.1 连续小波变换

如果 $f(t)$ 是平方可积函数，即 $f(t) \in L^2(R)$，那么 $f(t)$ 的小波变换定义为

$$\text{CWT}_f(a,b) = \langle f(t), \psi_{a,b}(t) \rangle = \int_{-\infty}^{\infty} f(t)\psi_{a,b}(t)\mathrm{d}t \qquad (2\text{-}2)$$

式中，$\psi_{a,b}(t)$ 表示小波母函数 $\psi(t)$ 不同尺度的伸缩与平移，表示如下：

$$\psi_{a,b}(t) = \frac{1}{\sqrt{|a|}} \psi\left(\frac{t-b}{a}\right) \qquad (2\text{-}3)$$

式中，a 表示尺度因子，b 表示平移因子，都为实数。$\sqrt{|a|}$ 是归一化项，它的作用是保证在不同的 a 和 b 下使小波函数的能量保持一致。当 $a>1$ 时，$\psi_{a,b}(t)$ 沿时间轴放大；当 $0<a<1$ 时，$\psi_{a,b}(t)$ 沿时间轴收缩。较大的 a 对应较大的尺度或者较小的频率，较小的 a 对应较小的尺度或者高的频率。小波母函数的伸缩和平移使小波具有灵活的时频窗，在高频时其时间窗变窄，而在低频时，其时间窗变宽。小波的这种性质有利于分析非平稳信号。

2.1.2 小波多分辨分析

Mallat 和 Meyer 提出了多分辨分析（MRA）框架，其核心思想是将 $L^2(R)$ 分解为一系列具有不同分辨率的子空间序列[该子空间序列的极限就是 $L^2(R)$]。将 $L^2(R)$ 中的 f 描述为具有一系列近似函数的极限，其中，每个近似函数都是 f 在不同分辨率子空间上的投影。通过投影可以研究 f 在不同分辨率子空间上的特性和特征[2]。MRA 的定义如下：

设 $\{V_j\}_{j\in \mathbf{Z}}$ 是 $L^2(R)$ 上的闭子空间序列，$f(t)$ 是 $L^2(R)$ 中的一个函数，如果它们满足下面的 5 个条件，那么称 $\{V_j\}_{j\in \mathbf{Z}}$ 是 $L^2(R)$ 上的一个 MRA。

（1）单调性：

$$j \in \mathbf{Z}, \quad V_j \subset V_{j+1} \qquad (2\text{-}4)$$

（2）平移不变性：

$$f(t) \in V_j \Leftrightarrow f(t-k) \in V_j \qquad (2\text{-}5)$$

（3）逼近性：

$$\overline{\bigcup_{j\in \mathbf{Z}} V_j} = L^2(R) \qquad (2\text{-}6)$$

（4）伸缩性：

$$f(t) \in V_j \Leftrightarrow f(2t) \in V_{j+1}, \quad \forall j \in \mathbf{Z} \qquad (2\text{-}7)$$

（5）Riesz 基的存在性：存在函数 $\phi(t)$，使得 $\{\phi(t-k)\}_{k\in \mathbf{Z}}$ 构成 V_0 的 Riesz 基。

由条件（5）可知，将 Riesz 基标准正交化构造出 V_0 标准正交基，再通过条件（2）平移和条件（3）伸缩也就能构造出 $V_j (j\in \mathbf{Z})$ 中的正交基，即如果 $\{\phi(x-k)\}$ 为 V_0 的标准正交基,那么任意的 $\phi_{j,k}=2^{j/2}\phi(2^j x-k)_{j,k\in\mathbf{Z}}$ 为 V_j 中的标准正交基,但因为 $\{V_j\}_{j\in\mathbf{Z}}$ 不是 $L^2(R)$ 的正交分解,所以不能从 $\phi_{j,k}$ 得到 $L^2(R)$ 的标准正交基。因此需要从 $\{V_j\}_{j\in\mathbf{Z}}$ 构造正交的子空间序列 $\{W_j\}_{j\in\mathbf{Z}}$（小波子空间序列），即

$$V_{j+1}=V_j\oplus W_j \tag{2-8}$$

由此可以将 $L^2(R)$ 正交分解为

$$L^2(R)=\bigoplus_{j=-\infty}^{\infty}W_j \tag{2-9}$$

用 ψ 表示 W_0 中的基函数,则 $\psi_{j,k}=2^{j/2}\psi(2^j x-k)_{j,k\in\mathbf{Z}}$ 构成 W_j 的标准正交基。这样可以将式（2-9）写成等价的形式：

$$L^2(R)=\mathrm{span}\{2^{j/2}\psi(2^j x-k)\}_{j,k\in\mathbf{Z}} \tag{2-10}$$

ψ 为小波母函数,称 W_j 为小波空间。式（2-9）或式（2-10）是理想情形,实际分解时只要达到一定的精度即可：

$$L^2(R)\approx V_j=W_{j-1}\oplus W_{j-2}\oplus\cdots\oplus W_{j-s}\oplus V_{j-s} \tag{2-11}$$

$s\in\mathbf{Z}$ 由分解精度决定。

由上可知,对 $L^2(R)$ 空间中的任意 $f(x)$ 都可以用 $\{\psi_{j,k}\}_{j,k\in\mathbf{Z}}$ 逼近。根据式（2-11）$f(x)$ 可以分解为

$$f(x)=\sum_{J-s\leqslant j<J}\sum_{k\in\mathbf{Z}}d_{j,k}\psi_{j,k}+\sum_{k\in\mathbf{Z}}c_{J-s,k}\phi_{J-s,k} \tag{2-12}$$

式中, $d_{j,k}(=<f(x),\psi_{j,k}(x)>)$ 称为小波系数； $c_{j,k}(=<f(x),\phi_{j,k}(x)>)$ 称为尺度系数。各层分解系数可以由 Mallat 递推公式计算：

$$c_{j,k}=\sum_n h_{n-2k}c_{j+1,n} \tag{2-13}$$

$$d_{j,k}=\sum_n g_{n-2k}c_{j+1,n} \tag{2-14}$$

式中, h 与 g 分别称为低通和高通滤波器系数,分解的计算过程见图 2-1（a）。由小波系数和尺度系数也可以重构函数 $f(x)$, 如图 2-1（b）所示。

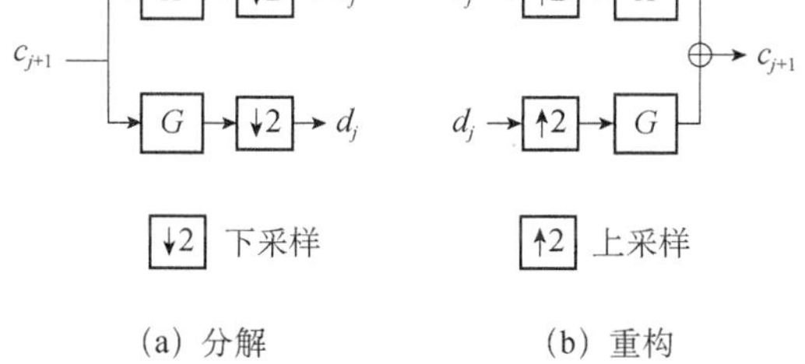

（a）分解　　　　　　　（b）重构

图 2-1　小波分解与重构（G 是高通滤波器，H 是低通滤波器）

MATLAB 小波工具箱提供了丰富的小波函数及其应用，可以用下面代码返回小波函数和尺度函数：

[phi, psi, xval] = wavefun（wname, iter）

式中，返回值 psi 与 phi 分别是与正交小波 wname 相关的小波和缩放函数的近似值；xval 为在网格点上的评估近似值；iter 为用于生成小波和缩放函数近似值的迭代次数，指定为正整数，较大的 iter 值会增加近似值的细化。图 2-2 显示两种小波函数与其对应的尺度函数。

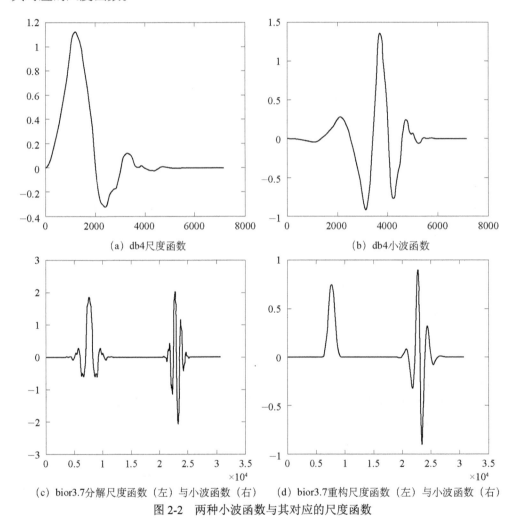

图 2-2　两种小波函数与其对应的尺度函数

2.1.3　二维离散小波变换

图像分析中常常用到二维离散小波变换（two dimensional-discrete wavelet

transformation，2DWT），二维离散小波变换可以由一维可分离小波的张量积构成[3]。与一维 MRA 类似，二维 MRA 也存在尺度函数 $\Phi(x,y)$，其伸缩与平移函数 $\Phi_{jmn}(x,y)$ 是二维 MRA 的标准正交基，$\Phi_{jmn}(x,y)$ 的定义如下：

$$\Phi_{jmn} = 2^{j/2}\Phi(2^j x - m, 2^j y - n), \quad (m,n) \in \mathbf{Z}^2, j \in [1,\infty] \quad (2\text{-}15)$$

如果在 $L^2(R)$ 上有两个 MRA，分别为 $V_{j,1}$ 和 $V_{j,2}$，那么子空间 $V_j^2 = V_{j,1} \otimes V_{j,2}$ 为 $L^2(R^2)$ 中的 MRA（符号 $\otimes$ 表示张量积），这样可得如下公式：

$$\Phi(x,y) = \phi(x)\phi(y) \quad (2\text{-}16)$$

由此得知，如果 V_j^2 是 $L^2(R^2)$ 中的二维可分 MRA，$\Phi(x,y) = \phi(x)\phi(y)$，那么 $\psi(x)$ 是一维 MRA 中与尺度函数 $\phi(x)$ 对应的小波函数：

$$\Psi^1(x,y) = \phi(x)\psi(y) \quad (2\text{-}17)$$

$$\Psi^2(x,y) = \psi(x)\phi(y) \quad (2\text{-}18)$$

$$\Psi^3(x,y) = \psi(x)\psi(y) \quad (2\text{-}19)$$

的伸缩和平移 $\{2^{j/2}\Phi^i(2^j x - m, 2^j y - n)\}$，$i=1,2,3$ 是 $L^2(R^2)$ 的标准正交基。

根据一维尺度空间的正交分解 $V_{j+1,1} = V_{j,1} \oplus W_{j,1}$ 和 $V_{j+1,2} = V_{j,2} \oplus W_{j,2}$，可以得出

$$\begin{aligned}V_{j+1}^2 &= V_{j+1,1} \otimes V_{j+1,2} = (V_{j,1} \oplus W_{j,1}) \otimes (V_{j,2} \oplus W_{j,2}) \\ &= V_j^2 \oplus (V_{j,1} \oplus W_{j,2}) \oplus (W_{j,1} \oplus V_{j,2}) \oplus (W_{j,1} \oplus W_{j,2})\end{aligned} \quad (2\text{-}20)$$

假定在子空间 V_{j+1}^2 中存在一个二维离散信号 $f(x,y)$，则它的下一层分解可以表示为

$$f = C_j f + D_j^1 f + D_j^2 f + D_j^3 f \quad (2\text{-}21)$$

式中

$$\begin{aligned}C_j f(m,n) &= \langle f(x,y), \Phi(x-2m, y-2n)\rangle \\ D_j^1 f(m,n) &= \langle f(x,y), \psi^1(x-2m, y-2n)\rangle \\ D_j^2 f(m,n) &= \langle f(x,y), \psi^2(x-2m, y-2n)\rangle \\ D_j^3 f(m,n) &= \langle f(x,y), \psi^3(x-2m, y-2n)\rangle\end{aligned} \quad (2\text{-}22)$$

式（2-21）称为二维离散小波分解。$C_j f$ 给出了低频分量的小波分解系数；$D_j^1 f$ 给出了 $f(x,y)$ 在垂直方向上的小波分解系数（高频分量）；$D_j^2 f$ 给出了 $f(x,y)$ 在对角方向上的小波分解系数（高频分量）；$D_j^3 f$ 给出了 $f(x,y)$ 在水平方向上的小波分解系数（高频分量）。

在二维图像分析中可以用更直观的符号 cA_j、cV_j、cH_j、cD_j 来表示图像在 j 层小波分解的近似、垂直、水平和对角系数，则二维离散小波变换后的系数分布如图 2-3 所示（两层小波变换）。由于是可分离的二维小波变换，因此可以用两次一维小波变换来实现二维小波变换。对于图像的小波变换，具体可以首先对图像的行做小波变

换，再对列进行小波变换。从信号滤波的角度实现二维离散小波变换的框图如图2-4所示。

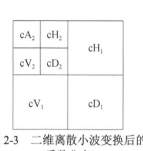

图2-3 二维离散小波变换后的系数分布

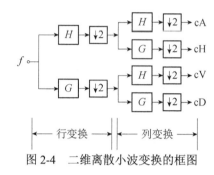

图2-4 二维离散小波变换的框图

2.1.4 小波种类与特性

小波是一种应用型的数学工具，其应用场景取决于小波母函数的特性。在实际应用中，需要根据以下特性来选择使用哪种小波。

（1）支撑长度。

支撑长度指的是小波函数或尺度函数支撑区间的长度，它是函数在时间和频率趋于无穷时，函数值收敛到0的区间长度。支撑长度越长，通常意味着计算量越大，因为需要处理更多的数据点。长支撑长度可能会导致产生更多的小波系数，这些系数可能包含较多的冗余信息。支撑长度的选择对于小波变换的性能和效率有重要影响。过长的支撑长度可能引发边界问题，而过短则可能导致消失矩太低，不利于信号能量的集中。

在实际应用中，支撑长度通常在5~9之间的小波被广泛使用。这是因为在这个范围内的支撑长度能够较好地平衡计算效率和信号能量的集中性。例如，Meyer小波具有一定的支撑长度，并且由于其紧支撑特性，在时域上具有有限长度的波形，它在信号处理中特别有用。

（2）正交性。

正交性保证了小波变换在分解信号时，各个分量之间是独立的，没有冗余信息。这使得信号可以被更精确地分解到各个独立的频带下，便于实现特征提取和信号处理。根据其正交性，小波可以分为正交、半正交和双正交小波。在正交小波中，不同尺度和不同位移之间的向量都是正交的，具有易于计算和稳定性好的优点，适用于信号压缩和图像去噪等应用。半正交小波则是指同一尺度下不同位移之间的向量是正交的，但不同尺度之间的向量不一定正交。正交小波和半正交小波的正交性是指小波函数内部向量之间的正交性。双正交小波是指小波函数与其对偶小波函数之间的正交性；两个小波函数之间是正交的，但小波函数内部的向量不一定正交。

（3）消失矩。

若小波函数 $\psi(t)$ 与所有次数不超过 $N-1$ 的多项式正交，即对于所有的 k，当 $0 \leqslant k < N$ 时，有

$$\int t^k \psi(t) \mathrm{d}t = 0$$

则称小波函数 $\psi(t)$ 具有 N 阶消失矩。消失矩的大小决定了小波变换在压缩数据和消除噪声方面的性能。消失矩越大，小波变换后的非零系数就越少，这有利于数据压缩和噪声消除。在频域内，消失矩意味着小波函数 $\psi(\omega)$ 在 $\omega=0$ 处有高阶零点。一阶零点对应于容许条件，而更高阶的零点则对应于更高的消失矩。

消失矩越大，小波函数与多项式的正交性就越好，能够更有效地捕捉信号中的高频信息。然而，一般情况下，消失矩越高，支撑长度也越长。支撑长度是小波函数非零区间的长度，它决定了小波变换的计算复杂度和局部化能力。较长的支撑长度可能导致计算量增加和边界效应问题。因此，在实际应用中，需要在支撑长度和消失矩之间进行权衡，以选择适合的小波函数。例如，Haar 小波是最简单的小波函数，它具有一阶消失矩和较短的支撑长度。而 Daubechies 小波则是一系列具有不同消失矩和支撑长度的小波函数，可以根据具体需求进行选择。

（4）对称性。

具有对称性的小波函数在坐标轴上表现为轴对称结构。对称性有助于减少小波变换过程中的失真。对称小波在进行信号处理时能更好地保持信号的原始特征，特别是在边缘检测和图像处理等领域中，对称性对于保持信号的结构信息至关重要。

（5）正则性。

量化或舍入小波系数时，需增强小波的光滑性和连续可微性，减少重构误差对人眼的干扰，因为人眼对不规则误差更敏感。正则性好的小波有利于信号/图像重构，减少视觉影响，但支撑长度长，计算耗时。正则性与消失矩相关，部分小波（如样条小波和 Daubechies 小波）的正则性随消失矩增加而提升，但非普遍规律。

常用小波及其主要特性见表 2-1。

表 2-1 常用小波及其主要特性

小波函数	Haar	Daubechies	Biorthogonal	Coiflets	Symlets	Morlet
小波缩写名	haar	db	bior	coif	sym	morl
表示形式	haar	db N	bior$N_r.N_d$	coif N	sym N	morl
举例	haar	db3	bior2.4	coif3	sym2	morl
正交性	有	有	无	有	有	无
双正交性	有	有	有	有	有	无

续表

小波函数	Haar	Daubechies	Biorthogonal	Coiflets	Symlets	Morlet
紧支撑性	有	有	有	有	有	无
连续小波变换	可以	可以	可以	可以	可以	可以
离散小波变换	可以	可以	可以	可以	可以	不可以
支撑长度	1	$2N-1$	重构：$2N_r+1$ 分解：$2N_d+1$	$6N-1$	$2N-1$	有限长度
滤波器长度	2	$2N$	Max$(2N_r, 2N_d)+2$	$6N$	$2N$	$[-4, 4]$
对称性	对称	近似对称	不对称	近似对称	近似对称	对称
小波函数消失矩阶数	1	N	N_r-1	$2N$	N	—
尺度函数消失矩阶数	—	—	—	$2N-1$	—	—

注：表中 N 是该系列小波类型，也是小波阶数；N_r 和 N_d 是双正交的两个小波的阶数。

2.2　复数小波变换

传统小波变换有两个方面的缺点：①不具备平移不变性，即信号的平移会使各尺度上小波系数的能量分布有较大的变化；②方向选择性较差，传统的二维小波变换只能在水平、垂直和对角方向上进行分解。CWT 的提出能克服上述小波变换的两个或其中一个缺点。另外，CWT 系数有幅度与相角系数两种，幅度系数一般具备平移不变性（近似不变），表示图像特征的强度，而相角可以表示图像的结构特征。

2.2.1　Gabor 小波变换

Gabor 小波在频域和空域同时具有很好的局部性，被广泛地应用于图像分析，包括图像分类与检索[4]。典型的二维 Gabor 函数是高斯函数与正弦曲线的内积，可由式（2-23）表示：

$$g(x,y) = \left(\frac{1}{2\pi\sigma_x\sigma_y}\right)\exp\left[-\frac{1}{2}\left(\frac{x^2}{\sigma_x^2}+\frac{y^2}{\sigma_y^2}\right)+2\pi\mathrm{j}Wx\right] \quad (2\text{-}23)$$

式中，σ_x 与 σ_y 为 x 方向和 y 方向的高斯函数的方差，决定了滤波器的带宽；W 为中心频率。相应的傅里叶变换为

$$G(u,v) = \exp\left[-\frac{1}{2}\left(\frac{(u-W)^2}{\sigma_u^2}+\frac{v^2}{\sigma_v^2}\right)\right] \quad (2\text{-}24)$$

式中，$\sigma_u = 1/(2\pi\sigma_x)$ 和 $\sigma_v = 1/(2\pi\sigma_y)$。为了获得在 K 方向和 S 尺度的 Gabor 滤波器组，对式（2-23）表示的 Gabor 函数加以缩放因子与旋转因子：

$$g_{mn}(x,y) = a^{-m} g(x', y') \quad (2\text{-}25)$$

$$x' = a^{-m}(x\cos\theta + y\sin\theta) \quad (2\text{-}26)$$

$$y' = a^{-m}(-x\sin\theta + y\cos\theta) \quad (2\text{-}27)$$

式中，$\theta = n\pi/K$，$n = 1, 2, \cdots, K$；$m = 0, 1, \cdots, S-1$；a^{-m} 为尺度因子。图 2-5 是 8 个不同方向和 4 个不同尺度的 Gabor 小波，可以看出 Gabor 小波变换具有较强的方向选择性。

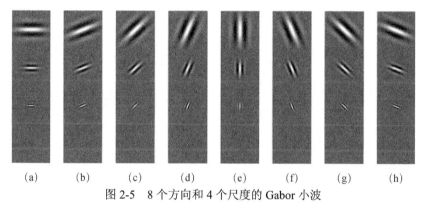

图 2-5　8 个方向和 4 个尺度的 Gabor 小波

2.2.2 DTCWT

对偶树复小波变换（DTCWT）具有近似的平移不变性和良好的方向选择性，由 Kingsbury[5] 提出。DTCWT 中使用了两个实数离散小波，第一个离散小波给出其实数部分，而第二个离散小波给出其虚数部分，DTCWT 分解的滤波器组实现与 DTCWT 重构的滤波器组实现如图 2-6 和图 2-7 所示[6]。

两个实数小波使用不同的滤波器系数，但都必须满足重构条件。在设计 DTCWT 时要综合考虑两个滤波器的特性，以便获得近似的解析表达式。假定 $h_0(n)$ 与 $h_1(n)$ 分别表示上半部分（实数部分）的低通滤波器和高通滤波器（见图 2-6 的上半部分）。$g_0(n)$ 与 $g_1(n)$ 分别表示下半部分（虚数部分）的低通滤波器和高通滤波器（见图 2-6 的下半部分）。$\tilde{h}_0(n)$、$\tilde{h}_1(n)$、$\tilde{g}_0(n)$ 和 $\tilde{g}_1(n)$ 表示对应的重构滤波器（图 2-7）。

如果用 $\psi_h(t)$ 和 $\psi_g(t)$ 分别表示两个实数小波，那么复数小波被设计为下面的形式：

$$\psi(t) = \psi_h(t) + j\psi_g(t) \quad (2\text{-}28)$$

式中

$$\psi_g(t) \approx H\{\psi_h(t)\} \quad (2\text{-}29)$$

式中，$H\{\cdot\}$ 表示 Hilbert 变换。根据傅里叶变换原理［或（2-28）］能获得 $\psi(t)$ 的一个近似解析的形式，由此设计的小波具有平移不变性。

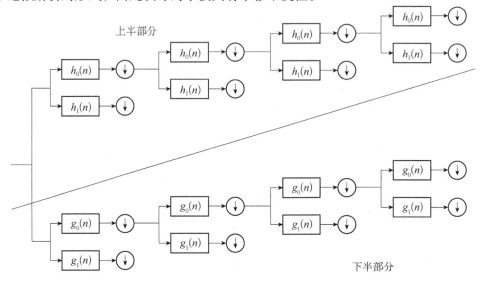

图 2-6　DTCWT 分解的滤波器组实现

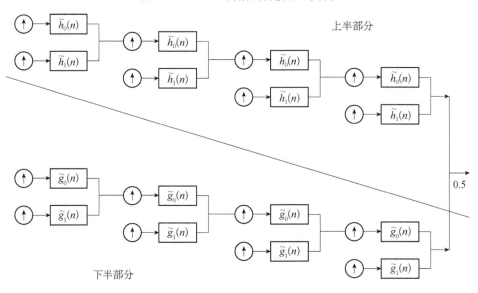

图 2-7　DTCWT 重构的滤波器组实现

除了具备传统小波的属性（正交、有限支集、光滑等属性），构造 DTCWT 最核心的任务就是设计两个满足某些性质的低通滤波器 $h_0(n)$ 和 $g_0(n)$，使得相应的小波满足近似的 Hilbert 变换[7,8]，即满足式（2-29）。Kingsbury[9]已经证明两个低通滤波器应该具备两个简单的属性：两个滤波器之间大约有半个采样时延，即 $g_0(n) = h_0(n-0.5)$，用幅值和相位函数表示如下：

$$\left|G_0(\mathrm{e}^{\mathrm{j}\omega})\right| = \left|H_0(\mathrm{e}^{\mathrm{j}\omega})\right| \tag{2-30}$$

$$\angle G_0(\mathrm{e}^{\mathrm{j}\omega}) = \angle H_0(\mathrm{e}^{\mathrm{j}\omega}) - 0.5\omega \tag{2-31}$$

或其等价形式：

$$\angle G_0(\mathrm{e}^{\mathrm{j}\omega}) = \mathrm{e}^{-\mathrm{j}0.5\omega} \angle H_0(\mathrm{e}^{\mathrm{j}\omega}) \tag{2-32}$$

设计 DTCWT 滤波器的常用方法有线性相位双正交设计方法[9]、q-shift 方法[10]、公因子方法[11]。

二维 DTCWT 通过可分离的二维小波实现，它有 ±15°、±45°、±75° 六个方向滤波器。下面的 6 个小波实现 DTCWT 的实部：

$$\psi_i(x,y) = \frac{1}{\sqrt{2}}(\psi_{1,i}(x,y) - \psi_{2,i}(x,y)) \tag{2-33}$$

$$\psi_{i+3}(x,y) = \frac{1}{\sqrt{2}}(\psi_{1,i}(x,y) + \psi_{2,i}(x,y)) \tag{2-34}$$

式中

$$\psi_{1,1}(x,y) = \phi_h(x)\psi_h(y), \quad \psi_{2,1}(x,y) = \phi_g(x)\psi_g(y) \tag{2-35}$$

$$\psi_{1,2}(x,y) = \psi_h(x)\phi_h(y), \quad \psi_{2,2}(x,y) = \psi_g(x)\phi_g(y) \tag{2-36}$$

$$\psi_{1,3}(x,y) = \psi_h(x)\psi_h(y), \quad \psi_{2,3}(x,y) = \psi_g(x)\psi_g(y) \tag{2-37}$$

由下面的 6 个小波实现 DTCWT 的虚部：

$$\psi_i(x,y) = \frac{1}{\sqrt{2}}(\psi_{3,i}(x,y) - \psi_{4,i}(x,y)) \tag{2-38}$$

$$\psi_{i+3}(x,y) = \frac{1}{\sqrt{2}}(\psi_{3,i}(x,y) + \psi_{4,i}(x,y)) \tag{2-39}$$

式中

$$\psi_{3,1}(x,y) = \phi_g(x)\psi_h(y), \quad \psi_{4,1}(x,y) = \phi_h(x)\psi_g(y) \tag{2-40}$$

$$\psi_{3,2}(x,y) = \psi_g(x)\phi_h(y), \quad \psi_{4,2}(x,y) = \psi_h(x)\phi_g(y) \tag{2-41}$$

$$\psi_{3,3}(x,y) = \psi_g(x)\psi_h(y), \quad \psi_{4,3}(x,y) = \psi_h(x)\psi_g(y) \tag{2-42}$$

图 2-8（a）显示了 DTCWT 实部图像，图 2-8（b）显示了 DTCWT 虚部图像。

2.2.3 四元小波变换

四元小波变换（QWT）[12]是近几年发展并完善的一种复数小波，它建立在四元复数基础上并借鉴了 DTCWT 滤波器的构造方式。QWT 的幅值与相角在图像分析领

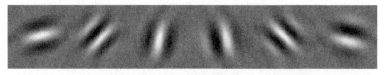

(a) 实部图像

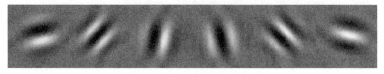

(b) 虚部图像

图 2-8　DTCWT 的实部图像和虚部图像

域表现出很好的性能。除了具有传统小波变换的多分辨特性，QWT 还有平移不变特性，为图像提供了幅度-频率多分辨分析。

四元数是复数的一种推广，它由一个实数和三个虚数组成，可以写成如下的两种形式：

$$q = a + b\mathrm{i} + c\mathrm{j} + d\mathrm{k}, \quad a,b,c,d \in \mathbf{R} \tag{2-43}$$

$$q = |q|\mathrm{e}^{\mathrm{i}\theta_1}\mathrm{e}^{\mathrm{j}\theta_2}\mathrm{e}^{\mathrm{k}\theta_3} \tag{2-44}$$

第二种是极坐标形式，由一个幅度 $|q| = \sqrt{a^2 + b^2 + c^2 + d^2}$ 与三个相角 $\theta_1, \theta_2, \theta_3$ 表示。在二维图像上的四元分析可以由两个部分 Hilbert 变换 (H_1, H_2) 与一个整体 Hilbert 变换 (H_t) 实现：

$$f_q(x,y) = f(x,y) + \mathrm{i}H_1 f(x,y) + \mathrm{j}H_2 f(x,y) + \mathrm{k}H_t f(x,y) \tag{2-45}$$

根据小波变换原理，如果小波母函数是可分离的，那么二维 Hilbert 变换等价于分别按行与按列执行一维 Hilbert 变换。给定一维小波母函数对 ψ_h 和 $\psi_g = H\psi_h$（H 为 Hilbert 变换），尺度函数对 ϕ_h 和 $\phi_g = H\phi_h$，根据可分离张量积理论，QWT 有如下形式：

$$\psi^D = \psi_h(x)\psi_h(y) + \mathrm{i}\psi_g(x)\psi_h(y) + \mathrm{j}\psi_h(x)\psi_g(y) + \mathrm{k}\psi_g(x)\psi_g(y) \tag{2-46}$$

$$\psi^H = \psi_h(x)\phi_h(y) + \mathrm{i}\psi_g(x)\phi_h(y) + \mathrm{j}\psi_h(x)\phi_g(y) + \mathrm{k}\psi_g(x)\phi_g(y) \tag{2-47}$$

$$\psi^V = \phi_h(x)\psi_h(y) + \mathrm{i}\phi_g(x)\psi_h(y) + \mathrm{j}\phi_h(x)\psi_g(y) + \mathrm{k}\phi_g(x)\psi_g(y) \tag{2-48}$$

$$\phi = \phi_h(x)\phi_h(y) + \mathrm{i}\phi_g(x)\phi_h(y) + \mathrm{j}\phi_h(x)\phi_g(y) + \mathrm{k}\phi_g(x)\phi_g(y) \tag{2-49}$$

QWT 幅度 $|q|$ 具有平移不变性，这使得当图像有平移发生时，在边缘轮廓处不同分解尺度下的幅度值会保持相对的稳定。将式（2-46）～式（2-48）写成矩阵的形式：

$$G = \begin{bmatrix} \psi_h(x)\psi_h(y) & \psi_h(x)\phi_h(y) & \phi_h(x)\psi_h(y) \\ \psi_g(x)\psi_h(y) & \psi_g(x)\phi_h(y) & \phi_g(x)\psi_h(y) \\ \psi_h(x)\psi_g(y) & \psi_h(x)\phi_g(y) & \phi_h(x)\psi_g(y) \\ \psi_g(x)\psi_g(y) & \psi_g(y)\phi_g(x) & \phi_g(x)\psi_g(y) \end{bmatrix} \quad (2\text{-}50)$$

矩阵 G 的每一行是 QWT 的正交基，每一列对应于 QWT 的四个成分。图 2-9 显示了 QWT 的四个成分和幅度，图（a）中第一行是对角子带（cD），第二行是水平子带（cH），第三行是垂直子带（cV）；图（b）是相应子带的幅度。矩阵 G 与图 2-9（a）呈对应关系，如第一列对应图 2-9（a）的第一行（对角子带）。

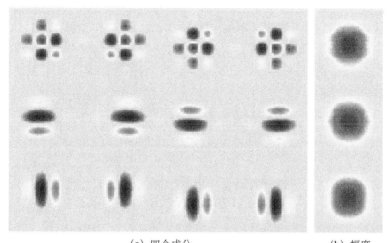

(a) 四个成分　　　　　　(b) 幅度

图 2-9　QWT 的四个成分及其幅度

QWT 也称为对偶树 QWT，它借鉴了 DTCWT 设计方法，与 DTCWT 有较大的相关性。QWT 与 DTCWT 都是紧框架的，二者的幅度都是平移不变的，相角都能够编码二维信号的位移。

2.3　方向小波变换

基于一维可分离小波张量积构造的二维小波缺乏方向性（局限于水平、垂直、对角三个方向），使得传统小波变换的非线性逼近性能较差。为了克服传统二维小波的这一缺点，许多学者提出了各式各样的方向选择性好的小波变换（本书称为方向小波）。大体上可以将这些方向小波归为两类：自适应方向小波和非自适应方向小波[13]。自适应方向小波一般会利用图像的边缘（方向）信息对图像进行表示，这类小波的方向性是局部化的，这类小波包括 Bandelet[14]、Directionlet[15]、自适应方向提升小波[16]等；非自适应方向小波无须考虑图像的几何特性，而将图像分解为等同的若干方向子带，这类小波包括 Curvelet[17]、Contourlet[18]等。所以自适应方向小波适合于有比较明显的方向性区域图像的去噪与压缩。由于自然纹理图像的复杂性，自适应方向小波性能往往不如非自适应方向小波优越。对于一段光滑的轮廓线，如果用非自适应方向小波表示，那么只需要少量的（不同方向）长方形支撑区间；相比之下，二维张量积小波则需要更多的（同方向）矩形支撑区间，见图 2-10。本节主要考虑具有代表性的 Contourlet。

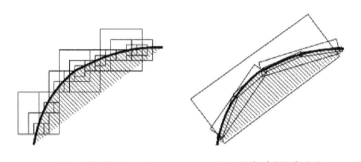

(a) 二维张量积小波　　　　(b) 非自适应方向小波

图 2-10　采用二维张量积小波与非自适应方向小波表示光滑轮廓曲线

Contourlet 主要采用了拉普拉斯金字塔（Laplacian Pyramid，LP）和方向滤波器组（directional filter bank，DFB）两种技术，其中，LP 用于多尺度分解，而 DFB 用于方向分解。在每一个分解层 LP 产生一个低频图像和一个由原图像与预测图像构成的差分图像，图 2-11 显示了 LP 分解和重构过程，M 是整数采样矩阵，H 与 G 分别是分析滤波器和综合滤波器。

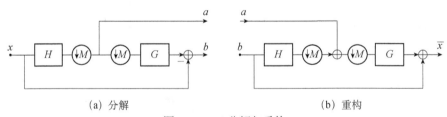

(a) 分解　　　　　　　　　(b) 重构

图 2-11　LP 分解与重构

DFB 是通过 l-级二叉树分解来实现的，分解的结果为分布均匀的 2^l 个楔形子带，见图 2-12（a）。DFB 由两个模块构成，第一个模块由一个两通道梅花滤波器组和扇形滤波器组成，其目的是将二维谱分解在水平和垂直方向；第二个模块是剪切（shearing）操作，其作用是重新对图像样本进行排序。DFB 最关键的地方是在每个二叉树滤波器组的节点处，选用适合的两通道梅花滤波器组和剪切操作的组合来获得期望的频率划分。

l-级树形 DFB 可以用一个等效的多通道 DFB 结构来表示，见图 2-12（b）。$E_i(i=0,1,\cdots,2^l-1)$ 与 $D_i(i=0,1,\cdots,2^l-1)$ 分别表示分解滤波器和综合滤波器。$S_i(i=0,1,\cdots,2^l-1)$ 表示综合采样矩阵，有如下的对角形式：

$$S_k = \begin{cases} \text{diag}(2^{l-1},2), & 0 \leqslant k < 2^{l-1} \\ \text{diag}(2,2^{l-1}), & 2^{l-1} \leqslant k < 2^l \end{cases} \tag{2-51}$$

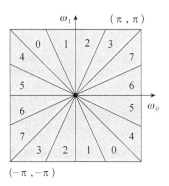

(a) DFB 频率划分

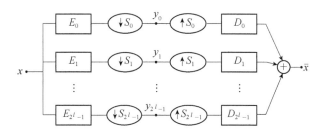

(b) 等效的多通道 DFB 结构

图 2-12 DFB 的频率划分和等效结构

Contourlet 由 LP 分解后的带通图像再经过 DFB 分解为 8 个方向子带，而低频图像又可以迭代分解为更为粗糙的图像。图 2-13 显示了一个多级 Contourlet 变换的例子（图中显示出了两级的情况）。给定 $a_0[n]$ 为输入图像，LP 分解后的带通图像为 $b_j[n], j=1,2,\cdots,J$ 和低通图像 $a_J[n]$。也就是说第 j 层 LP 分解图像 $a_{j-1}[n]$ 为一个更粗糙的图像 $a_j[n]$ 和细节图像 $b_j[n]$。每一个带通（细节）图像又被 DFB 分解为 2^{l_j} 个方向图像 $c_{j,k}^{l_j}[n], k=0,1,\cdots,2^{l_j}-1$。

Contourlet 变换的主要属性如下所示。

（1）如果 LP 和 DFB 都是可完美重构的滤波器，那么 Contourlet 变换也是可完美重构的。因此 Contourlet 变换提供了一个框架。

（2）如果 LP 和 DFB 使用的都是正交滤波器（意味着 LP 是紧框架，DFB 是正交变换），那么 Contourlet 变换提供了一个边界为 1 的紧框架。

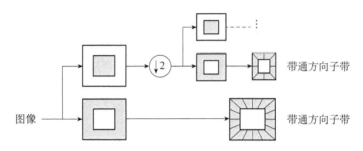

图 2-13 多级 Contourlet 变换的例子

（3）由于 DFB 是基于临界采样的，而 LP 的冗余度为 $1+\sum_{j=1}^{J}(1/4)^j < 4/3$，所以 Contourlet 变换的冗余度为 $4/3$。

（4）假定在 LP 的 j 层使用 l_j-层 DFB 分解，则 Contourlet 变换的基图像（即 Contourlet 滤波器组的等效滤波器）的支集宽度 $\approx C2^j$（C 为比例常数），支集长度 $\approx C2^{j+l_j-2}$。

（5）如果采用有限冲激响应（finite impulse response, FIR）滤波器，那么对于 N 像素的图像，Contourlet 变换的计算复杂度为 $O(N)$。

2.4 小波散射变换与散射网络

小波散射变换是以小波变换为主要操作的图像分解过程，它分阶段处理数据，一级的输出成为下一级的输入[19]，见图 2-14。

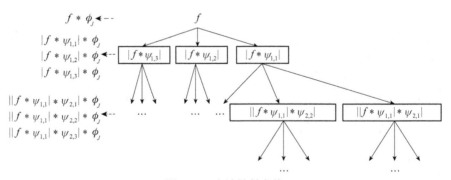

图 2-14 小波散射变换

图 2-14 中，$\psi_{i,j}$ 是小波函数，ϕ_j 是尺度函数，f 是输入数据。对于图像数据，每个 $\psi_{j,k}$ 有许多用户指定的小波旋转。从根到节点的一系列边称为路径。树节点是

Scalogram 系数。散射系数是 Scalogram 系数与尺度函数 ϕ_J 卷积得到的。一组散射系数是从数据中派生出的低方差特征。与尺度函数卷积是低通滤波,会丢失信息。但是,在计算下一个阶段的系数时可以恢复信息。

与深度卷积模型一样,每个阶段包括三个操作,见图2-15。

图2-15 小波散射网络

散射网络是一类具有固定权重的CNN[20]。它们可以作为建模图像的通用表示。特别是,通过在分散空间中工作,在有监督和无监督的学习任务中都获得了有竞争力的结果,同时在构建可解释的CNN方面取得了进展。文献[20]表明对于监督学习,CNN的前面层不一定需要学习,而可以用散射网络代替。事实上,使用混合架构,可以通过现有的预定义表示实现最佳结果,同时与端到端学习的CNN竞争。具体而言,即使应用小窗口散射系数的浅级联,再加上1×1卷积,也会在ILSVRC2012分类任务中提高AlexNet的准确性。此外,通过将散射网络与深度残差网络相结合,我们在ILSVRC2012上获得了11.4%的top-5误差。此外,通过结合几何先验的能力,它们可以在CIFAR-10和STL-10数据集的小样本区域中产生优异的性能,超过其端到端的对应物。对于无监督学习,散射系数可以是允许图像恢复的竞争性表示。

2.5 本章小结

本章首先介绍了小波变换和小波变换的理论基础——多分辨分析,然后给出了离散小波的二维扩展的原理。介绍并分析了三种复数小波变换以及各种主流小波变换的原理和特点。2.3节分析了具有代表性的方向小波Contourlet小波变换的分解与重构原理。2.4节介绍了小波散射变换和散射网络。根据这些小波变换的特点,本书将在后面的章节设计不同的依赖方案和不同的Copula多维模型,并将这些模型应用于纹理特征提取和人脸识别等领域。

参 考 文 献

[1] Wilson B A. Texture feature extraction in the wavelet compressed domain [D]. Lafayette: University

of Louisiana, 2000.

[2] 冯象初, 甘小冰, 宋国乡. 数值泛函与小波分析[M]. 西安: 西安电子科技大学出版社, 2003.

[3] 李建平. 小波分析与信号处理[M]. 重庆: 重庆出版社, 1997.

[4] Tai S L. Image representation using 2D Gabor wavelets[J]. IEEE Transactions on Pattern Analysis and Machine Intelligence, 1996, 18(10): 959-971.

[5] Kingsbury N. Complex wavelets for shift invariant analysis and filtering of signals[J]. Applied Computational Harmonic Analysis, 2001, 10(3): 234-253.

[6] Selesnick I W, Baraniuk R G, Kingsbury N C. The dual-tree complex wavelet transform[J]. IEEE Transactions on Signal Processing Magazine, 2005, 22(6): 123-151.

[7] 严奉霞. 复数小波理论及其在图像去噪与增强中的应用研究[D]. 长沙: 国防科技大学, 2007.

[8] Selesnick I W. Hilbert transform pairs of wavelet bases[J]. IEEE Signal Processing Letters, 2001, 8(6): 170-173.

[9] Kingsbury N G. The dual-tree complex wavelet transform: A new efficient tool for image restoration and enhancement[C]. Proceedings of the European Signal Processing Conference, Rhodes, 1998: 319-322.

[10] Kingsbury N. A dual-tree complex wavelet transform with improved orthogonality and symmetry properties[C]. Proceedings of the IEEE International Conference on Image Processing, Vancouver, 2000: 375-378.

[11] Selesnick I W. The design of approximate Hilbert transform pairs of wavelet bases[J]. IEEE Transactions on Signal Processing, 2002, 50(5): 1144-1152.

[12] Chan W L, Choi H, Baraniuk R G. Coherent multiscale image processing using dual-tree quaternion wavelets[J]. IEEE Transactions on Image Processing, 2008, 17(7): 1069-1082.

[13] 焦李成, 侯彪, 王爽, 等. 图像多尺度几何分析理论与应用[M]. 西安: 西安电子科技大学出版社, 2008.

[14] Peyre G, Mallat S. Surface compression with geometric bandelets[J]. ACM Transactions on Graphics, 2005, 24(3): 601-608.

[15] Velisavljević V, Beferull-Lozano B, Vetterli M, et al. Directionlets: Anisotropic multi-directional representation with separable filtering[J]. IEEE Transactions on Image Processing, 2006, 15(7): 1916-1933.

[16] Ding W, Wu F, Wu X, et al. Adaptive directional lifting-based wavelet transform for image coding[J]. IEEE Transactions on Image Processing, 2007, 16(2): 416-427.

[17] Starck J L, Candès E J, Donoho D L. The curvelet transform for image denoising[J]. IEEE Transactions on Image Processing, 2002, 11(6): 670-684.

[18] Do M N, Vetterli M. The contourlet transform: An efficient directional multiresolution image representation[J]. IEEE Transactions on Image Processing, 2005, 14(12): 2091-2106.

[19] Bruna J, Mallat S. Invariant scattering convolution networks[J]. IEEE Transactions on Pattern Analysis and Machine Intelligence, 2013, 35(8): 1872-1886.

[20] Oyallon E, Zagoruyko S, Huang G, et al. Scattering networks for hybrid representation learning[J]. IEEE Transactions on Pattern Analysis and Machine Intelligence, 2018, 41(9): 2208-2221.

第 3 章 Copula 理论及其参数估计

Copula 刻画了变量和联合分布之间的一种隐藏的依赖结构，其有效性和实用性被广泛地认可，在很多领域（尤其是金融领域）得到成功的应用。它最主要的价值在于能将边缘分布和联合结构分开来研究，从而能灵活地构造出复杂的联合分布模型。Copula 的这种特性能将小波分解的各个子带进行连接，建立联合分布模型，提高小波变换在纹理特征方面的性能。

3.1 Copula 理论

为了寻求边缘分布函数与其联合分布之间的映射关系，Sklar[1]提出了 Copula 理论。Copula 是一个函数，这种函数将单变量分布函数连接起来形成一个多维分布函数[2]。若所有的变量都是连续分布的，则 Copula 是一个简单的由多个边缘分布组合而成的多维分布函数。有两个变量的 Copula 称为二维 Copula，二维 Copula 定义如下所示。

定义 3-1 如果满足如下条件，则 $C:[0,1] \to [0,1]$ 是一个二维 Copula：

（1） $C(0,x) = C(x,0) = 0$，若一个参数为零，则 Copula 的值为 0；

（2） $C(1,x) = C(x,1) = x$，若一个参数为 x 其余为 1，则 Copula 的值为 x；

（3） C 是二维增长的。

若 $F(x)$ 和 $G(y)$ 是连续的一维分布函数，令 $u = F(x)$，$v = G(y)$，则 u、v 均服从 $[0,1]$ 均匀分布，即 $C(u,v)$ 是服从 $[0,1]$ 均匀分布的边缘分布函数。对定义域内的任意一点 (u,v) 均有 $0 \leq C(x,y) \leq 1$，即有定义 3-1 成立。

定理 3-1（Sklar 定理） 假设 $x = (x_1, x_2)$ 的联合分布为 H，累积边缘分布为 $F_1(x_1;\delta_1),\cdots,F_n(x_n;\delta_n)$，则存在一个 Copula 函数 C，使得

$$H(x;\Theta) = C(F_1(x_1;\delta_1), F_2(x_2;\delta_2)) \tag{3-1}$$

式中，Θ、δ_1、δ_2 为分布函数相应的参数（以下相同）。由定理 3-1 可知，如果知道了两个边缘分布函数，那么 Copula 模型可以根据这两个边缘分布函数构建复杂的联合

分布函数。

3.1.1 多维 Copula 函数

从二维 Copula 很容易扩展到多维 Copula，多维 Copula 定义如定义 3-2 所示。

定义 3-2 如果满足如下条件，则 $C:[0,1]^d \to [0,1]$ 是一个 d 维 Copula 函数：

（1）$C(u_1,\cdots,u_{i-1},0,u_{i+1},u_d)=0$，若一个参数为零，则 Copula 函数的值为 0；

（2）$C(1,\cdots,1,u,1,\cdots,1)=u$，若一个参数为 u，其余为 1，则 Copula 函数的值为 u；

（3）C 是 d 维增长的。

定理 3-2（Sklar 定理） 假设随机向量 $X=(X_1,\cdots,X_n)$ 的联合分布为 H，累积边缘分布为 $F_1(x_1;\delta_1),\cdots,F_n(x_n;\delta_n)$，则存在一个 Copula 函数 C，使得

$$H(x;\Theta)=C(F_1(x_1;\delta_1),\cdots,F_n(x_n;\delta_n)) \tag{3-2}$$

如果 $F_1(x_1;\delta_1),\cdots,F_n(x_n;\delta_n)$ 是连续的，那么 C 是唯一的；反之，对于 $F_1(x_1;\delta_1),\cdots,F_n(x_n;\delta_n)$ 与相应的 Copula 函数 C，由式（3-2）定义的函数 $H(x;\Theta)$ 是具有边缘分布为 $F_1(x_1;\delta_1),\cdots,F_n(x_n;\delta_n)$ 的联合分布函数。

推论 3-1 如果 $H(x;\Theta)$ 是具有边缘分布为 $F_1(x_1;\delta_1),\cdots,F_n(x_n;\delta_n)$ 的联合分布函数，那么 C 是相应的 Copula 函数，$F_1^{-1}(x_1;\delta_1),\cdots,F_n^{-1}(x_n;\delta_n)$ 是 $F_1(x_1;\delta_1),\cdots,F_n(x_n;\delta_n)$ 的逆函数，则 Copula 函数 C 在定义域内可以表示为

$$C(u_1,\cdots,u_n)=H(F_1^{-1}(x_1;\delta_1),\cdots,F_n^{-1}(x_n;\delta_n);\Theta) \tag{3-3}$$

通过 Copula 函数 C 的密度函数 c 与边缘分布 $F_i(x_i;\delta_i)$ 的密度函数 $f_i(x_i;\delta_i)$，可以得到联合分布函数 $H(x;\Theta)$ 的概率密度函数（probability density function，PDF），对式（3-2）求偏导，有

$$h(x;\Theta)=\frac{\partial C}{\partial F_1\cdots F_n}\cdot\frac{\partial F_1(x_1;\delta_1)}{x_1}\cdot\ldots\cdot\frac{\partial F_n(x_n;\delta_n)}{x_n}$$

$$=c(F_1(x_1;\delta_1),\cdots,F_n(x_n;\delta_n);\theta)\cdot\prod_{i=1}^{n}f_i(x_i;\delta_i) \tag{3-4}$$

根据推论 3-1，已知联合分布函数及其边缘分布的逆函数，则可以求出 Copula 函数；根据式（3-4），利用 Copula 函数可以将边缘分布和变量间的相关结构分开来进行研究，减小多维概率模型分析与建模的难度。

3.1.2 常见的 Copula 函数

常见的 Copula 模型有 Gaussian Copula、t-Copula、阿基米德（Archimedean）Copula。根据四元小波系数幅度的特点，下面介绍 Gaussian Copula、t-Copula、

Archimedean Copula、Gumbel Copula、Clayton Copula 及 Frank Copula。这几种 Copula 分布函数和密度函数如下所示。

1. Gaussian Copula

N 维变量 $u=(u_1,\cdots,u_n)$ 的 Gaussian Copula 的分布函数和密度函数如下所示。

分布函数：

$$C(u;R)=\Phi_R(\Phi^{-1}(u_1),\Phi^{-1}(u_2),\cdots,\Phi^{-1}(u_n)) \quad (3\text{-}5)$$

密度函数：

$$c(u;R)=|R|^{-(1/2)}\exp\left(-\frac{1}{2}\xi^{\mathrm{T}}(R^{-1}-I)\xi\right) \quad (3\text{-}6)$$

式中，I 为单位矩阵；$\xi=(\Phi^{-1}(u_1),\cdots,\Phi^{-1}(u_n))$；$\Phi(\cdot)$ 为标准一维正态分布函数；$\Phi^{-1}(\cdot)$ 为 $\Phi(\cdot)$ 的逆函数；R 为相关矩阵，$|R|$ 为 R 的行列式；Φ_R 为相关矩阵 R 的 n 元正态分布函数。图 3-1 为二维 Gaussian Copula 的概率密度函数及其等高曲线。

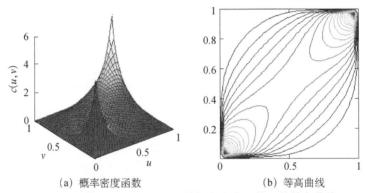

（a）概率密度函数　　　　　　（b）等高曲线

图 3-1　二维 Gaussian Copula 的概率密度函数及其等高曲线

2. t-Copula

n 维变量 $u=(u_1,\cdots,u_n)$ 的 t-Copula（student Copula）的分布函数和密度函数如下所示。

分布函数：

$$C(u;R,k)=t_{R,k}(t_k^{-1}(u_1),t_k^{-1}(u_2),\cdots,t_k^{-1}(u_n)) \quad (3\text{-}7)$$

密度函数：

$$c(u;R,k)=|R|^{-1/2}\frac{\Gamma((k+n)/2)(\Gamma(k/2))^n}{\Gamma((k+1)/2)^n(\Gamma(k/2))}\times\frac{(1+(1/k)\xi^{\mathrm{T}}R^{-1}\xi)^{-(k+n)/2}}{\prod_{i=1}^{n}(1+(\xi_i^2/k))^{-(k+1)/2}} \quad (3\text{-}8)$$

式中，$\xi=(t_v^{-1}(u_1),\cdots,t_v^{-1}(u_n))$；$R$ 为相关矩阵，$|R|$ 为 R 的行列式；$t_{R,k}$ 表示相关矩阵为 R，自由度为 k 的标准 n 维 t 分布函数；t_k^{-1} 表示自由度为 k 的标准一维 t 分布函

数的逆函数。图 3-2 为二维 t-Copula 的概率密度函数及其等高曲线。

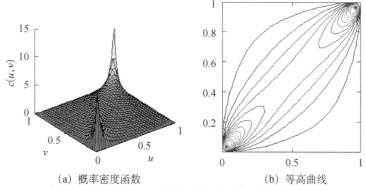

(a) 概率密度函数　　　　(b) 等高曲线

图 3-2　二维 t-Copula 的概率密度函数及其等高曲线

3. Archimedean Copula

Archimedean Copula 指的是由不同生成元函数表示的一族 Copula 函数，Archimedean Copula 由定义 3-3 给出。

定义 3-3　本节称 Copula C 为 Archimedean Copula，如果

$$C(u) = \phi^{-1}(\phi(u_1), \phi(u_2), \cdots, \phi(u_n)) \tag{3-9}$$

式中，$\phi(\cdot)$ 称为 Archimedean Copula 的生成元，$\phi(\cdot)$ 满足：

（1）单调递减凸函数；

（2）$\phi(1) = 0$，$\lim_{u \to 0+} \phi(u) = \infty$，保证 $\phi(\cdot)$ 逆函数的存在。

$\phi^{-1}(\cdot)$ 是 $\phi(\cdot)$ 的逆函数，满足：

$$\phi^{-1}(u) = \begin{cases} \phi^{-1}(u), & 0 \leq u < \phi(0) \\ 0, & \phi(0) \leq u \leq +\infty \end{cases} \tag{3-10}$$

下面给出常用的三个 Archimedean Copula：Gumbel Copula、Clayton Copula 及 Frank Copula 的二维密度函数。

4. Gumbel Copula

Gumbel Copula 密度函数为

$$c(u,v;a) = \frac{\exp\left(-((-\ln u)^{\frac{1}{a}} + (-\ln v)^{\frac{1}{a}})^a (\ln u \cdot \ln v)^{\frac{1}{a}-1}\right)}{uv\left((-\ln u)^{\frac{1}{a}} + (-\ln v)^{\frac{1}{a}}\right)^{2-a}} \\ \times \left(\left((-\ln u)^{\frac{1}{a}} + (-\ln v)^{\frac{1}{a}}\right)^a + \frac{1}{a} - 1\right) \tag{3-11}$$

图 3-3 为二维 Gumbel Copula 的概率密度函数及其等高曲线。

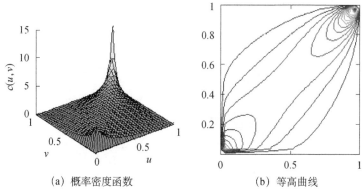

（a）概率密度函数　　　　　　（b）等高曲线

图 3-3　二维 Gumbel Copula 的概率密度函数及其等高曲线

5. Clayton Copula

Clayton Copula 密度函数为

$$c(u,v;\theta) = (1+\theta)(uv)^{-\theta-1}(u^{-\theta}+v^{-\theta}-1)^{-2-\frac{1}{\theta}} \tag{3-12}$$

图 3-4 为二维 Clayton Copula 的概率密度函数及其等高曲线。

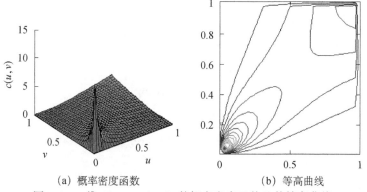

（a）概率密度函数　　　　　　（b）等高曲线

图 3-4　二维 Clayton Copula 的概率密度函数及其等高曲线

6. Frank Copula

Frank Copula 密度函数为

$$c(u,v;\lambda) = \frac{-\lambda\left(e^{-\lambda}-1\right)e^{-\lambda(u+v)}}{\left(\left(e^{-\lambda}-1\right)+\left(e^{-\lambda u}-1\right)\left(e^{-\lambda v}-1\right)\right)^2} \tag{3-13}$$

图 3-5 为二维 Frank Copula 的概率密度函数及其等高曲线。

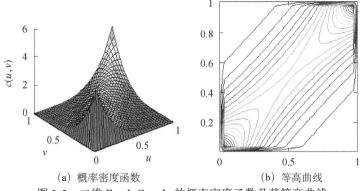

(a) 概率密度函数　　(b) 等高曲线

图 3-5　二维 Frank Copula 的概率密度函数及其等高曲线

3.1.3　Copula 函数特点分析

从上面各种二维 Copula 图形可以看出：Gaussian Copula 和 t-Copula 概率密度图都具有对称形状，这两种 Copula 能捕获变量间具有对称关联的结构。相比 Gaussian Copula，t-Copula 具有明显的对称长尾形状，故更能刻画变量之间具有长尾相关特性。Gumbel Copula 概率密度图呈现上尾高、下尾低的形状，而 Clayton Copula 呈现下尾低、上尾高的形状，因此前者能捕获变量间具有上尾相关的结构，而后者能捕获变量间具有下尾相关的结构。Gumbel Copula 和 Clayton Copula 只能刻画变量间的非负相关情况。Frank Copula 密度函数具有对称结构，因此可以捕获变量间的对称相关，但对于尾部（包括上尾和下尾）相关的变化不敏感，难以捕获尾部变化程度比较高的情况[3]。此外 Frank Copula、Gaussian Copula 和 t-Copula 都能刻画变量间的正相关与负相关关系。

3.2　Copula 参数估计

有几种常用的 Copula 参数估计方法，一种是完全最大似然（full maximum likelihood，FML）估计，这是最直接的估计 Copula 参数的方法。第二种是两阶段最大似然估计方法（2-step maximum likelihood method，TSML），这种方法第一阶段先估计边缘分布的参数，第二阶段根据第一阶段估计的边缘分布参数再估计 Copula 的依赖结构的参数[4]。TSML 充分地体现了 Copula 的有用特性：依赖结构独立于边缘分布。TSML 方法又分为两种情况，一种是边缘分布函数有参数情况，连接结构用最大似然估计（maximum likelihood estimation，MLE），这种方法称为参数估计；另一种是用经验分布或者核密度函数替代边缘分布，连接结构仍然用最大似然估计，这种方法无须估算边缘分布的参数，称为半参数估计。第三种方法是无须考虑边缘分布和任何 Copula 函数的参数估计，称为完全非参数估计。另外有的文献提到了基于动量的方法，该方法的缺点是首先需要一个动量函数，因而该方法还没有得到广泛的应用。本书主要介绍 FML 和 TSML 两种方法。

3.2.1 完全最大似然估计

设 N 维连续随机变量 $X = (X_1, X_2, \cdots, X_N)$ 的边缘分布为 $F_1(x_1;\delta_1), F_2(x_2;\delta_2), \cdots, F_n(x_n;\delta_n)$，相应的概率密度为 $f_1(x_1;\delta_1), f_2(x_2;\delta_2), \cdots, f_N(x_N;\delta_N)$；Copula 概率密度函数为 $h(x;\Phi)$，$\Theta = \{\delta_1, \delta_2, \cdots, \delta_N, \theta\}$ 是参数集合，则样本 $x_k = \{x_{1k}, x_{2k}, \cdots, x_{Nk}\}$，$k = 1, 2, \cdots, S$ 的对数似然函数为

$$\ln L(x, \Theta) = \ln \left\{ \prod_{k=1}^{S} h(x_k; \Phi) \right\}$$

$$= \ln \left\{ \prod_{k=1}^{S} c\left(F_1(x_{1k};\delta_1), F_2(x_{2k};\delta_2), \cdots, F_N(x_{Nk};\delta_N); \theta\right) \cdot \prod_{i=1}^{N} f_i(x_{ik};\delta_i) \right\}$$

$$= \sum_{k=1}^{S} \ln c\left(F_1(x_{1k};\delta_1), F_2(x_{2k};\delta_2), \cdots, F_N(x_{Nk};\delta_N); \theta\right) + \sum_{k=1}^{S} \sum_{i=1}^{N} f_i(x_{ik};\delta_i)$$

则最大化对数似然函数可以获得参数集的估计值：

$$\tilde{\Theta} = \arg\max_{\Theta} \sum_{k=1}^{S} \ln L(x, \Theta) \tag{3-15}$$

从式（3-14）可以看出，FML 需要同时估计边缘分布的参数 $\delta_1, \delta_2, \cdots, \delta_N$ 和联合结构的参数 θ，这样当维数很高时，计算量会比较大。

3.2.2 两阶段最大似然估计

FML 和 TSML 被实践证明都能够有效地估计 Copula 的参数集。TSML 的优点是在高维情况下比 FML 的计算量要小。首先 TSML 估计各个边缘分布函数的参数，再估计联合结构的参数。

第一步：

$$\tilde{\delta}_1 = \arg\max_{\delta_1} \sum_{k=1}^{S} \ln f_1(x_{1k};\delta_1) \tag{3-16}$$

$$\tilde{\delta}_2 = \arg\max_{\delta_2} \sum_{k=1}^{S} \ln f_2(x_{2k};\delta_2) \tag{3-17}$$

$$\vdots$$

$$\tilde{\delta}_N = \arg\max_{\delta_N} \sum_{k=1}^{S} \ln f_N(x_{Nk};\delta_N) \tag{3-18}$$

将第一步估计的边缘概率密度函数的参数值代入 Copula 密度函数 $c(F_1(x_{1k};\delta_1), F_2(x_{2k};\delta_2),\cdots,F_N(x_{Nk};\delta_N);\theta)$，然后进行第二步。

第二步：

$$\tilde{\theta} = \arg\max \sum_{k=1}^{S} \ln c(F_1(x_{1k};\tilde{\delta}_1), F_2(x_{2k};\tilde{\delta}_2),\cdots,F_N(x_{Nk};\tilde{\delta}_N);\theta) \tag{3-19}$$

3.2.3 两阶段最大似然半参数估计

另一种是用经验分布或者核密度函数替代边缘分布，连接结构仍然用最大似然估计。设 N 维连续随机变量 $X=(X_1,X_2,\cdots,X_N)$ 的边缘分布与概率密度函数分别为 $F_n(\cdot)$ 和 $f_n(\cdot)$，$n=1,2,\cdots,N$，S 个样本集用 $\{X_{nk}\}_{k=1}^{S}$ 表示。

第一步：

（1）如果用经验分布替代边缘分布，那么

$$\tilde{F}_n(x_n) = \frac{1}{S}\sum_{i=1}^{S} I(X_{ij} \leqslant t), \quad n=1,2,\cdots,N \tag{3-20}$$

（2）如果用核密度估计（kernel density estimation，KDE）替代边缘分布，那么

$$\tilde{f}_n(x_n) = \frac{1}{Sh}\sum_{i=1}^{S} k_n\left(\frac{x_n - X_{ni}}{h_n}\right), \quad n=1,2,\cdots,N \tag{3-21}$$

式中，$k_n(\cdot)(n=1,2,\cdots,N)$ 为第 n 个分变量的核函数；h_n 为相应的核函数的宽度参数。相应的分布函数表示为

$$\tilde{F}_n(x_n) = \int_{-\infty}^{x_n} f_n(x_n)\mathrm{d}x, \quad n=1,2,\cdots,N \tag{3-22}$$

第二步：

$$\tilde{\theta} = \arg\max \sum_{k=1}^{S} \ln c(\tilde{F}_1(x_1), \tilde{F}_2(x_2),\cdots,\tilde{F}_N(x_N);\theta) \tag{3-23}$$

3.2.4 非参数估计方法

非参数的 Copula 估计不需要考虑边缘分布与 Copula 函数的任何参数假设和估计，可以直接由核密度等非参数方法求出 Copula 密度函数的估计值。联合密度函数 $f(\cdot)$ 在点 $x=(x_1,x_2,\cdots,x_N)$ 的核密度估计值为

$$\tilde{f}(x) = \frac{1}{Sh} \sum_{i=1}^{S} k\left(\frac{x - X_i}{h}\right) \qquad (3\text{-}24)$$

由此联合分布函数 $F(\cdot)$ 可以表示如下：

$$F(x) = \int_{-\infty}^{x_1} \int_{-\infty}^{x_2} \cdots \int_{-\infty}^{x_N} \tilde{f}(x) \mathrm{d}x \qquad (3\text{-}25)$$

根据定理 3-2（Sklar 定理）可知，Copula 函数在 x 点处的值为

$$\tilde{C}(x) = \tilde{F}(x) \qquad (3\text{-}26)$$

3.2.5　Copula 实现

MATLAB 统计工具箱和 Python 包都有 Copula 的实现，包括概率密度函数、累积分布函数（cumulative distribution function，CDF），以及参数估计函数。表 3-1 为 MATLAB 提供的 Copula 函数。

表 3-1　MATLAB 提供的 Copula 函数

函数	说明
Copulacdf	Copula 累积分布函数
Copulapdf	Copula 概率密度函数
Copulaparam	Copula 参数函数
Copulastat	Copula 秩相关
Copulafit	Copula 拟合函数
Copularnd	Copula 随机数

累积分布函数有以下几个重载版本：

```
y=Copulacdf('Gaussian',u,rho)
y=Copulacdf('t',u,rho,nu)
y=Copulacdf(family,u,alpha)
```

前面两个分别是高斯 Copula 和 t-Copula，u 是网格点坐标，rho 是相关参数，nu 是 t-Copula 分布的自由度参数。最后一个是由族指定类型的二元 Archimedean Copula，标量参数 alpha 以 u 为单位计算。下列代码将生成 Clayton Copula 的累积分布函数［图 3-6（a）］和概率密度函数［图 3-6（b）］。

```
%生成累积分布函数
u=linspace(0,1,10);
[u1,u2]=meshgrid(u,u);
y=Copulacdf('Clayton',[u1(:),u2(:)],1);
surf(u1,u2,reshape(y,10,10))
xlabel('u1')
ylabel('u2')
%生成概率密度函数
u=linspace(0,1,10);
```

```
[u1,u2]=meshgrid(u,u);
y=Copulapdf('Clayton',[u1(:),u2(:)],1);
surf(u1,u2,reshape(y,10,10))
xlabel('u1')
ylabel('u2')
```

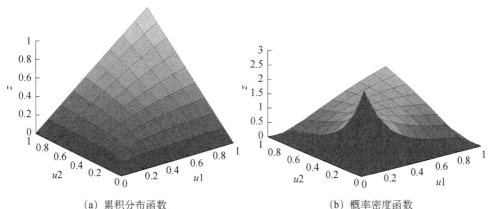

(a) 累积分布函数　　　　　　　　　　(b) 概率密度函数

图 3-6　Clayton Copula 累积分布函数和概率密度函数

计算 Copula 模型参数需要调用如下的方法：

```
rhohat=Copulafit('Gaussian',u)
[rhohat,nuhat,nuci]=Copulafit('t',u)
[paramhat,paramci]=Copulafit(family,u)
```

其中，rhohat = Copulafit（'Gaussian', u）返回高斯 Copula 的线性相关参数矩阵的估计值 rhohat，给定以 u 为单位的数据。[rhohat, nuhat, nuci] = Copulafit（'t', u）返回 t-Copula 的线性相关参数矩阵的估计值 rhohat，以及给定以 u 为单位数据的自由度参数 nuhat 的估计值。下面代码演示了用高斯 Copula 来拟合股市数据的例子（代码生成的结果见图 3-7）。

```
% 加载股市数据
load stockreturns
x=stocks(:,1);
y=stocks(:,2);
%scatterhist(x,y)创建矢量x和y中数据的二维散点图,并将x与y的边缘分布分别
显示为散点图的水平轴和垂直轴上的单变量直方图.
figure;%Figure1
scatterhist(x,y)
% 计算边缘累积分布,由于无法估计分布类型,这里采用了核密度估计方法。
u=ksdensity(x,x,'function','cdf');
v=ksdensity(y,y,'function','cdf');
figure; %Figure2
scatterhist(u,v)
xlabel('u')
```

```
ylabel('v')
%高斯Copula拟合获得模型参数.
[Rho]=Copulafit('Gaussian',[u v])
% 在估计的模型上获得1000个采样点.
r=Copularnd('Gaussian',Rho,1000);
u1=r(:,1);
v1=r(:,2);
figure;%Figure3
scatterhist(u1,v1)
xlabel('u')
ylabel('v')
set(get(gca,'Children'),'marker','.')
% 将随机样本转换回数据的原始比例.
x1=ksdensity(x,u1,'function','icdf');
y1=ksdensity(y,v1,'function','icdf');
figure;%Figure4
scatterhist(x1,y1)
set(get(gca,'Children'),'marker','.')
set(0,'defaultfigurecolor','w')
```

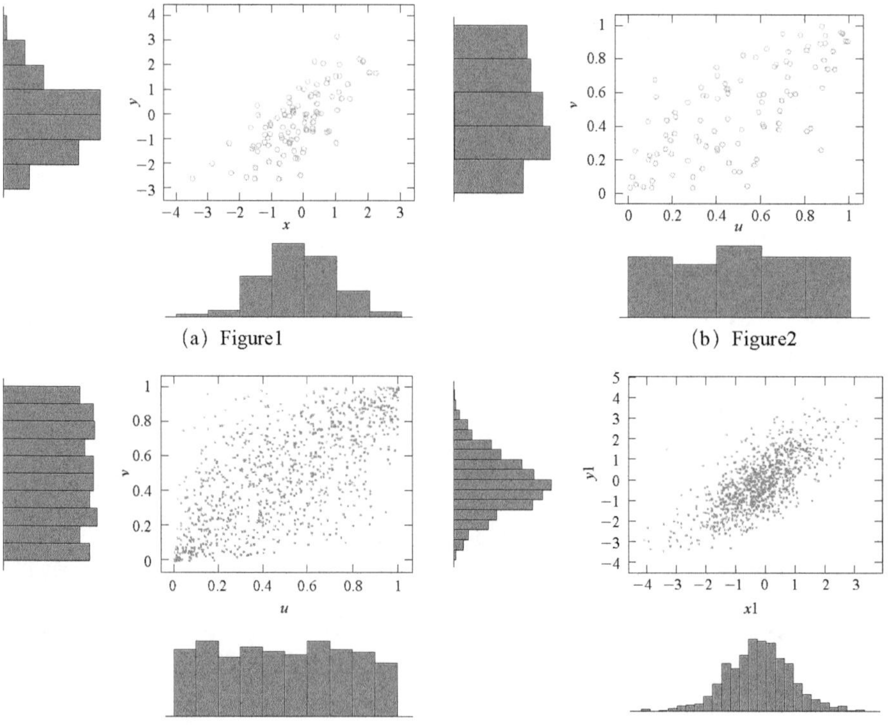

(a) Figure1

(b) Figure2

(c) Figure3

(d) Figure4

图 3-7 高斯 Copula 拟合股市数据

3.3 协方差模型

协方差表示的是两个变量总体的误差,这与只表示一个变量误差的方差不同。如果两个变量的变化趋势一致,即其中一个大于自身的期望值,另外一个也大于自身的期望值,那么两个变量之间的协方差就是正值。如果两个变量的变化趋势相反,即其中一个大于自身的期望值,另外一个却小于自身的期望值,那么两个变量之间的协方差就是负值。在概率论和统计学中,协方差用于衡量两个变量的总体误差。而方差是协方差的一种特殊情况,即两个变量是相同的情况。期望值分别为 $E(X)$ 与 $E(Y)$ 的两个实随机变量 X 与 Y 之间的协方差 $\mathrm{Cov}(X, Y)$ 的定义为

$$\begin{aligned}\mathrm{Cov}(X,Y)&=E((X-E(X))(Y-E(Y)))\\&=E(XY)-2E(Y)E(X)+E(X)E(Y)\\&=E(XY)-E(X)E(Y)\end{aligned} \quad (3\text{-}27)$$

从直观上来看,协方差表示的是两个变量总体误差的期望。如果 X 与 Y 是统计独立的,那么二者之间的协方差就是 0,因为两个独立的随机变量满足 $E(XY)=E(X)E(Y)$。但是,反过来并不成立。即如果 X 与 Y 的协方差为 0,那么二者并不一定是统计独立的。

若两个随机变量 X 和 Y 相互独立,则 $E((X-E(X))(Y-E(Y)))=0$,因而若上述数学期望不为零,则 X 和 Y 必不是相互独立的,即它们之间存在着一定的关系。设 $X=(X_1, X_2, \cdots, X_N)^\mathrm{T}$ 为 n 维随机变量,称矩阵

$$C=(c_{ij})_{n\times n}=\begin{pmatrix} c_{11} & c_{12} & \cdots & c_{1n} \\ c_{21} & c_{22} & \cdots & c_{2n} \\ \vdots & \vdots & & \vdots \\ c_{n1} & c_{n2} & \cdots & c_{nn} \end{pmatrix} \quad (3\text{-}28)$$

为 n 维随机变量 X 的协方差矩阵,其中 $c_{ij}=\mathrm{Cov}(X_i, X_j)(i, j=1, 2, \cdots, n)$。协方差矩阵具有如下性质。

(1) $\mathrm{Cov}(X,Y) = \mathrm{Cov}(Y,X)^\mathrm{T}$。

(2) $\mathrm{Cov}(AX+b,Y) = A\,\mathrm{Cov}(X,Y)$,其中,$A$ 是矩阵,b 是向量。

(3) $\mathrm{Cov}(X+Y,Z) = \mathrm{Cov}(X,Z)+\mathrm{Cov}(Y,Z)$。

3.4 正态分布（高斯分布）

高斯分布（Gaussian distribution）也称为正态分布。它是一个在数学、物理及工程等领域都非常重要的概率分布，在统计学的许多方面有着重大的影响力。正态曲线呈钟形，两头低，中间高，左右对称。因其曲线呈钟形，因此人们又经常称其为钟形曲线。

1. 一维正态分布

若随机变量 X 服从一个位置参数为 μ、尺度参数为 σ 的概率分布，且其概率密度函数为

$$f(x)=\frac{1}{\sqrt{2\pi}\sigma}\exp\left(-\frac{(x-\mu)^2}{2\sigma^2}\right) \qquad (3\text{-}29)$$

则该随机变量称为正态随机变量，正态随机变量服从的分布称为正态分布，记作 $X\sim N(\mu,\sigma^2)$，读作 X 服从 $N(\mu,\sigma^2)$ 或服从正态分布。

当 μ 维随机向量具有类似的概率规律时，称此随机向量遵从多维正态分布。多元正态分布有很好的性质，例如，多元正态分布的边缘分布仍为正态分布，它经任何线性变换得到的随机向量仍为多维正态分布，并且它的线性组合为一元正态分布。

2. 多维正态分布

N 维随机向量 $X=[X_1, X_2, \cdots, X_N]^T$ 如果服从多变量正态分布，那么必须满足下面的三个等价条件：

（1）任何线性组合服从正态分布 $Y=a_1X_1+\cdots+a_NX_N$。

（2）存在随机向量 $Z=[Z_1,\cdots, Z_M]^T$（它的每个元素服从独立标准正态分布）、向量 $\mu=[\mu_1,\cdots,\mu_N]^T$ 及矩阵 A 满足 $X=AZ+\mu$。

（3）存在一个向量 μ 和一个对称半正定阵 Σ 满足 X 的特征函数：

$$\varphi_X(t)=E\left[e^{it^T X}\right]=e^{it^T\mu-\frac{1}{2}t^T\Sigma t} \qquad (3\text{-}30)$$

式中，$t=(t_1,t_2,\cdots,t_n)^T$ 是一个任意的实向量，Σ 是协方差矩阵，i 是虚数单位。如果 Σ 是非奇异的，那么该分布可以由以下的 PDF 来描述：

$$f_x(x_1,\cdots,x_k)=\frac{1}{\sqrt{(2\pi)^k|\Sigma|}}\exp\left(-\frac{1}{2}x-\mu^T\Sigma^{-1}(x-\mu)\right) \qquad (3\text{-}31)$$

这里的 $|\Sigma|$ 表示协方差矩阵的行列式。

可以采用最大似然估计求解多维正态分布的参数。为了简化计算，通常计算对数似然函数，因为对数可以将乘积转换为和，使得计算更容易处理：

$$\log L(\mu, \Sigma) = \sum_{i=1}^{N} \log p(X_i) \quad （3-32）$$

即

$$\log L(\mu, \Sigma) = -\frac{N}{2}\log(2\pi) - \frac{N}{2}\log|\Sigma| - \frac{1}{2}\sum_{i=1}^{N}(X_i - \mu)^{\mathrm{T}}\Sigma^{-1}(X_i - \mu) \quad （3-33）$$

为了估计高斯分布的参数 μ 和 Σ，需要对对数似然函数进行优化。通过最大化对数似然函数可以得到参数的估计。对均值 μ 求导并设为 0，可以得到：

$$\hat{\mu} = \frac{1}{N}\sum_{i=1}^{N} X_i \quad （3-34）$$

这意味着均值的最大似然估计就是数据样本的平均值。类似地，可以得到协方差矩阵的最大似然估计。对协方差矩阵 Σ 求导并设为 0，可以得到：

$$\hat{\Sigma} = \frac{1}{N}\sum_{i=1}^{N}(X_i - \hat{\mu})(X_i - \hat{\mu})^{\mathrm{T}} \quad （3-35）$$

这意味着协方差矩阵的最大似然估计是样本协方差矩阵。

3.5 本章小结

本章从二维 Copula 函数的定义和性质出发，介绍了多维 Copula 函数的定义和性质。本章给出了常用的几种 Copula 函数，其中，Gaussian Copula 函数和 t-Copula 函数在本书中有重要的作用。Copula 参数估计也是本章介绍和分析的重点。总体上，可以将 Copula 参数估计分为参数和非参数估计两种情况，本章也介绍了半参数估计方法。理论上讲，FML 比 TSML 精度高，但考虑到计算效率，后者更具备实用性。

参 考 文 献

[1] Sklar A. Random variables, distribution functions, and Copulas: A personal look backward and forward[J]. Institute of Mathematical Statistics, 1996, 28(9): 449-460.

[2] 韦艳华, 张世英. Copula 理论及其在金融分析上的应用[M]. 北京: 清华大学出版社, 2008.

[3] 吴娟. Copula 理论与相关分析[D]. 武汉: 华中科技大学, 2009.

[4] Trivedi P K, Zimmer D M. Copula modeling: An introduction for practitioners[J]. Foundations and Trends in Econometrics, 2005, 1(1): 1-111.

第4章 小波域Copula多维模型纹理检索

本章提出一种有效的小波域Copula多维模型的纹理检索方法。针对小波域上各个子带间独立性建模的不足,该方法利用小波分解系数的相关结构设计了树状依赖结构,并在这种依赖结构上实现了Copula多维分布模型。树状依赖结构能同时捕获尺度间依赖和邻域依赖,且与邻域依赖结构相比该树状结构具有维数低、需要的Copula模型个数少的特点。由于Copula多维模型较为复杂,很难计算其KLD,本章提出一种基于Copula多维模型的KLD相似度检索方法:Copula模型的KLD由其边缘分布函数的KLD和Copula函数的KLD组成。在VisTex(MIT Vision Texture)与Brodatz数据库上的实验表明,本章提出的树状依赖结构和相似度检索方法在小波域相关性建模方面计算效率高,较大地提高纹理图像的检索率,并且能很好地推广到其他小波域(如复数小波域、方向小波域等)。

4.1 概 述

纹理图像分析一直以来是图像分析与计算机视觉研究的热点与难点,它在医学图像分析、遥感图像分析、工业检测、场景识别等领域有着广泛的应用。对纹理图像的研究距今已有近50年的研究历史,取得了丰富的成果[1]。随着应用的深入,对纹理分析又提出了更高的要求,设计出一个高效准确的纹理分析方法仍是一个开放性的问题。在过去20多年里,小波变换被实践证明是最有效的纹理分析工具之一,它将一个图像分解成不同分辨率的一个低频子带与若干高频子带,其高频子带能很好地表示图像的细节和结构信息[2]。在小波域上,主要有两大类纹理特征提取方法:小波签名方法[3,4]和复杂的统计分布模型方法[5,6]。小波签名方法实现简单,常常用于分解子带比较多的小波变换,如方向小波变换、复数小波变换(CWT)及小波包变换等，如果子带较少，那么得到的特征维数也比较少，则很难表示复杂的纹理结构。统计分布模型方法的主要好处是对纹理的区别可以转化为对统计模型的比较。基于统计模型的方法是研究小波域纹理特征提取的主流方向。泛化高斯分布（GGD）是小波域最常用的建模方案[7,8]，这归因于 GGD 能很好地捕获传统小波变换域呈现长尾形状分布的结构。除 GGD 外，高斯混合模型（GMM）在小波域也能起到很好的效果[9]，但该模型需要计算混合模型中个体高斯模型的参数及最优高斯模型的个数，计算量较大。由于混合模型在刻画分布方面有较好的性能，很自然地推断，如果将若干个 GGD 结合为一个混合模型，那么也能得到好的效果。最近的研究表明，用混合泛化高斯模型（MoGG）实现对小波系数的建模也能更好地描述和区分纹理结构[10]。常见的基于统计模型的纹理检索方法是计算两个统计模型之间的 KLD，而两个复杂统计模型之间的 KLD 解析表达式往往难以被推导出来，这需要借助于 Monte Carlo 等随机采样方法实现[10]。考虑到随机采样方法的计算量较大且每次检索具有随机性，许多文献在这方面做了深入的研究，并提出了一些统计模型的近似 KLD 解析表达式[5]。目前国内外对小波域依赖性分析与建模方面的研究相对薄弱。众所周知小波域存在依赖关系，但由于其子带之间的依赖性很难被准确刻画，因而多数方法选择在小波域的各个子带上建立相互独立的单变量统计模型。基于隐马尔可夫模型（HMM）[11]的小波子带建模是最早考虑到各子带相关性的纹理分析算法，但是该类模型复杂，检索性能一般。最近国外文献报道在小波变换域上用 Copula 多维模型捕获各个子带间的依赖关系的方法[12-16]，获得了不错效果。然而这些基于 Copula 多维模型方法主要考虑了邻域的依赖或颜色分量依赖，对其他依赖关系研究不多。本章主要工作体现在以下两个方面：①提出小波域上的树状依赖结构。该结构将相邻两分解层的四叉树结构连接为一个 5 维向量。对向量的各分量建立边缘分布后，用 Copula 将这些边缘分布连接为一个多维分布模型，对于三层分解的小波域可以建立两级依赖结构。树状依赖结构有两个优点：第一，它同时捕获了层间依赖和邻域依赖；第二，与邻域依赖[16]相比，树状依赖结构的维数低且 Copula 模型数量少，因而计算量较低。②提出基于 Copula 函数的纹理图像相似度检索方法，该方法由边缘分布函数的 KLD 和 Copula 函数的 KLD 组成，能有效地降低计算的复杂度和提高检索准确率。

4.2 小波域依赖关系

由于正交小波分解系数的协方差近似为零，理论上讲其分解系数之间是不相关的。事实上，许多文献已经证实了小波域上存在较大的依赖关系[15,17]。为了清楚地说明小波域间的依赖关系，这里先介绍小波系数间的位置关系。图 4-1 表示了传统小波域系数间的位置关系（其他小波域类似），其中，第 i 层分解的参考系数用 X 表示，在其周围的系数称为邻域系数，用 NX 表示。在其他子带（水平子带、对角子带）的相同位置的像素是其兄弟系数，用 CX 表示。在更粗糙的 $i+1$ 层分解，同样方向子带的 1/4 区域对应的位置是其父系数，用 PX 表示。从图 4-1 中可以看出，一个父系数对应 4 个子系数。一般地，当 X 的值比较大时，其父系数 PX（兄弟系数 CX/邻域系数 NX）也比较大，当 X 的值较小时父系数 PX（兄弟系数 CX/邻域系数 NX）也较小，反之亦然。小波域之间的依赖程度也可以通过互信息来表示。给定两个随机变量 X 和 Y，相应的边缘分布分别为 $p(x)$ 和 $p(y)$，且 X 和 Y 的联合分布为 $p(x,y)$，两个随机变量的互信息定义为

$$I(X,Y) = \sum_{x,y} p(x,y) \log \frac{p(x,y)}{p(x)p(y)} \tag{4-1}$$

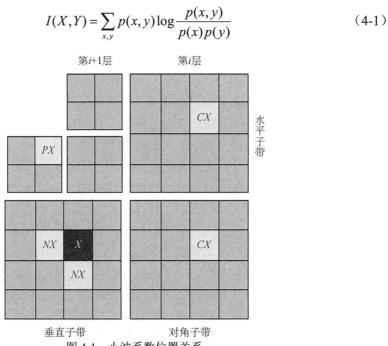

图 4-1 小波系数位置关系

互信息表示的是当一个随机变量出现时另一个随机变量信息减少的量，可以理解为一个随机变量包含另一个随机变量的信息量，它随着两个随机变量的依赖程度增加而增加。$I(X;PX)$ 是某小波域系数与其父系数之间的互信息，表示的是尺度间（层间）系数的依赖关系，也称为尺度间依赖。$I(X;NX)$ 是小波系数与其邻域系数的互信息，表示的是同一子带内邻域系数间的依赖关系，本章称为邻域依赖。$I(X;CX)$ 是小波系数与其兄弟系数的互信息，表示的是层内不同方向间的依赖关系，也称为尺度内依赖。

表 4-1 列出了 Brodatz 数据库中的 D008、D012 和 D063 三个纹理图像在 db1 和 db4 小波域的互信息。从表 4-1 看出，不同小波滤波器下的小波分解系数在不同的依赖关系下的互信息基本上均大于 0。这说明小波域上存在较大的依赖关系。还可以看出，在同一纹理图像和同一种依赖的情况下，不同的滤波器分解后的小波系数间的互信息也不一样，db4 滤波器系数具有较长的长度，其分解的互信息也小于 db1 滤波器分解的互信息；且不同的纹理其互信息也会有差别，这说明小波域上的依赖特性除了受小波分解系数结构上的影响，还受滤波器及纹理图像本身的影响。限于篇幅，本章主要根据小波分解系数间的关系来构建较好的依赖结构，并根据依赖结构实现纹理检索。

表 4-1 小波域上的互信息

互信息	D008		D012		D063	
	db1	db4	db1	db4	db1	db4
$I(X;PX)$	0.23	0.15	0.36	0.28	0.24	0.08
$I(X;NX)$	0.69	0.13	0.32	0.23	0.28	0.20
$I(X;CX)$	0.39	0.06	0.47	0.12	0.26	0.09

4.3 小波域 Copula 多维模型

4.3.1 小波域树状依赖结构

文献[16]～[21]在小波域上实现了邻域内依赖结构。对于每个小波的子带系数，邻域依赖结构用 $(2p+1)\times(2q+1)$ 的滑动窗口提取 N 个列向量，每一个列向量对应一个随机变量。分别用泛化高斯分布拟合随机向量的边缘分布，然后用 Copula 建立多维模型。当 $p=q=1$ 时，滑动窗口为 3×3 邻域窗口。邻域依赖结构不足之处在于没有考虑尺度间的依赖关系，而且该模型的维数较高，计算量较大。鉴于此，本节提出小波域上的树状依赖结构，该结构首先将小波域按照三个方向进行分组，各层之间不同方向的系数不交叉[图 4-2（a），图中 cH、cV 和 cD 分别为小波分解的水平、垂直和对角线子带]，每个方向上是多层的四叉树结构[图 4-2（b）]。图 4-2 中给出的是三层小波分解的情况，由图 4-2 可知深度为 k 的四叉树的总节点个数为 $\frac{1}{3}(4^k-1)$，在该四叉树上构建的 Copula 多维模型的维数（维数与四叉树节点相同）将随着树层数的增加呈指数增长的趋势，因而计算量也随之大大增加。我们分析发现小波系数间依赖关系主要存在于相邻两层之间，即第 i 层与第 $i-1$ 层依赖关系较强，与第 $i-2$ 层之间的关系相对较弱，这是一种马尔可夫链（Markov chain）特性。

以上说明建立依赖结构只需要考虑相邻两层之间的依赖关系即可，因而本节实现了小波的三层分解，建立基于相邻两层依赖关系的两级树状依赖结构 Level_1 和 Level_2。为了捕获这种树状依赖，本节将小波系数 x_1 和它的 4 个子系数 $\{x_2, x_3, x_4, x_5\}$ 建为 5 维向量，见式（4-2），然后根据该 5 维向量构建 Copula 多维模型。图 4-3 显示的是在某方向上的数据组织情况（其他两个方向类似）。值得注意的是，这里设计的树状依赖结构既包含了尺度间依赖，也包含了邻域依赖。树状依赖结构的优点是只需要 5 维向量和 6 个 Copula 多维模型，相比之下邻域依赖结构是 9 维向量，需要 9 个 Copula 多维模型，但前者的计算量会少很多。

$$X = [x_1, x_2, x_3, x_4, x_5] = \begin{bmatrix} x_{11} & x_{12} & x_{13} & x_{14} & x_{15} \\ x_{21} & x_{22} & x_{23} & x_{24} & x_{25} \\ & & \vdots & & \\ x_{L1} & x_{L2} & x_{L3} & x_{L4} & x_{L4} \end{bmatrix} \quad (4\text{-}2)$$

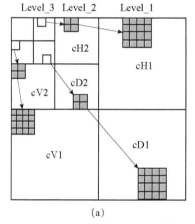

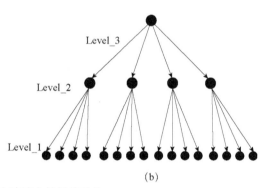

图 4-2 小波域上的树状结构

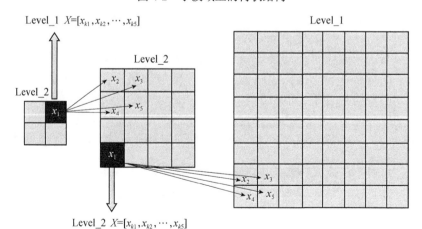

图 4-3 基于树状依赖结构的两级 Copula 多维模型

4.3.2 依赖程度分析

本章用卡图（Chi-plot）工具[22]分析小波域的树状依赖情况。Chi-plot 是 scatterplot 的扩展，它能更好地并且以可视化方式评估二维变量之间的依赖程度。在 Chi-plot 中，点 (X_i, Y_i) 被变换成 n 对 $(\lambda_{ni}, \chi_{ni})(i=1,2,\cdots,n)$。其中，$\chi_{ni}$ 表示在采样点 (X_i, Y_i) 处二维分布函数不能被成功分解为两个边缘分布的情况。如果 X 和 Y 独立，那么二维分布可以表示为边缘分布的乘积，由此 χ_{ni} 实质表示 X 和 Y 的依赖程度。λ_{ni} 表示点 (X_i, Y_i) 到二维中值的距离，它有多种定义方式，如定义为 Spearman 相关等。如果 X 和 Y 相关，那么 λ_{ni} 的值往往比较集中；反之，则 λ_{ni} 的值比较分散。特别地，如果 X 和 Y 正相关，那么 λ_{ni} 倾向于正值；反之，λ_{ni} 倾向于负值。图 4-4 给出了两级树状依赖结构上两个分量在水平方向的 Chi-plot 图，图 4-4（a）和（b）分别绘出的是 Level_1 与 Level_2 上的 Chi-plot 图。由图 4-4 可以看出，两个 Chi-plot 图中的点比较集中而且也较大地偏离了水平线 $\chi = 0$，说明了无论是 Level_1 还是 Level_2 上都存在较大的依赖关系，且在图 4-4（a）表现出正相关，图 4-4（b）呈负相关。

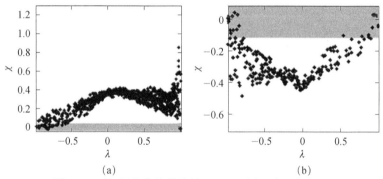

图 4-4 两级树状依赖结构的 Chi-plot 图（水平方向）

4.3.3 建立 Copula 多维模型

小波子带系数呈现长尾状的非高斯分布，因此用高斯分布不能很好地拟合这种形状。有三种统计模型可以拟合小波子带：GGD、GMM、核密度估计（KDE）。一般情况下 GMM 和 KDE 的拟合效果要优于 GGD。但是 KDE 是非参数拟合模型，GMM 是由多个高斯个体组成的混合模型，二者的计算量非常大，在应用上受到限制。图 4-5 是 GGD 在小波域上的拟合效果。由图可以看出 GGD 能很好地捕获非高斯分布的信号。因此，本节使用 GGD 拟合小波系数。另外，GGD 最大的优势在于它有解析形式的 KLD，而 GMM 没有，且在求解参数时 GGD 的计算复杂度要低于 GMM。GGD 的密度函数有如下形式：

$$p(x;\alpha,\beta) = \frac{\beta}{2\alpha\Gamma(1/\beta)}\exp\left(-\left|\frac{x}{a}\right|^{\beta}\right) \quad (4\text{-}3)$$

式中，α 为尺度，是形状参数；$\Gamma(z) = \int_0^\infty e^{-t}t^{z-1}dt$，$z > 0$；当 $\beta = 2$ 时 GGD 便是 Gaussian 分布；当 $\beta = 1$ 时 GGD 是 Laplace 分布。

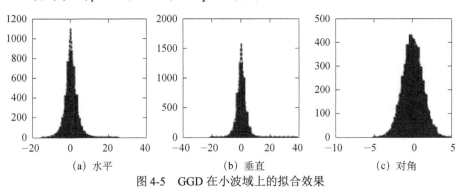

图 4-5 GGD 在小波域上的拟合效果

结合边缘分布和 Copula 函数，由前面章节可知每个 Copula 多维分布模型有如下形式[18,19]：

$$h(x;\Theta) = g(P_1(x_1;\alpha_1,\beta_1),\cdots,P_5(x_5;\alpha_5,\beta_5);R) \cdot \prod_{i=1,2,\cdots,5} p_i(x_i;\alpha_i,\beta_i) \quad (4\text{-}4)$$

式中，$P_i(x_i;\delta_i)(i=1,2,\cdots,5)$ 为 GGD 在第 i 个分类上的边缘分布函数，$P_i(x_i;\delta_i)$ 为相应的边缘密度函数；R 为 Gaussian Copula 函数 g 的参数；$\Theta = \{\delta_1,\delta_2,\cdots,\delta_5,\theta\}$ 为参数集合。求解用两阶段最大似然估计方法（TSML），给定样本集 $Y = \{y_1,y_2,\cdots,y_N\}$，则边缘密度 GGD 的似然函数表示为

$$L(Y;\alpha,\beta) = \log\prod_{i=1,2,\cdots,N}p(y_i;\alpha,\beta)$$

对似然函数求偏导可以得到尺度 α 的最大似然估计值为

$$\hat{\alpha} = \left(\frac{\beta}{N}\sum_{i=1}^{N}|y_i|^{\beta}\right)^{1/\beta}$$

计算 GGD 的形状参数 β 可以求解如下方程：

$$1 + \frac{\Psi(1/\beta)}{\beta} - \frac{\sum_{i=1}^{N}|y_i|^{\beta}\log|y_i|}{\sum_{i=1}^{N}|y_i|^{\beta}} + \frac{\log\left(\frac{\beta}{N}\sum_{i=1}^{N}|y_i|^{\beta}\right)}{\beta} = 0 \quad (4\text{-}5)$$

式中，Ψ 为 digamma 函数，即 $\Psi(y) = \Gamma'(y)/\Gamma(y)$。对于式（4-5），用 Newton-Raphson 方法迭代计算出参数的估计值，便于密度模型和样本数据集获得分布模型的序列值，从而可以用最大似然法（maximum likelihood method，ML）计算 Gaussian Copula 的

参数矩阵 $R^{[20]}$，其最大似然估计值为

$$\hat{R} = \frac{1}{N}\sum_{i=1}^{N}\xi_i\xi_i^{\mathrm{T}}$$

4.3.4 纹理图像相似度计算

在进行纹理检索时需要比较两幅图像的相似程度，常见的用于 Copula 多维统计模型的图像相似度有标准化欧氏距离[23]、KLD[6,7]、采样方法[24]、Bayesian 框架检索方法[14,25,26]。标准化欧氏距离计算简单，但是当纹理特征维数较少时检索准确率不高；采样方法和 Bayesian 框架检索方法的计算复杂度都非常高，不适合实时检索需要。因而 KLD 是被广泛认可的基于统计模型的纹理图像检索方法。给定两幅图像的概率密度分别为 f 和 g，则基于概率密度的 KLD 定义如下：

$$\mathrm{KLD}(f\|g) = \int f\ln\left(\frac{f}{g}\right)\mathrm{d}x \tag{4-6}$$

式（4-6）定义的 KLD 值的大小表示了两幅图像的相似程度，值越小则两幅图像越相似，值越大则越不相似。理论上可以将 Copula 多维模型的密度函数代入式（4-6）推导其 KLD，但是由于 Copula 密度函数的复杂性，很难求得解析形式的 KLD。

由 Copula 模型可知其概率密度函数由边缘密度函数和连接部分（依赖结构）Copula 函数组成，可以计算两个 Copula 多维模型之间的 KLD，也可以分开计算两个 Copula 模型之间的边缘密度函数的 KLD 和依赖结构 Copula 函数的 KLD。因此，本节将这两部分 KLD 之和作为两个 Copula 多维模型之间的 KLD 并应用于纹理图像检索。即假定 GC_1 和 GC_2 分别表示两幅图像的 Gaussian Copula 多维模型的密度函数，则这两个 Gaussian Copula 多维模型之间的 KLD 可以表示为

$$\mathrm{KLD}(\mathrm{GC}_1\|\mathrm{GC}_2) = \sum_{k=1}^{n}\mathrm{KLD}_M(f_1^k\|f_2^k) + \mathrm{KLD}_D(g_1\|g_2) \tag{4-7}$$

式中，$\mathrm{KLD}_M(f_1^k\|f_2^k)$ 为边缘密度函数 f_1^k 和 f_2^k 之间的 KLD；k 为第 k 个边缘密度函数；$\mathrm{KLD}_D(g_1\|g_2)$ 为两个 Gaussian Copula 函数 g_1 和 g_2 之间的 KLD，也称为依赖结构部分的 KLD。设两个 GGD 的概率密度函数表达式为 $f_i = p(x;\alpha_i,\beta_i)$，$i=1,2$，则 $\mathrm{KLD}_M(f_1\|f_2)$ 有如下形式：

$$\mathrm{KLD}_M(f_1\|f_2) = \ln\left(\frac{\beta_1\alpha_2\Gamma(1/\beta_2)}{\beta_2\alpha_1\Gamma(1/\beta_1)}\right) + \left(\frac{\alpha_1}{\alpha_2}\right)^{\beta_2}\frac{\Gamma((\beta_2+1)/\beta_1)}{\Gamma(1/\beta_i)} - \frac{1}{\beta_1} \tag{4-8}$$

给定两个 Gaussian Copula 函数：

$$g_i(u;R_i) = \frac{-1}{\sqrt{|R_i|}}\exp\left(-\frac{1}{2}\xi^{\mathrm{T}}(R_i^{-1}-I)\xi\right), \quad i=1,2$$

则 $\text{KLD}_D(g_1 \| g_2)$ 推导如下：

$$\begin{aligned}
\text{KLD}(g_1(u;R_1) \| g_2(u;R_2)) &= \int g_1(u;R_1) \ln\left(\frac{g_1(u;R_1)}{g_2(u;R_2)}\right) dx \\
&= \int \frac{1}{\sqrt{|R_1|}} \exp\left(-\frac{1}{2}\xi^T (R_1^{-1}-I)\xi\right) \\
&\quad \times \ln\left(\frac{\frac{1}{\sqrt{|R_1|}}\exp\left(-\frac{1}{2}\xi^T(R_1^{-1}-I)\xi\right)}{\frac{1}{\sqrt{|R_2|}}\exp\left(-\frac{1}{2}\xi^T(R_2^{-1}-I)\xi\right)}\right) dx \\
&= \frac{1}{2}\ln\left(\frac{|R_2|}{|R_1|}\right) - \frac{1}{2}E_1(\xi^T(R_1^{-1}-I)\xi) \\
&\quad + \frac{1}{2}E_1(\xi^T(R_2^{-1}-I)\xi)
\end{aligned} \quad (4\text{-}9)$$

式（4-9）中需要连续推导两个部分：$\frac{1}{2}E_1(\xi^T(R_1^{-1}-I)\xi)$ 和 $\frac{1}{2}E_1(\xi^T(R_2^{-1}-I)\xi)$。

第一部分：

$$\begin{aligned}
\frac{1}{2}E_1(\xi^T(R_1^{-1}-I)\xi) &= \frac{1}{2}\text{tr}(E_1(\xi^T(R_1^{-1}-I)\xi)) \\
&= \frac{1}{2}E_1(\text{tr}(\xi^T(R_1^{-1}-I)\xi)) = \frac{1}{2}E_1(\text{tr}((R_1^{-1}-I)\xi\xi^T)) \\
&= \frac{1}{2}\text{tr}(E_1((R_1^{-1}-I)\xi\xi^T)) = \frac{1}{2}\text{tr}((R_1^{-1}-I)E_1(\xi\xi^T)) \\
&= \frac{1}{2}\text{tr}((R_1^{-1}-I)R_1) = \frac{1}{2}\text{tr}(R_1^{-1}R_1 - R_1) = \frac{1}{2}\text{tr}(I - R_1) \\
&= \frac{1}{2}n - \frac{1}{2}\text{tr}(R_1)
\end{aligned} \quad (4\text{-}10)$$

式中，$\text{tr}(\cdot)$ 表示矩阵的迹；n 为矩阵 R_1 的阶。

第二部分：

$$\begin{aligned}
\frac{1}{2}E_1(\xi^T(R_2^{-1}-I)\xi) &= \frac{1}{2}\text{tr}((R_2^{-1}-I)E_1(\xi\xi^T)) = \frac{1}{2}\text{tr}((R_2^{-1}-I)R_1) \\
&= \frac{1}{2}\text{tr}(R_2^{-1}R_1) - \frac{1}{2}\text{tr}(R_1)
\end{aligned} \quad (4\text{-}11)$$

这样式（4-9），即两个 Gaussian Copula 函数之间的 KLD 有如下的形式：

$$\begin{aligned}
\text{KLD}(g_1(u;R_1) \| g_2(u;R_2)) &= \frac{1}{2}\ln\left(\frac{|R_2|}{|R_1|}\right) - \frac{1}{2}n + \frac{1}{2}\text{tr}(R_1) + \frac{1}{2}\text{tr}(R_2^{-1}R_1) - \frac{1}{2}\text{tr}(R_1) \\
&= \frac{1}{2}\ln\left(\frac{|R_2|}{|R_1|}\right) + \frac{1}{2}\text{tr}(R_2^{-1}R_1) - \frac{1}{2}n
\end{aligned} \quad (4\text{-}12)$$

根据式（4-7），两幅纹理图像 I_1 和 I_2 之间的相似度 $\text{Sim}(I_1 \| I_2)$ 可以表示为

$$\text{Sim}(I_1 \| I_2) = \sum_{d=1}^{3}\sum_{k=1}^{2} \text{KLD}(\text{GC}_1^{d,k} \| \text{GC}_2^{d,k}) \quad (4\text{-}13)$$

式中，$\text{KLD}(\text{GC}_1^{d,k} \| \text{GC}_2^{d,k})$ 表示两个纹理图像在 $d(d=1,2,3)$ 方向的 $k(k=1,2)$ 级 Copula 多维模型。

为了清楚地说明边缘分布和依赖结构对纹理的表示能力，我们在 VisTex 数据库中选取了 3 个不同的纹理图像样本进行说明（图 4-6）。我们分别计算了边缘密度函数的尺度参数 α 和形状参数 β，以及 Gaussian Copula 密度函数的参数矩阵 R。由图 4-6 可以看出，三个纹理图像的边缘分布差异较大，而分量之间的变化幅度较小，这说明边缘分布模型能很好地区分纹理图。图 4-6 中参数矩阵 R 中的正数表示正相关，负数表示负相关。由图 4-6 可以看到 3 个参数矩阵 R 的上三角部分对应位置的数值有较大的差异，正负数的位置分布也不相同。这充分地说明本节建立的 Copula 多维模型的依赖结构部分也具有很好的区分能力。后面的实验部分我们会单独用依赖结构部分对纹理图像进行检索，以进一步验证我们提出模型的有效性。

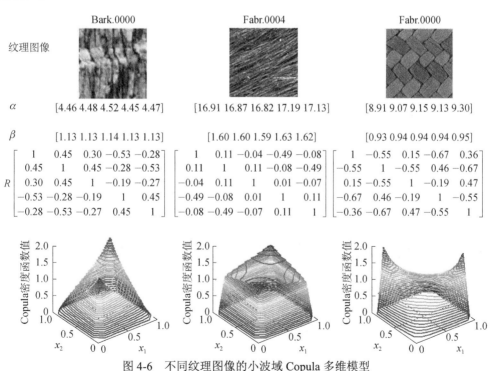

图 4-6 不同纹理图像的小波域 Copula 多维模型

4.4 纹理图像检索与实验结果分析

实验分别在 VisTex 与 Brodatz 上进行。VisTex 是一个大型的彩色图像数据库（由麻省理工学院视觉实验室创建），该数据库代表了真实世界场景。Brodatz 是一个经典的纹理图像库，总共有 112 张灰度图像，常常用于评估纹理分析算法的性能。第一个实验数据集包括 VisTex 数据库中的 40 个纹理图像，见图 4-7（a）。这 40 张纹理图像在很多文献中被用于评估图像检索算法的性能。将每个 512×512 的纹理图像转换为灰度图像，并分割成大小为 128×128 不重叠的 16 张子图像，第一个实验数据集总计有 640（40 类×16 张子图像）张子图像，不对测试纹理图像进行其他预处理。第二个实验数据集来自 Brodatz。从 Brodatz 中选取了 15 个纹理图像，见图 4-7（b），选的纹理图像依次为 D001，D002，D003，D005，D008，D009，D010，D011，D012，D013，D015，D016，D017，D018，D019。将每个纹理图像分为若干个不重叠的 128×128 的子图像，从中选择 16 张纹理图像用于实验。这样第二个数据集中子图像总个数为 240（15 类×16 张子图像），没有对测试纹理图像进行任何预处理。数据集中的所有图像都参与检索测试，用每次检索出的前 N_R 个图像和相关图像用于检索评价标准。将来源于同一类别的 N_R 个图像（N_R 个图像包括自身，在本章的所有实验中 N_R=16）称为相关图像，若前 N_R 个被检索的图像中包含全部相关图像，则表示检索率为100%；否则，按照比例计算正确检索率。用 $f(I_i, N_R)$ 表示查询图像为 I_i 时最相似的前 N_R 个图像中相关图像的个数，并假定数据库中有 N 个类别图像（总图像个数为 $N \times N_R$），则平均检索率（average retrieval rate，ARR）可以表示为

$$\text{ARR} = \frac{\sum_{i=1}^{N} f(I_i, N_R)}{N \times N_R} \quad (4\text{-}14)$$

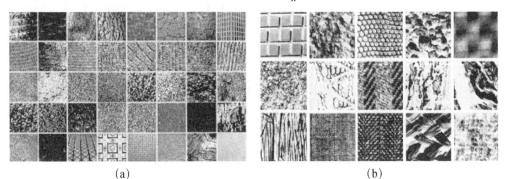

(a)　　　　　　　　　　　(b)

图 4-7　实验纹理图像

第4章 小波域 Copula 多维模型纹理检索

为了便于比较，本节介绍了单变量 GGD 进行独立建模的两种方法（GGD-NED 和 GGD-KLD）、Copula-KLD、GGD-Tree-Copula-KLD 及基于邻域依赖结构的 Copula 多维统计方法（GGD-Neighbor-Copula-KLD）。所有方法的小波变换均使用 db4 滤波器。下面列出这些方法的简称及其概要说明。

（1）GGD-NED：用 GGD 独立地拟合每个小波子带，相似度采用标准化欧氏距离。

（2）GGD-KLD：用 GGD 独立地拟合每个小波子带，采用 KLD 检索。

（3）Copula-KLD：只使用 Gaussian Copula 函数，采用 KLD 检索。

（4）GGD-Tree-Copula-KLD：边缘分布为 GGD，树状依赖结构，Gaussian Copula 多维模型，采用本节提出的近似 KLD 检索。

（5）GGD-Neighbor-Copula-KLD：边缘分布为 GGD，邻域依赖结构，Gaussian Copula 多维模型，采用本节提出的近似 KLD 检索。

表 4-2 给出了 Copula 模型在 VisTex 数据集上的检索结果，可以看出两种单变量模型（GGD-NED 和 GGD-KLD）的正确识别率分别为 67.90%和 76.81%，Copula 多维模型（GGD-Tree-Copula-KLD 和 GGD-Neighbor-Copula-KLD）的识别率分别为 82.64%和 83.58%，可以看出 ARR 有明显的提高。表 4-3 列出了在 Brodatz 上的实验结果，由表 4-3 可以看出 GGD-Tree-Copula-KLD 与 GGD-Neighbor-Copula-KLD 依然具有较好的检索效果，ARR 分别为 85.12%和 85.07%。以上说明小波域上的 Copula 多维模型的检索效果明显地优于单变量模型。结合表 4-2 和表 4-3 可以看出，GGD-Tree-Copula-KLD 和 GGD-Neighbor-Copula-KLD 的 ARR 差别不大，在 VisTex 中 GGD-Neighbor-Copula-KLD 略优于 GGD-Tree-Copula-KLD；而在 Brodatz 中 GGD-Tree-Copula-KLD 略优于 GGD-Neighbor-Copula-KLD。同时两个表中给出了 Gaussian Copula 连接结构部分的检索效果，在两个数据集中的 ARR 分别为 75.37%和 77.29%，这说明 Copula 多维模型的连接部分也具有较强的区分能力。接下来比较树状依赖结构和邻域依赖结构的计算效率，本节在一台中央处理器（central processing unit，CPU）为 Intel Core Due（主频为 1.73Hz），内存为 2GB 的计算机上进行实验，实验结果见表 4-4 和表 4-5。树状依赖结构需要 6 个 5 维 Copula 多维模型，每个 Copula 多维模型中有 5 个边缘分布，共有 30 个边缘分布。邻域依赖结构需要 9 个 9 维的 Copula 多维模型，每个 Copula 模型中有 9 个边缘分布，共 81 个边缘分布。实验环境与上述相同，在小波域上进行，选用 GGD-Copula-KLD 方法。两种依赖结构在 VisTex 上的实验结果如表 4-4 所示，可以看出树状依赖结构的特征提取与检索一个纹理图像的时间分别为 0.31s 和 1.32s，总开销为 1.63s；相比之下邻域依赖结构分别用了 2.85s 和 3.24s，总开销为 6.09s，后者是前者的 3.73 倍。

表 4-2 ARR（VisTex）

检索方法	ARR/%
GGD-NED	67.90
GGD-KLD	76.81
Copula-KLD	75.37
GGD-Tree-Copula-KLD	82.64
GGD-Neighbor-Copula-KLD	83.58

表 4-3 ARR（Brodatz）

检索方法	ARR/%
GGD-NED	69.26
GGD-KLD	81.98
Copula-KLD	77.29
GGD-Tree-Copula-KLD	85.12
GGD-Neighbor-Copula-KLD	85.07

表 4-4 两种依赖结构在 VisTex 上的执行时间比较

项目	执行时间/s		提升比例/%
	树状依赖结构	邻域依赖结构	
特征提取	0.31	2.85	9.19
检索一个纹理图像的时间	1.32	3.24	2.45
总计	1.63	6.09	3.73

表 4-5 两种依赖结构在 Brodatz 上的执行时间比较

项目	执行时间/s		提升比例/%
	树状依赖结构	邻域依赖结构	
特征提取	0.31	2.82	9.09
检索一个纹理图像的时间	0.38	1.16	3.05
总计	0.69	3.98	5.76

4.5 本章小结

本章用 Copula 函数对小波域联合建模进行了研究，提出了基于小波域树状依赖结构的 Copula 多维模型，显著地提高了小波对纹理图像的表示性能。对于检索相似度计算方面，本章给出的基于 Copula 多维模型的 KLD 表达式，大大降低了纹理的特征提取和检索时间。在小波域上构建 Copula 多维模型是一个比较新的研究课题，今后准备进一步研究与探索的地方如下所示。

小波域上的依赖关系值得进一步研究。小波域上的依赖关系错综复杂，例如，同一尺度内不同方向之间、不同尺度下的不同方向之间，以及对于颜色图像不同尺度和颜色分量之间是否存在依赖关系及它们之间的依赖程度，怎样对这些依赖建立依赖结构等值得进一步探索。

本章实现的模型较好地考虑了小波域尺度间和邻域依赖关系，没有考虑尺度内方向间（对于传统小波是水平、垂直和对角三方向之间）依赖关系。主要原因在于正交小波不同方向子带的不相关特性,利用基于相关矩阵的 Copula 模型(如 Gaussian Copula 和 t-Copula）很难捕获这种子带间的依赖。常用的基于非相关矩阵的 Gumbel Copula、Clayton Copula 和 Frank Copula 也能在一定程度上捕获小波域上的依赖结构。但 Gumbel Copula 和 Clayton Copula 能有效地捕获非对称的依赖结构，对对称依赖结构的捕获则比较弱，并且这两种 Copula 只能捕获变量间的非负相关情况。Frank Copula 密度函数具有对称结构，因此可以捕获变量间对称依赖关系，但对于尾部（包括上尾和下尾）相关的变化不敏感，难以捕获尾部变化程度比较高的情况。因而到目前还无法在小波域方向之间建立有效的 Copula 多维模型。因此我们将在小波域上探索更有效的 Copula 多维模型，或者探索多个不同 Copula 的组合方式来构建小波域上的依赖模型。

参 考 文 献

[1] Chen C H, Pau L F, Wang P S P. The Handbook of Pattern Recognition and Computer Vision[M]. Singapore: World Scientific Publishing, 1998: 207-248.

[2] Van D, Scheunders P, Dyck D V. Statistical texture characterization from discrete wavelet representation[J]. IEEE Transactions on Image Processing, 1999, 8(4): 592-598.

[3] Porter R, Canagarajah N. Robust rotation-invariant texture classification: Wavelet, Gabor filter and GMRF based schemes[J]. IEEE Proceedings Vision on Image and Signal Processing, 1997, 144(3): 180-188.

[4] Pun C M, Lee M C. Log-Polar wavelet energy signatures for rotation and scale invariant texture classification[J]. IEEE Transactions on Pattern Analysis and Machine Intelligence, 2003, 25(5): 590-603.

[5] Do M N, Vetterli M. Rotation invariant texture characterization and retrieval using steerable

wavelet-domain hidden Markov models[J]. IEEE Transactions and Multimedia, 2002, 4(4): 517-527.

[6] Kwitt R, Uhl A. Lightweight probabilistic texture retrieval[J]. IEEE Transactions on Signal Processing, 2010, 19(1): 241-253.

[7] Do M N, Vetterli M. Wavelet-based texture retrieval using generalized Gaussian density and Kullback-Leibler distance[J]. IEEE Transactions on Image Processing, 2002, 11: 146-158.

[8] Chipman H A, Kolaczyk E D, McCulloch R E. Adaptive Bayesian wavelet shrinkage[J]. Journal of the American Statistical Association, 1997, 92(440): 1413-1421.

[9] Kim S C, Kang T J. Texture classification and segmentation using wavelet packet frame and Gaussian mixture model[J]. Pattern Recognition, 2007, 40(4): 1207-1221.

[10] Allili M S. Wavelet modeling using finite mixtures of generalized Gaussian distributions: Application to texture discrimination and retrieval[J]. IEEE Transactions on Image Processing, 2012, 21(4): 1452-1464.

[11] Choi H. Multiscale image segmentation using wavelet-domain hidden Markov models[J]. IEEE Transactions on Image Processing, 2001, 10(9): 1309-1321.

[12] Sakji-Nsibi S, Benazza-Benyahia A. Copula-based statistical models for multicomponent image retrieval in the wavelet transform domain[C]. IEEE International Conference on Image Processing, Cairo, 2009: 253-256.

[13] Portilla J, Simoncelli E P. Texture modeling and synthesis using joint statistics of complex wavelet coefficients[J]. IEEE Workshop on Statistical and Computational Theories of Vision Fort Collins, 1999, 40(1): 49-71.

[14] Kwitt R, Meerwald P, Uhl A. Efficient texture image retrieval using Copulas in a Bayesian framework[J]. IEEE Transactions on Image Processing, 2011, 20(7): 2063-2077.

[15] Buccigrossi R W, Simoncelli E P. Image compression via joint statistical characterization in the wavelet domain[J]. IEEE Transactions on Image Processing, 1999, 8(12): 1688-1701.

[16] Stitou Y, Lasmar N, Berthoumieu Y. Copulas based multivariate Gamma modeling for texture classification[C]. Proceedings of IEEE International Conference on Acoustics, Speech and Signal Processing, Taipei, 2009: 1045-1048.

[17] Po D Y D, Do M N. Directional multiscale modeling of images using the contourlet transform[J]. IEEE Transactions on Image Processing, 2006, 15(6): 1610-1620.

[18] Sklar A. Random variables joint distribution functions and Copulas[J]. Kybernetika, 1973, 9(6): 449-460.

[19] Jaworski P, Durante F, Hardle W K, et al. Copula Theory and Its Applications[M]. Berlin: Springer, 2008.

[20] 韦艳华, 张世英. Copula 理论及其在金融分析上的应用[M]. 北京: 清华大学出版社, 2008.

[21] Trivedi P K, Zimmer D M. Copula modeling: An introduction for practitioners[J]. Found Trends Economet, 2005, 1(1): 1-111.

[22] Lasmar N E, Berthoumieu Y. Gaussian Copula multivariate modeling for texture image retrieval using wavelet transforms[J]. IEEE Transactions on Image Processing, 2014, 23(5): 2246-2261.

[23] Fisher N I, Switzer P. Chi-plots for assessing dependence[J]. Biometrika, 1985, 72(2): 253-265.

[24] Kokare M, Biswas P K, Chatterji B N. Rotation-invariant texture image retrieval using rotated complex wavelet filters[J]. IEEE Transactions on Systems Man and Cybernetics Part B, 2006, 36(6): 1273-1282.

[25] Kwitt R, Uhl A. A joint model of complex wavelet coefficients for texture retrieval[C]. IEEE International Conference on Image Processing, Cairo, 2009: 1877-1880.

[26] Li C R, Li J P, Fu B. Magnitude-phase of quaternion wavelet transform for texture representation using multilevel Copula[J]. IEEE Signal Processing Letters, 2013, 20(8): 799-802.

第5章 基于小波变换的旋转不变图像识别

在基于内容的图像检索领域获得稳健高效的旋转不变纹理特征是一项具有挑战性的工作。本章提出三种有效的旋转不变方法，用于使用基于 Gabor 小波（GW）和圆对称 GW（circularly symmetric Gabor wavelet，CSGW）域的 Copula 模型进行纹理图像检索。本章所提出的 Copula 模型使用 Copula 函数来捕获 GW/CSGW 的尺度依赖性，以提高检索性能。众所周知，KLD 是概率模型之间常用的相似性度量。然而，由于 Copula 模型的复杂性，很难推导出两个 Copula 模型之间的 KLD 的闭合形式。本章还提出一种利用边缘分布的 KLD 和 Copula 函数的 KLD 计算 Copula 模型 KLD 的检索方案。本章提出的纹理检索方法计算复杂度低，检索精度高。在 VisTex 和 Brodatz 数据集上的实验结果表明，与最先进的方法相比，本章提出的检索方法更有效。

5.1 概　　述

基于内容的图像检索（content-based image retrieval，CBIR）在图像检索领域占有重要的地位，是近年来相当活跃的研究领域。由于基于文本的检索方法难以准确地描述图像内容，CBIR 可以作为一种有效的补偿。特征提取和相似度测量是 CBIR 的两个主要任务。特征提取的任务是如何表示图像，而相似度度量的任务是根据获得的特征来评估查询图像与图像数据库中候选图像的距离。

在过去的几十年中，已经开发了大量基于小波的方法用于纹理表示[1-3]。纹理表示中最具挑战性和有趣的工作是设计一种对 CBIR 非常有用的旋转不变方法。然而，基于小波的特征提取技术不是旋转不变的，因为在旋转条件下，在每层分解中不同方向的小波子带特征会产生变化。Porter 和 Canagarajah[4]在离散小波和 Gabor 小波领域提出了两种旋转不变的方法。在他们的工作中，小波域中的旋转不变性是通过在同级中合并方向子带实现的。通过使用类似的合并方案，获得了复小波[5]和GW[6]域中的旋转不变特征。

对于GW，它对具有显著方向的纹理分析非常有效，但不适用于旋转不变纹理检索。为了获得旋转不变的特征，Porter开发了一种圆对称Gabor滤波器（circularly symmetric Gabor filter，CSGF），通过用高斯函数调制圆对称正弦光栅来表示纹理。自相关[7]和离散傅里叶变换（DFT）[8]可用于Gabor能量以实现旋转不变Gabor特征。但是，在进行自相关变换和DFT的过程后，可能会丢失一些特征信息。另一种抵消小波域中负旋转效应的方法是预对齐纹理图像。文献[9]通过沿主方向对齐强度梯度的最大变化方向来实现旋转不变性（主方向是使用梯度图像的特征值分析确定的）；同样地，主成分分析（PCA）可以用于确定主方向[10]。由于Radon变换具有捕获图像方向信息的固有特性，因此Jafari-Khouzani和Soltanian-Zadeh[11]使用它来检测纹理的主要方向。在这些方法中，假设纹理图像是各向异性的，即它们具有方向性。然而，由于一些纹理图像是各向同性的，预对齐方法并不总是表现出有效的性能。通过使用特殊的变换技术将旋转转换为平移是获得旋转不变性的另一种方法。Pun和Lee[12]提出了一种使用Log-Polar坐标变换的旋转和尺度不变纹理分类方法，该方法将图像从笛卡儿坐标系转换为Log-Polar坐标系。Radon变换的另一个性质与Log-Polar坐标变换类似，它使纹理图像的旋转对应于沿一个方向的圆形位移。Jafari-Khouzani和Soltanian-Zadeh[13]利用Radon变换将旋转改变为平移，然后应用平移不变小波来获得旋转不变特征。需要注意的是，这种基于变换的方法会做出一些有用的特征信息模糊。

本节基于Porter和Canagarajah[4]的工作，通过使用Gabor滤波器和Copula函数提出了三种高效的旋转不变Copula模型并用于纹理检索。本章的主要贡献如下。

（1）在GW和CSGW域中考虑了尺度依赖性，并实现了旋转不变纹理图像检索。

（2）结合GW的旋转不变Copula模型和CSGW的Copula模型，提高检索性能。

（3）本章提出一种基于KLD的两个多维Copula模型之间的检索方案。Copula模型的KLD是边距的KLD和Copula函数的KLD之和，给出了两个高斯Copula函数之间KLD的闭式。

5.2 CSGW

由于方向性，Gabor滤波器对于各向异性纹理表示非常有效。然而，它不适用于旋转不变的纹理图像。CSGF是旋转不变的，可以通过使正弦光栅Gabor滤波器在所有方向上变化来获得。CSGF定义为

$$g(x,y) = \frac{1}{2\pi\sigma} e^{-\frac{1}{2}\left(\frac{x^2+y^2}{\sigma^2}\right)} e^{-2\pi jW\sqrt{x^2+y^2}} \tag{5-1}$$

式（5-1）中的参数与 Gabor 中的参数相同。使用与 Gabor 相同的方法生成一组不同规模的 CSGF，称为 CSGW。图 5-1 为 GW 和 CSGW。

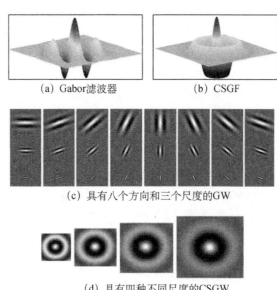

(a) Gabor 滤波器　　　(b) CSGF

(c) 具有八个方向和三个尺度的 GW

(d) 具有四种不同尺度的 CSGW

图 5-1　Gabor 滤波器、CSGF、GW 和 CSGW

5.3　GW/CSGW 域旋转不变 Copula 模型

5.3.1　旋转不变方案

从前面介绍可知 CSGW 是旋转不变的，它可用于旋转纹理检索。然而 GW 不是旋转不变的，因为当纹理图像旋转时 GW 的方向子带可能会改变。为了获得旋转不变性，本节使用文献[4]~[6]提出的类似方法，在每个尺度上将所有方向子带合并成一个大的子带。早期的方法主要计算 GW 的能量。本节使用概率模型，如 Weibull 分布或 Gamma 分布，对 GW 的合并子带系数进行建模。图 5-2 展示了 GW 域中旋转不变的 Copula 模型。请注意，同一方向的子带在每个分解级别合并在一起，因此合并过程将产生与分解级别数相同数量的合并子带。需要强调的是，这些分解层次之间存在着很强的依赖性（称为尺度依赖性，后面会进行详细的讨论）。然而，描述和捕捉依赖是非常困难的。因此很少有文献报道考虑尺度依赖性的图像表示方法。幸运的是，Copula 理论为我们提供了一种很好的方法来捕捉尺度依赖性。在图 5-2 中，拟合合并子带的概率模型由一个 Copula 函数连接起来。后续实验表明，考虑尺度依赖性将更好地表示纹理图像。对于 CSGW，不需要合并步骤，因此加入步骤（图 5-2）与 GW 相同。

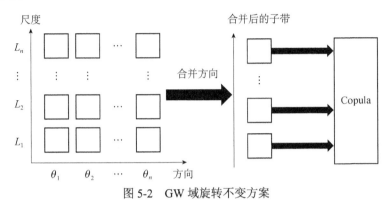

图 5-2 GW 域旋转不变方案

5.3.2 构建 Copula 模型

GW/CSGW 变换域中 Copula 模型的构建分为三个步骤[14-17]：确定边缘分布，确定 Copula 函数，估计 Copula 模型的参数。边缘分布是用于对 GW/CSGW 的子带进行建模的概率密度函数。Weibull、Gamma 和瑞利（Rayleigh）分布适合作为边距。通过实验发现 Weibull 分布比其他分布具有更好的性能，其概率密度函数定义为[18]

$$f_{\text{WBL}}(x \mid \alpha, \beta) = \frac{\alpha}{\beta}\left(\frac{x}{\beta}\right)^{\alpha-1} e^{-\left(\frac{x}{\beta}\right)^{\alpha}} \tag{5-2}$$

图 5-3（a）和（b）显示了在纹理图像上使用 Weibull 分布的拟合结果。可以看出，Weibull 分布在 GW 域和 CSGW 域都运行良好。为了评估 GW/CSGW 变换域中的尺度依赖性，我们使用卡图（Chi-plot）工具[19,20]来绘制不同尺度之间的相关结构。Chi-plot 是对两个随机变量相关性通常测量的简单解释，以图形方式测量相关性。

给定随机变量对 (X, Y) 的样本集 $(x_1, y_1), \cdots, (x_n, y_n)$，Chi-plot 将点 (x_i, y_i) 变换为另一个点 (χ_i, λ_i)，以图形方式展示 X 和 Y 的依赖关系。在 Chi-plot 中，粗略地说，λ_i 的值是点 (x_i, y_i) 到点中心的距离的度量，而 χ_i 的值是 (x_i, y_i) 相关性的度量。即如果 X 和 Y 是独立的，那么大部分点 (χ_i, λ_i) 都靠近 $\chi = 0$ 的直线；相互依赖的点 (χ_i, λ_i) 离 $\chi = 0$ 的线更远，而且更具有聚集性。图 5-4（a）和（b）显示了 GW/CSGW 尺度之间纹理图像的几个卡图。可以观察到，GW/CSGW 的依赖性非常强。

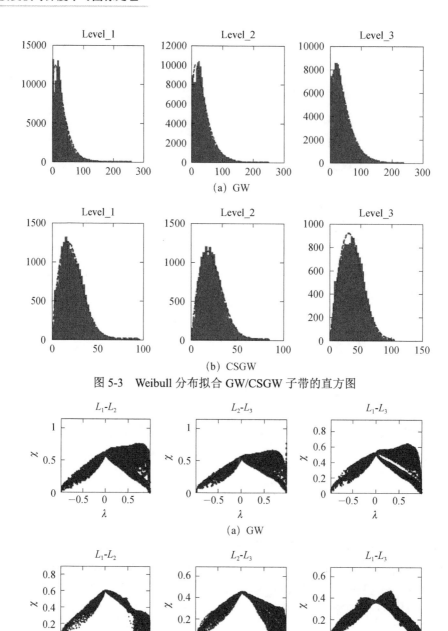

图 5-3 Weibull 分布拟合 GW/CSGW 子带的直方图

图 5-4 GW/CSGW 域中的 Chi-plot（L_i-L_j 表示第 i 个和第 j 个尺度）

在确定了边界并分析了尺度依赖性之后，下一步是使用 Copula 函数捕获 GW/CSGW 的尺度依赖性。Gaussian Copula 和 t-Copula 通常比小波域上的 Archimedean

Copula 系列工作得更好[21]。然而, t-Copula 在估计参数时的计算成本更高[19]。t-Copula 的另一个负面因素是它没有 KLD 的封闭形式(KLD 被证明是两个概率模型之间最有效的相似性度量)。因此, Gaussian Copula 函数被用于所提出的 Copula 模型的联合函数。本节提出的 GW/CSGW 变换域的 Copula 模型为

$$h_{\text{GCM}}(x|\Theta) = g(F_{\text{WBL}}^1(x_1|\alpha_1,\beta_1),\cdots,F_{\text{WBL}}^L(x_L|\alpha_L,\beta_L)|R) \cdot \prod_{i=1}^L f_{\text{WBL}}^i(x_i|\alpha_i,\beta_i)$$

式中, L 表示尺度数量; $F_{\text{WBL}}^i(x_i|\alpha_i,\beta_i)$ 与 $f_{\text{WBL}}^i(x_i|\alpha_i,\beta_i)$ 分别表示 Weibull 分布和第 i 个尺度上的概率密度函数。对于 Copula 模型[式(5-3)]的参数估计, 可以使用 FML 和 TSML[16]。由于使用 FML 估计 Copula 模型的参数是一项耗时的工作, 所以我们将使用 TSML 来估计 Copula 模型的参数。TSML 的第一步是估计 Weibull 边缘分布的参数:

$$(\hat{\alpha}_i,\hat{\beta}_i) = \arg\max_{(\alpha_i,\beta_i)} \sum_{k=1}^N \ln f_{\text{WBL}}^i(x_{i,k}|\alpha_i,\beta_i) \tag{5-4}$$

式中, N 表示 GW/CSGW 的系数个数; $x_{i,k}$ 表示第 i 个尺度的第 k 个系数。ML(最大似然法)可以用于估计 Weibull 的参数。为了避免昂贵的计算, 可以先估计参数 Gumbel 分布, 然后再估计 Weibull 的参数[17]。

根据估计的参数 $(\hat{\alpha}_i,\hat{\beta}_i)$, TSML 的第二步是估计 Gaussian Copula 函数的参数 $\hat{R}$:

$$\hat{R} = \arg\max_R \sum_{k=1}^N \ln g(F_{\text{WBL}}^1(x_{1,k}|\hat{\alpha}_1,\hat{\beta}_1),\cdots,F_{\text{WBL}}^L(x_{L,k}|\hat{\alpha}_L,\hat{\beta}_L)|R) \tag{5-5}$$

可以证明相关矩阵的 ML 估计为

$$\hat{R} = \frac{1}{N}\xi\xi^{\text{T}} \tag{5-6}$$

为了看清 GW/CSGW 变换域上 Copula 模型的判别性和旋转不变性, 我们举了一个例子来展示 Copula 模型的参数及 Copula 函数的 PDF, 揭示两个不同的尺度依赖关系(图 5-5)。图 5-5 中两个纹理图像(Metal.0002 和 Fabric.0014)选自 VisTex[22]。Fabric.0014 有明显的主要纹理方向(各向异性), Metal.0002 没有方向(各向同性)。两个纹理图像分别旋转 0°和 120°, 并使用 GW/CSGW 分解为四个尺度。由图 5-5 中可以看出, 相关矩阵 R 中的大部分元素(R 的每个元素都可以揭示两个尺度之间的依赖程度)大于 0.2, 超过一半的元素大于 0.5。因此 GW/CSGW 变换域存在很强的规模依赖性。高斯 Copula PDF 的 3D(dimension)轮廓(仅前两个尺度)显示在图 5-5(a)和(b)的底部。尺度依赖性越强, 轮廓越紧凑。图 5-5 显示不同的纹理图像具有不同的参数 (α,β,R), 并且参数非常相似, 具有不同旋转角度的相同纹理。

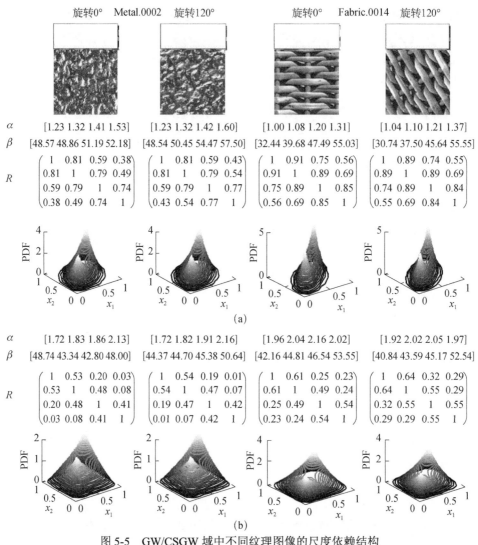

图 5-5　GW/CSGW 域中不同纹理图像的尺度依赖结构
在子图（a）和（b）中，从上到下的行分别表示纹理图像，
Copula 模型的参数 α、β、R 和 Copula PDF 的 3D 轮廓

5.3.3　Copula 模型的相似性度量

为了检索前 N 个纹理图像（它类似于数据库中给定的查询纹理图像 I），我们需要比较两个纹理图像的相似性。贝叶斯最大似然（Bayesian-ML）[19,23]和 KLD[24,25]是两种常用的纹理图像检索方法，可以证明两种方法是等价的。因为 Bayesian-ML 需要 GW/CSGW 的所有系数来计算相似度，所以计算量比 KLD 多得多。因此，KLD 被用来衡量两个 Copula 模型之间的相似性。两个概率密度函数 p_1 和 p_2 之间的 KLD 定义为

$$\mathrm{KLD}(p_1 \| p_2) = \int_x p_1 \log \frac{p_1}{p_2} \mathrm{d}x \tag{5-7}$$

然而，包含边缘分布的 Copula 概率密度函数非常复杂。通常很难推导出两个 Copula 模型的闭式 KLD。在这里，本节提出一种推导两个 Copula 模型 KLD 的计算方案。由式（5-3）可知 Copula 模型的概率密度函数由两部分组成：边缘分布和 Copula 连接函数。因此，两个 Copula 模型的 KLD 也可以表示为 Copula 函数的 KLD 和边缘分布的 KLD 之和。根据式（5-3）两个高斯 Copula 模型的 KLD 为

$$\mathrm{KLD}(h_{\mathrm{GCM}}^1 \| h_{\mathrm{GCM}}^2) = \mathrm{KLD}(g_1 \| g_2) + \sum_{k=1}^{L} \mathrm{KLD}(f_{\mathrm{WBL},k}^1 \| f_{\mathrm{WBL},k}^2) \tag{5-8}$$

式中，$h_{\mathrm{GCM}}^i (i=1,2)$ 表示高斯 Copula 模型，而 $f_{\mathrm{WBL},k}^i (i=1,2;k=1,\cdots,L)$ 表示第 i 个高斯 Copula 模型的第 k 级分解。两个 Weibull PDF $f_{\mathrm{WBL}}^1(x|\alpha_1,\beta_1)$ 和 $f_{\mathrm{WBL}}^2(x|\alpha_2,\beta_2)$ 的 KLD 为[17]

$$\mathrm{KLD}(f_{\mathrm{WBL}}^1 \| f_{\mathrm{WBL}}^2) = \Gamma\left(\frac{\alpha_2}{\alpha_1}+1\right)\left(\frac{\beta_1}{\beta_2}\right)^{\alpha_2} + \log\left(\frac{\alpha_1 \beta_1^{-\alpha_1}}{\alpha_2 \beta_2^{-\alpha_2}}\right) + \log\frac{\beta_1^{\alpha_1}}{\beta_2^{\alpha_2}} + \frac{\gamma \alpha_2}{\alpha_1} - \gamma - 1$$

式中，$\gamma = 0.577216$ 表示 Euler-Mascheroni 常数。高斯 $g_1(u|R_1)$ 和 $g_2(u|R_2)$ 的两个 PDF 的 KLD 为

$$\mathrm{KLD}(g_1 \| g_2) = \frac{1}{2}\log\left(\frac{|R_2|}{|R_1|}\right) + \frac{1}{2}\mathrm{tr}(R_2^{-1}R_1) - \frac{1}{2}L \tag{5-10}$$

式中，$\mathrm{tr}(\cdot)$ 表示矩阵的迹。将式（5-9）和式（5-10）代入式（5-8），我们将得到模型的 KLD。我们知道 KLD 不是对称的，即 $\mathrm{KLD}(p_1 \| p_2) \neq \mathrm{KLD}(p_2 \| p_1)$。为了获得对称性，式（5-8）可以写成

$$\frac{1}{2}(\mathrm{KLD}(h_{\mathrm{GCM}}^1 \| h_{\mathrm{GCM}}^2) + \mathrm{KLD}(h_{\mathrm{GCM}}^2 \| h_{\mathrm{GCM}}^1)) \tag{5-11}$$

通常，使用式（5-11）的检索精度高于使用式（5-8）的检索精度。在本节的实验中，我们对所有实验都使用了对称 KLD。通过式（5-11）我们可以比文献[25]更容易地获得两个高斯 Copula 模型的对称 KLD。此外，如果对于 Copula PDF 或边缘密度函数没有封闭形式的 KLD，我们应该使用 Monte-Carlo 方法[3]计算近似的 KLD，而不是将耗时的 Monte-Carlo 应用于整个 Copula 模型。因此，我们可以获得更准确的两个 Copula 模型的 KLD，并降低计算成本。例如，如果 Copula 模型的 Copula 函数是 t-Copula，它没有 KLD 的闭式表达式，那么下面的表达式可以用作两个 Copula 模型的 KLD：

$$\mathrm{KLD}(h_1 \| h_2) = \mathrm{KLD}_{\mathrm{M-C}}(t_1 \| t_2) + \sum_{k=1}^{L} \mathrm{KLD}(p_1^k \| p_2^k) \tag{5-12}$$

这里 $\mathrm{KLD}_{\mathrm{M-C}}(t_1 \| t_2)$ 表示两个 Copula 函数 t_1 和 t_2 的近似 KLD。如果边缘是混合

广义高斯分布（mixtures generalized Gaussian distribution，MGGD）[3]，没有闭合的 KLD 表达式，并且 Copula 函数是具有 KLD 表达式的高斯 Copula，那么两个 Copula 模型的 KLD 可以写成

$$\text{KLD}(h_1 \| h_2) = \text{KLD}(g_1 \| g_2) + \sum_{k=1}^{L} \text{KLD}_{\text{M-C}}(p_1^k \| p_2^k) \tag{5-13}$$

式中，$\text{KLD}_{\text{M-C}}(p_1^k \| p_2^k)$ 表示在第 k 尺度上 MGGD 之间的 KLD。

5.4 实验与分析

两个测试数据集 DS1 和 DS2 用于估计所提出的检索方法在 GW 和 CSGW 变换域的性能。DS1 和 DS2 是常用的数据集，如 Do 和 Vetterli[26]使用 DS1 与 DS2 来测试在可控小波域中使用 HMM 实现的 SWD-HMM 方法。Kokare 等[5]使用 DS1 和 DS2 来测试旋转复小波滤波器。DS1 由从 Brodatz 相册中选择的 13 张纹理图像组成，如图 5-6 所示。所有这些图像都是 512×512 的灰度图像。为了验证旋转不变性，13 张图像中的每张图像都以四个不同的旋转角度进行了数字化：0°、30°、60°和120°。这些旋转后的 52 张纹理图像（13 张纹理图像×4 个角度）可以从文献[27]中获得。我们将每张旋转后的图像分成 16 张不重叠的 128×128 子图像，并使用 4 张子图像构建 DS1。那么，DS1 中的图像总数为 208（13 张纹理图像×4 个角度×4 张子图像）。

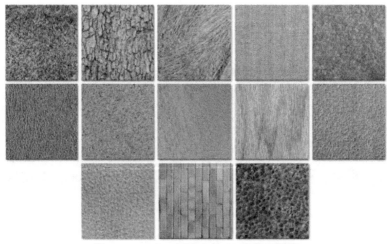

图 5-6　Brodatz 相册中的 13 张纹理图像

DS2 由从 VisTex 数据库中选取的 40 张纹理图像（使用灰度图像）组成，如图 5-7

所示。DS2 中每张图像的大小为 512×512。首先，我们将每张原始纹理图像旋转 0°、30°、60°和 120°。其次，我们使用与 DS1 相同的过程来创建 DS2。也就是说，我们将每张旋转后的图像分成 16 张不重叠的 128×128 子图像，然后将 4 张子图像放入 DS2。那么 DS2 中有 640 张（40 张纹理图像×4 个角度×4 张子图像）子图像。为了验证本节所提方法的旋转不变性，我们还将原始图像直接分割为 16 张不重叠的 128×128 子图像。在检索过程中，测试数据集中的每个子图像都用作查询图像。相关图像被定义为来自同一纹理图像的所有 16 张子图像。我们采用平均精度作为评估指标。

图 5-7　VisTex 中的 40 张纹理图像

将查询准确率定义为

$$平均精度 = \frac{被检索的相关子图像}{所有被检索的子图像} \times 100\% \quad (5\text{-}14)$$

平均精度是所有查询的平均精度。五种流行的方法被用来与实验中提出的三个旋转不变的 Copula 模型进行比较。八种方法的描述如下所示。

（1）DTCWT 特征[5]：通过合并 DTCWT 的子带来实现旋转不变性，进行了五级分解，使用了每个尺度的六个高通子带及低通子带。能量和标准偏差被用作特征。

（2）Gabor 特征[4,6]：通过合并 GW 域中的子带来实现旋转不变性，进行了五级八向分解，以 GW 子带的能量和标准差为特征。

（3）CSGW 特征：在 CSGW 域中实现了旋转不变性，进行了五级分解，以 CSGW 子带的能量和标准差为特征。

（4）LBP/VAR[28]：LBP/VAR 方法结合了旋转不变 LBP 和方差（variance，VAR）描述符。

（5）CLBP[29]：CLBP 是 LBP 的扩展，它由符号算子（CLBP_S）、幅度算子（CLBP_M）和中心像素算子（CLBP_C）组成。

（6）RCM-GW：该方法是在 GW 域中提出的旋转不变 Copula 模型，我们进行了五级八向分解。

（7）RCM-CSGW：该方法是在 CSGW 域中提出的旋转不变 Copula 模型，我们进行了五级分解。

（8）RCM-GW-CSGW：该方法是 RCM-GW 和 RCM-CSGW 的结合。

表 5-1 和表 5-2 显示了 8 种检索方法在非旋转数据集 NDS1 与旋转数据集 DS1 上的平均精度。在 NDS1 上，检索精度较高的方法有 RCM-GW-CSGW、RCM-GW 和 CLBP。3 种方法的平均精密度分别为 97.30%、96.36% 和 91.56%。RCM-CSGW 的平均精度略高于 LBP/VAR。基于简单特征（能量和标准偏差）的方法——DTCWT 特征、Gabor 特征和 CSGW 特征的平均精度分别为 87.20%、82.39% 和 80.98%，其效率低于描述符（LBP/VAR 和 CLBP）和本章提出的方法（RCM-GW、RCM-GW-CSGW）。

表 5-1　NDS1 的平均精度　　　　　　　　（单位：%）

方法	平均精度
DTCWT 特征	87.20
Gabor 特征	82.39
CSGW 特征	80.98
LBP/VAR	85.34
CLBP	91.56
RCM-CSGW	86.15
RCM-GW	96.36
RCM-GW-CSGW	97.30

表 5-2　DS1 的平均精度　　　　　　　　（单位：%）

方法	平均精度
DTCWT 特征	85.07
Gabor 特征	83.83
CSGW 特征	78.55
LBP/VAR	83.32
CLBP	89.66
RCM-CSGW	86.30
RCM-GW	94.26
RCM-GW-CSGW	95.85

在 DS1 上，这 8 种方法表现出与 NDS1 相似的性能。由表 5-2 可知，与其他方

法相比，RCM-GW-CSGW 与 RCM-GW 的平均精度分别为 95.85%和 94.26%，仍然表现出优异的性能；RCM-CSGW 在 DS1 和 NDS1 上平均精度的排名分别为第 4 和第 5。在表 5-1 和表 5-2 中，我们观察到这 8 种方法都是旋转不变的，因为这些方法的相应平均精度在 NDS1 和 DS1 上非常接近。请注意，本节提出的 3 种考虑尺度依赖性的方法在旋转数据集和非旋转数据集上都表现良好。RCM-GW 明显地优于 RCM-CSGW，主要是因为 DS1 和 NDS1 中 13 张纹理图像中约有一半具有明显的方向特征，GW 能够很好地捕捉纹理图像的方向信息。RCM-GW-CSGW 在 NDS1 和 DS1 上都表现出最佳检索性能。

为了评估纹理图像尺度依赖的性能，我们通过使用边缘分布和 RCM-CSGW、RCM-GW 和 RCM-GW-CSGW 的连接结构（高斯 Copula）进行检索（分别在 NDS1 和 DS1 上进行实验，见表 5-3 和表 5-4）。在 NDS1 上各连接结构的平均精度分别为 74.85%、73.68%和 91.92%，在 DS1 上各连接结构的平均精度分别为 76.32%、79.21%和 91.49%。而边缘部分的平均精度分别为 74.67%、93.66%和 93.57%，DS1 上边缘部分的平均精度分别为 72.51%、89.60%和 91.56%。可以看出连接结构的平均精度也相当高，在某些情况下与边缘部分的平均精度非常接近。这说明连接结构对图像也有辨别力。与边缘部分相比，RCM-GW 的平均精度比 NDS1 和 DS1 上边缘部分的平均精度分别提高了 2.70%（96.36%-93.66%）和 4.66%（94.26%-89.60%）。

表 5-3　NDS1 上 Copula 模型的平均精度　　　　（单位：%）

方法	连接结构的平均精度	边缘部分的平均精度	Copula 模型的平均精度	提高
RCM-CSGW	74.85	74.67	86.15	11.48
RCM-GW	73.68	93.66	96.36	2.70
RCM-GW-CSGW	91.92	93.57	97.30	3.73

表 5-4　DS1 上 Copula 模型的平均精度　　　　（单位：%）

方法	连接结构的平均精度	边缘部分的平均精度	Copula 模型的平均精度	提高
RCM-CSGW	76.32	72.51	86.30	13.79
RCM-GW	79.21	89.60	94.26	4.66
RCM-GW-CSGW	91.49	91.56	95.85	4.29

对于 RCM-CSGW，在 NDS1 和 DS1 上的 Copula 模型的平均精度分别提高了 11.48%和 13.79%。RCM-GW-CSGW 方法的 Copula 模型的平均精度在 NDS1 与 DS1 上分别提高了 3.73%和 4.29%。很明显，在考虑尺度依赖性时，平均精度有显著的提高。表 5-5 显示了八种检索方法在 DS2 上的平均精度。

表 5-5　DS2 上的平均精度　　　　　　　　　　　（单位：%）

方法	平均精度
DTCWT 特征	86.45
Gabor 特征	76.98
CSGW 特征	77.28
LBP/VAR	75.86
CLBP	88.18
RCM-CSGW	83.06
RCM-GW	88.14
RCM-GW-CSGW	89.47

本节提出的 3 种方法 RCM-CSGW、RCM-GW 和 RCM-GW-CSGW 的平均精度分别为 83.06%、88.14% 和 89.47%，RCM-GW-CSGW 也表现出最好的检索性能。LBP/VAR 的平均精度一般，而 CLBP 的平均精度很高，非常接近 RCM-GW-CSGW 的平均精度。表 5-6 列出了本节提出的 3 个 Copula 模型的平均精度，以及相应的连接结构和边缘部分。RCM-CSGW、RCM-GW 和 RCM-GW-CSGW 的连接结构平均精度分别为 69.79%、77.62% 和 84.24%，与相应的边缘部分相比分别提高了 9.18%、5.18% 和 4.99%。GW/CSGW 的 Copula 模型参数区分性，比对应的能量和标准差特征更有效。

表 5-6　DS2 上 Copula 模型的平均精度　　　　　　（单位：%）

方法	连接结构的平均精度	边缘部分的平均精度	Copula 模型的平均精度	提高
RCM-CSGW	69.79	73.88	83.06	9.18
RCM-GW	77.62	82.96	88.14	5.18
RCM-GW-CSGW	84.24	84.48	89.47	4.99

最后，我们根据 DS1 和 DS2 上检索到的图像数量来评估检索性能（图 5-8）。在 DS1 上，RCM-GW 和 RCM-GW-CSGW 的平均精度明显地优于其他方法。在 DS2 上，当检索到的图像数量小于 50 时 RCM-CSGW、RCM-GW 和 RCM-GW-CSGW 三种方法及 CLBP 具有较高的平均精度；而 DTCWT 特征在检索到的图像数量大于 50 时，其检索精度略高于其他方法。无论如何，RCM-GW 和 RCM-GW-CSGW 在纹理检索方面表现出突出的性能，明显地优于其他方法。实验结果表明，与其他检索方法相比，本节提出的用于旋转不变纹理检索的三个 Copula 模型（RCM-CSGW、RCM-GW 和 RCM-GW-CSGW）表现出高效和稳健的性能。表 5-7 为根据平均精度提出的具有不同分解层数的 Copula 模型。

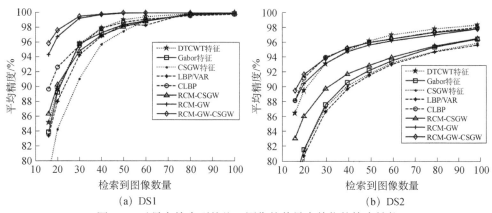

图 5-8 以最高检索到的纹理图像的数量为单位的检索性能

表 5-7 根据平均精度提出的具有不同分解层数的 Copula 模型

方法	层数	DS1/%	DS2/%
RCM-CSGW	3	75.78	82.15
	4	81.94	82.52
	5	86.30	83.06
	6	83.11	80.72
RCM-GW	3	79.03	80.06
	4	86.54	81.68
	5	94.26	88.14
	6	91.20	84.02
RCM-GW-CSGW	3	90.59	87.77
	4	92.07	88.11
	5	95.85	89.47
	6	93.96	87.10

5.5 本章小结

本章首先介绍了在 GW/CSGW 变换域存在很强的规模依赖性。然后基于 GW 和 CSGW 的域提出了三种旋转不变的 Copula 模型，分别称为 RCM-CSGW、RCM-GW 和 RCM-GW-CSGW。通过考虑 GW/CSGW 域对其他旋转不变方法的尺度依赖性，实现了明显的改进。改进的主要原因是非正交 GW/CSGW 域存在冗余信息。需要指出的是，本章所提出的 Copula 模型的平均精度取决于 GW/CSGW 的参数，包括滤波器参数（方差 σ_x 和 σ_y，比例因子 λ）、分解级别（尺度）的数量。根据文献[30]，本章提出的 3 种方法设置的过滤器参数如下：$\sigma_x = \sigma_y = 2\pi$ 和 $\lambda = \sqrt{2}$；对于分解层次，其最佳数目是 5。表 5-8 为 Copula 模型在 DS1 和 DS2 上具有不同分解方向的平均精度。由表 5-8 可知检索性能并不总是随着分解级别的增加而提高。

表 5-8　Copula 模型在 DS1 和 DS2 上具有不同分解级别的平均精度

方法	分解方向	DS1/%	DS2/%
RCM-GW	6	74.40	74.06
	8	94.26	88.14
	10	87.26	81.71
	12	88.10	81.39

对于 GW 的方向信息，尽管方向子带合并在一起，但它仍然对纹理图像表示起着重要的作用。由上述可知 GW 的定义类似于 CSGW 的定义。然而，RCM-GW 总是比 RCM-CSGW 获得更好的检索精度（见表 5-1、表 5-2、表 5-5 和图 5-8）。这表明方向信息提高了检索性能。分解方向的数量是影响检索性能的重要因素。表 5-8 表明 8 个分解方向可以达到最好的检索性能。

对于计算开销，由于 RCM-CSGW 没有方向分解的过程，其计算成本要比 RCM-GW 低很多。下面将本章所提出的 Copula 模型与其他方法进行计算效率的比较。每种检索方法都需要进行特征提取和检索过程的计算。简单特征方法（DTCWT、Gabor 和 CSGW）的特征提取任务是计算合并子带的能量和标准差，LBP/VAR 和 CLBP 的任务是计算直方图（根据邻域编码得出的直方图）；而本章所提出的三种方法的任务是估计 Copula 模型的参数（包括 Copula 函数的相关矩阵和边缘参数）。对于这八种方法中的每一种，都给出了在 DS1 上查询的特征提取时间和检索时间，结果列于表 5-9。查询是在 64 位 Intel Core i3 CPU 上使用 MATLAB 执行的，该 CPU 时钟频率为 1.9GHz，具有 4GB 内存。事实上，与其他方法相比，简单特征方法需要更低的计算成本，尤其是在检索过程中。RCM-CSGW 在特征提取过程中的计算成本非常低，而在检索过程中的计算成本为中等。基于上述实验和分析得出结论，RCM-CSGW 在计算成本和检索性能之间进行了平衡。

表 5-9　DS1 的计算成本

方法	特征提取时间/s	检索时间/s
DTCWT 特征	0.086	0.016
Gabor 特征	0.198	0.040
CSGW 特征	0.038	0.044
LBP/VAR	0.204	0.187

续表

方法	特征提取时间/s	检索时间/s
CLBP	0.107	1.097
RCM-CSGW	0.075	0.137
RCM-GW	0.584	0.143
RCM-GW-CSGW	0.630	0.185

由于 GW 的方向性，RCM-GW 或 RCM-GW-CSGW 的特征提取时间相对其他方法要高；然而，检索时间低于 LBP/VAR 和 CLBP，因为本章提出的 Copula 模型具有 KLD 封闭形式。事实上，本章提出的 Copula 模型比基于贝叶斯的检索方法[19,23]的计算效率高得多。本章使用 Bayesian-ML[19]在 DTCWT 域中测试了具有 Weibull 边缘的高斯 Copula 模型，在 DS1 上的检索时间约为 2.123s，远大于我们提出方法的检索时间（如 RCM-GW-CSGW 的检索时间约为 0.185s）。

参 考 文 献

[1] Chang T, Kuo C J. Texture analysis and classification with tree-structured wavelet transform[J]. IEEE Transactions on Image Processing, 1993, 2(4): 429-441.

[2] Selesnick I W, Baraniuk R G, Kingsbury N C. The dual-tree complex wavelet transform[J]. IEEE Signal Processing Magazine, 2005, 22(6): 123-151.

[3] Allili M S. Wavelet modeling using finite mixtures of generalized Gaussian distributions: Application to texture discrimination and retrieval[J]. IEEE Transactions on Image Processing, 2011, 21(4): 1452-1464.

[4] Porter R, Canagarajah N. Robust rotation-invariant texture classification: Wavelet, Gabor filter and GMRF based schemes[J]. IEE Proceedings Vision Image and Signal Processing, 1997, 144(3): 180-188.

[5] Kokare M, Biswas P K, Chatterji B N. Rotation-invariant texture image retrieval using rotated complex wavelet filters[J]. IEEE Transactions on Systems Man and Cybernetics Part B, 2006, 36(6): 1273-1282.

[6] Ju H, Ma K K. Rotation-invariant and scale-invariant Gabor features for texture image retrieval[J]. Image and Vision Computing, 2007, 25(9): 1474-1481.

[7] Riaz F, Silva F B, Ribeiro M D, et al. Invariant Gabor texture descriptors for classification of gastroenterology images[J]. IEEE Transactions on Biomedical Engineering, 2012, 59(10): 2893-2904.

[8] Li Z, Liu G, Qian X M, et al. Scale and rotation invariant Gabor texture descriptor for texture classification[C]. Conference on Visual Communications and Image Processing, Huangshan, 2010.

[9] Dash J. Rotation invariant textural feature extraction for image retrieval using eigen value analysis of intensity gradients and multi-resolution analysis[J]. Pattern Recognition, 2013, 46(12): 3256-3267.

[10] Jalil A, Qureshi I M, Manzar A, et al. Rotation-invariant features for texture image classification[C]. IEEE International Conference on Engineering of Intelligent Systems, Islamabad, 2006: 1-4.

[11] Jafari-Khouzani K, Soltanian-Zadeh H. Radon transform orientation estimation for rotation invariant texture analysis[J]. IEEE Transactions on Pattern Analysis and Machine Intelligence, 2005, 27(6): 1004-1008.

[12] Pun C M, Lee M C. Log-Polar wavelet energy signatures for rotation and scale invariant texture classification[J]. IEEE Transactions on Pattern Analysis and Machine Intelligence, 2003, 25(5): 590-603.

[13] Jafari-Khouzani K, Soltanian-Zadeh H. Rotation-invariant multiresolution texture analysis using Radon and wavelet transforms[J]. IEEE Transactions on Image Processing, 2005, 14(6): 783-795.

[14] Manjunath B S, Ma W Y. Texture features for browsing and retrieving of large image data[J]. IEEE Transactions on Pattern Analysis and Machine Intelligence, 2011, 33(1): 117-128.

[15] Sklar A. Random Variables, Distribution Functions, and Copula: A Personal Look Backward and Forward[M]. Princeton: Institute of Mathematical Statistics, 1996: 449-460.

[16] Cherubini U, Luciano E, Vecchiato W. Copula Methods in Finance[M]. New York: Wiley, 2004: 156-157.

[17] Noh Y, Choi K K, Du L. Reliability-based design optimization of problems with correlated input variables using a Gaussian Copula[J]. Structural and Multidisciplinary Optimization, 2008, 38(1): 1-16.

[18] Kwitt R, Uhl A. Lightweight probabilistic texture retrieval[J]. IEEE Transactions on Image Processing, 2010, 19(1): 241-253.

[19] Kwitt R, Meerwald P, Uhl A. Efficient texture image retrieval using copulas in a Bayesian framework[J]. IEEE Transactions on Image Processing, 2011, 20(7): 2063-2077.

[20] Fisher N I, Switzer P. Chi-plots for assessing dependence[J]. Biometrika, 1985, 72(2): 253-265.

[21] Sakji-Nsibi S, Benazza-Benyahia A. Copula-based statistical models for multicomponent image retrieval in the wavelet transform domain[C]. IEEE International Conference on Image Processing, Cairo, 2010: 253-256.

[22] VisTex Texture Database[EB/OL]. [2015-03-01]. https://vismod.media.mit.edu/vismod/imagery/VisionTexture/Images/Reference/.

[23] Li C, Li J, Fu B. Magnitude-phase of quaternion wavelet transform for texture representation using multilevel Copula[J]. IEEE Signal Processing Letters, 2013, 20(8): 799-802.

[24] Do M N, Vetterli M. Wavelet-based texture retrieval using generalized Gaussian density and Kullback-Leibler distance[J]. IEEE Transactions on Image Processing, 2002, 11(2): 146-158.

[25] Lasmar N E, Berthoumieu Y. Gaussian Copula multivariate modeling for texture image retrieval using wavelet transforms[J]. IEEE Transactions on Image Processing, 2014, 23(5): 2246-2261.

[26] Do M N, Vetterli M. Rotation invariant texture characterization and retrieval using steerable wavelet-domain hidden Markov models[J]. IEEE Transactions on Multimedia, 2002, 4(4): 517-527.

[27] Rotated Brodatz of the USC-SIPI Image Database[EB/OL]. [2015-03-01]. https://sipi.usc.edu/database/database.php?volume=rotate.

[28] Ojala T, Pietikäinen M, Mäenpää T. Multiresolution gray-scale and rotation invariant texture classification with local binary patterns[J]. IEEE Transactions on Pattern Analysis Machine Intelligent, 2002, 4(7): 971-987.

[29] Guo Z H, Zhang L, Zhang D. A completed modeling of local binary pattern operator for texture classification[J]. IEEE Transactions on Image Processing, 2010, 19(6): 1657-1663.

[30] Liu C, Wechsler H. Gabor feature based classification using the enhanced fisher linear discriminant model for face recognition[J]. IEEE Transactions on Image Processing, 2002, 11(4): 467-476.

第6章 多种小波域统计模型及其深度特征融合

过滤器是纹理特征提取的常用技术。本章提出一种基于多小波滤波器的纹理特征提取方法。为了对多个小波系数进行建模,本章开发边缘分布协方差模型(marginal distribution covariance model,MDCM),将数据点投影到 CDF 空间中,然后在 CDF 空间中构建协方差模型。MDCM 可以捕获变量的相关性,也可以对存在相关性的纹理特征进行建模,如图像强度、颜色特征和小波滤波器特征。根据不同小波滤波器特征的特点,在正交小波变换(orthogonal wavelet transform,OWT)、对偶树复小波变换(DTCWT)和 Gabor 小波变换(Gabor wavelet transform,GWT)三个小波变换域中构建不同的 MDCM,用于图像分类和检索。

6.1 概 述

纹理表示是图像处理和计算机视觉领域的一个基本问题,在基于内容的信息检索、纹理图像分类和对象识别等领域有着广泛的应用。有四种常用的图像表示方法:局部模式、稀疏编码、小波变换和深度卷积神经网络(DCNN)。在局部模式方法中,图像被认为包括许多模式(通过比较中心像素与其相邻像素获得),这些模式可以用唯一的数字进行编码。通过计算不同的局部图案,可以从图像中获得手工特征。局部模式的典型方法包括局部二元模式(local binary pattern,LBP)[1]、局部三元模式(local ternary pattern,LTP)[2]、完整的 LBP(completed LBP,CLBP)[3]和局部四元模式[4]。基于局部模式的方法的优点是它对特征提取具有很高的计算效率,因为它需要简单的像素之间的比较。稀疏编码旨在找到一组基向量,使得图像可以表示为这些基向量的组合。典型的稀疏编码方法是字典学习[5],它包括两个阶段:由基元(atom)组成的字典生成和使用字典进行稀疏编码。基元的概念类似于 texton[6]和 local-pattern。通常 local- pattern 或 texton 使用直方图来捕捉 pattern 或 texton 的分布规律，而稀疏编码使用线性组合（稀疏编码）来刻画分布规律。稀疏编码的主要缺点是需要额外的学习过程和训练数据才能获得图像的基本向量。近年来，DCNN 被提出用于纹理表示。它试图使用一系列卷积层和全连接层，通过从低级特征到高级特征的计算来模拟灵长类视觉过程，实现方便的端到端图像识别和分析[7]。DCNN 在复杂条件下（如变化的光照和视角）显示了其出色的图像分类性能。流行的通用 DCNN 模型包括 AlexNet[8]、GoogleNet[9]和 ResNet[10]。尽管 DCNN 具有强大的识别能力，但它具有较高的计算复杂度和内存开销。基于小波的方法将纹理图像分解为不同分辨率和方向（子带），并且可以从小波子带中的系数中提取图像特征。小波子带的特征提取方法有两种：一种是通过子带中的小波系数来计算简单的特征（如能量和标准差特征[11]）；另一种使用泛化高斯分布（GGD）[12]等统计模型来捕捉小波系数的分布。已经证明，统计模型比用于图像表示的简单小波特征更有效[12]。最近的研究表明，小波域和联合概率模型中存在各种依赖关系，如多元广义高斯分布（multivariate generalized Gaussian distribution，MGGD）[13]、球面不变随机向量（spherically invariant random vector，SIRV）[14] 和 Copula 模型[15]，可以对子带进行有效的小波建模。然而，由于小波域中依赖关系的复杂性，在小波域中设计有效的联合分布模型是一项具有挑战性的任务。设计联合分配的另一个挑战在于还要考虑用于检索或分类的两个联合分布模型之间的相似性度量。

在这项工作中，我们在多个小波域中给出 MDCM 以进行图像表示。MDCM 的基本思想是使用协方差矩阵来捕捉累积分布函数（CDF）空间中变量的依赖结构。MDCM 用于图像表示有几个优点：首先，MDCM 不直接使用变量的观测值，而是计算 CDF 空间中的映射数据。在 CDF 空间中，数据被归一化并且比原始图像空间中的数据更健壮。其次，在 MDCM 中，图像的特征由协方差矩阵建模。因此，我们可以利用协方差矩阵的相似性度量来匹配图像。最后，与 Copula 模型和 MGGD 相比，MDCM 具有更低的计算成本。本章的主要贡献在于以下 3 个方面。

（1）提出 MDCM，它基于 CDF 空间中的协方差矩阵，可以有效地捕获变量之间的依赖关系。

（2）使用 MDCM 对小波系数（包括高通和低通系数）进行建模，并通过使用 MDCM 将三种类型的小波（OWT、GWT 和 DTCWT）组合起来以提高图像表示的性能。

（3）除了提出的 MDCM，还提出一种新的 DTCWT 域依赖关系用于图像表示。与现有的子带间依赖方法相比，我们的方法仅使用 DTCWT 的一个滤波器组来表示图像，具有更低的计算成本和更好的表示性能。

6.2 背景和动机

由于小波系数众多且小波子带之间的依赖结构复杂，因此在小波域内难以构建高效的多元模型。我们发现大多数现有的基于小波的方法都专注于在单个小波域中构建统计模型[13,15,16]，而忽略了使用多个小波特征来提高图像表示的性能。事实上，我们可以构建一个模型并通过使用多种类型的小波特征（如融合 Gabor 特征和 DTCWT 特征）的方法来增强小波化的性能。

在现有的小波域多元模型中，Copula 是一种先进的统计模型，用于捕捉小波子带的相关结构[16]。给定一组边缘分布 $F_1(x_1),\cdots,F_d(x_d)$（其中，$x_1,\cdots,x_d$ 表示 d 个随机变量），我们可以使用 Copula 函数来创建多元分布。由 Copula 构建的多元分布的 PDF 具有以下表达式：

$$h(x|\Theta) = c(u|\phi)\prod_{i=1}^{d}f_i(x_i|\alpha_i) \tag{6-1}$$

式中，$f_i(x_i|\alpha_i)$ 是边缘分布的 PDF；$c(u|\phi)$ 是 Copula PDF，$u=[u_1,\cdots,u_d]$；ϕ 和 α_i 是函数的参数。最近的研究[15,17]表明高斯 Copula 模型可以有效地对小波系数进行建模。高斯 Copula 的 PDF 定义为

$$c(u|R) = |R|^{-1/2}\exp\left(-\frac{1}{2}\xi^{\mathrm{T}}(R^{-1}-I)\xi\right) \tag{6-2}$$

式中，R 表示相关矩阵，它是高斯 Copula 的唯一参数，表示具有相关矩阵 R 的标准单变量高斯函数；$\xi = [\xi_1,\cdots,\xi_d]$，$\xi_i = \Phi^{-1}(u_i)$，$u_i = F_i(x_i|\alpha_i)$，$i=1,2,\cdots,d$，$\Phi^{-1}$ 表示高斯逆函数。

为了构建 Copula 模型来捕捉小波系数的相关性，可根据系数之间的相关性将小波系数构建成不同的子集。子集中的小波系数可以解释为对随机变量的观察。因此，子集首先由相应的边缘分布建模，然后使用 Copula 函数将这些边缘分布连接起来作为多元统计模型。当 Copula 模型应用于图像分类或检索时，KLD 是计算两个高斯 Copula 模型之间相似度。高斯 Copula 模型的闭式 KLD 写为[17]

$$\mathrm{KLD}(h_1,h_2) = \mathrm{KLD}(g_1,g_2) + \sum_{k=1}^{d}\mathrm{KLD}(f_{k,1},f_{k,2}) \tag{6-3}$$

其中，d 是 Copula 模型中的边距数；g_1 和 g_2 是两个高斯 Copula PDF；$\mathrm{KLD}(f_{k,1},f_{k,2})$ 表示两个边缘 PDF 的 KLD。KLD 是不对称的，通常对称版本的 KLD［称为杰弗里（Jeffrey）距离］更常用，表示为

$$\frac{1}{2}(\mathrm{KLD}(h_1,h_2)+\mathrm{KLD}(h_2,h_1))$$

那么高斯 Copula 模型的 Jeffrey 距离可以写成

$$\mathrm{JD}(h_1,h_2) = \mathrm{JD}(g_1,g_2) + \sum_{k=1}^{d}\mathrm{JD}(f_{k,1},f_{k,2}) \tag{6-4}$$

式中，JD 表示 Jeffrey 距离。从式（6-4）可以观察到 Copula 模型的 Jeffrey 距离有两部分：连接部分的 Jeffrey 距离和边缘分布部分的 Jeffrey 距离之和。因此，使用 Copula 模型进行图像检索或分类需要很高的计算成本，更重要的是，由于 Copula 模型的复杂结构，很难获得 Copula 模型封闭形式的 Jeffrey 距离（或其他相似性度量）。除高斯 Copula 模型外，其他 Copula 模型没有封闭形式的 Jeffrey 距离。

在高斯 Copula 模型中，对称正定协方差矩阵 R 是边缘分布的 CDF 的函数，由 $\xi_i = \Phi^{-1}(u_i)$ 计算。可以观察到 R 是高斯 Copula 模型的关键组成部分，这是因为它表征了随机变量之间的相关性。事实上，协方差矩阵也被广泛地用于图像表示，因为它对图像表示具有判别力，可以用作图像特征。文献[18]使用数据点的协方差矩阵（称为协方差描述符）来描述图像；文献[19]采用协方差矩阵对局部区域的 Gabor 小波特征进行建模以进行人脸识别。协方差矩阵常用于图像表示，例如，局部对数欧氏多元高斯描述符[20]、协方差判别学习[21]和基于核的协方差矩阵[22]已经用于图像分类和识别。

我们之前的工作表明[23]，高斯 Copula 模型的基本组成部分是连接部分 $c(u|R)$，它有效地捕获了小波系数的相关性。受 Copula 模型的启发，我们通过采用 Copula 模型的连接部分提出了一种称为 MDCM 的统计模型，并在多个小波域中用 MDCM 实现了图像表示。在 MDCM 中，我们通过计算边缘分布 CDF $u_i = F_i(x_i|\alpha_i)$ 的协方差矩阵来联合建模小波系数，并将对称正定矩阵有效的黎曼距离（Riemannian distance, RD）作为 MDCM 的相似性度量。对于图像检索或分类，通过采用基于黎曼距离测度的 MDCM 模型，相较于使用基于 Jeffrey 距离的 Copula 模型，可以显著地减少特征匹配的运行时间。

6.3 MDCM

在 MDCM 中，边缘分布首先用于对变量的观察值进行建模，然后使用协方差矩阵来捕获 CDF 空间中边缘分布之间的依赖关系。与高斯 Copula 模型相比，MDCM 更轻量、更高效；与 COV-LBPD（covariance and LBPD descriptor）[24]等协方差描述符相比，MDCM 不是从观测值直接计算协方差矩阵，而是从观测值归一化的边缘 CDF 空间计算协方差矩阵，因此 MDCM 具有更好的鲁棒性。此外，我们的方法使用了具有多尺度和多方向特征的多个小波特征，而协方差描述符如 COV-LBPD 缺乏多方向特征。实现 MDCM 有三个步骤：构建观察矩阵，将边缘观察投影到 CDF 空间，计算协方差矩阵（图 6-1）。

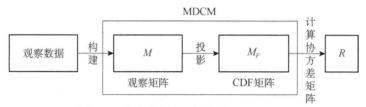

图 6-1　边缘分布协方差模型（MDCM）

步骤 1：构建观察矩阵。给定变量 $x_1, \cdots, x_d$ 的观测值，这些观测值被构建成一个观察矩阵 $M \in \mathbf{R}^{n \times d}$。$M$ 的每一列都是边缘变量 $x_i (i = 1, \cdots, d)$ 的观测值。

步骤 2：将边缘观测值投影到 CDF 空间中。在这一步中，观察矩阵 M 中的每一列都被投影到它的边缘 CDF 空间中，然后在 CDF 空间中产生一个新的矩阵 M_F（称为 CDF 矩阵）。具体来说，首先将适当的分布作为边缘分布。假设 M 的第 i 列中的观测值来自边缘分布，其中，CDF 为 $F_i(x_i | \alpha_i)$，PDF 为 $f_i(x_i | \alpha_i)$，那么观测值和 $F_i(x_i | \alpha_i)$ 用于估计边缘分布的参数 α_i，通过使用最大似然估计（MLE）来计算关于 x_i 的分布。得到估计参数 $\tilde{\alpha}_i$ 后，利用 CDF $F_i(x_i | \tilde{\alpha}_i)$ 将 M 的第 i 列的观测值投影到其 CDF 空间中。最后，将 $M \in \mathbf{R}^{n \times d}$ 的每一列转化为 $M_F \in \mathbf{R}^{n \times d}$ 的对应列。为简单起见，我们使用向量 F_i 来表示 $F_i(x_i | \alpha_i)$，然后将具体的 CDF 向量写为 $F_i = \begin{bmatrix} F_{1,i}, F_{2,i}, \cdots, F_{n,i} \end{bmatrix}^\mathrm{T}$。对于具有 n 个观测值的 d 维向量 $M_F \in \mathbf{R}^{n \times d}$ 有以下表达式：

$$M_F = [F_1, F_2, \cdots, F_d] = \begin{bmatrix} F_{1,1} & F_{1,2} & \cdots & F_{1,d} \\ F_{2,1} & F_{2,2} & \cdots & F_{2,d} \\ \vdots & \vdots & & \vdots \\ F_{n,1} & F_{n,2} & \cdots & F_{n,d} \end{bmatrix} \tag{6-5}$$

式中，$0 \leq F_{i,j} \leq 1$。

步骤 3：计算协方差矩阵。根据 M_F，协方差矩阵 R 可以通过使用 Cov 运算来计算。对于两个分布向量 F_i 和 F_j，Cov 运算定义为

$$\mathrm{Cov}(F_i, F_j) = \frac{1}{n-1} \sum_{k=1}^{n} (F_{k,i} - \mu_{F_i})(F_{k,j} - \mu_{F_j}) \tag{6-6}$$

式中，$\mu_{F_i} = \frac{1}{n} \sum_{k=1}^{n} F_{k,i}$ 为 F_i 的均值；n 为观测值的数量。使用 $\mathrm{Cov}(M_F)$ 计算关于 M_F 的协方差矩阵 R，其定义为

$$R = \mathrm{Cov}(M_F) = (\mathrm{Cov}([F_1,\cdots,F_d]))$$

$$= \begin{bmatrix} \mathrm{Cov}(F_1,F_1) & \mathrm{Cov}(F_1,F_2) & \cdots & \mathrm{Cov}(F_1,F_d) \\ \mathrm{Cov}(F_2,F_1) & \mathrm{Cov}(F_2,F_2) & \cdots & \mathrm{Cov}(F_2,F_d) \\ \vdots & \vdots & & \vdots \\ \mathrm{Cov}(F_d,F_1) & \mathrm{Cov}(F_d,F_2) & \cdots & \mathrm{Cov}(F_d,F_d) \end{bmatrix} \quad (6\text{-}7)$$

因为 $0 \leq F_{i,j} \leq 1$，所以 R 的元素 $r_{i,j}$ 满足 $-1 \leq r_{i,j} \leq 1$。因此，CDF 空间中的协方差矩阵是归一化矩阵。

两个 MDCM 的相似度计算相当于计算两个协方差矩阵之间的相似度。在本节所提出的方法中，我们使用文献[25]中提出的黎曼距离（RD）来衡量两个协方差矩阵 R_1 和 R_2。

$$\mathrm{RD}(R_1,R_2) = \sqrt{\sum_{i=1}^{d} \ln \lambda_i^2(R_1,R_2)} \quad (6\text{-}8)$$

式中，$\lambda_i^2(R_1,R_2)_{i=1,\cdots,d}$ 是 R_1 和 R_2 的广义特征值，计算公式如下：$|\lambda_i R_1 - R_2| = 0$。实验表明，黎曼距离比 Jeffrey 距离测度具有更好的检索和分类精度及更低的计算成本。对数欧氏距离（Log-Euclidean distance，LED）[26]是协方差矩阵的另一个度量，并且具有较低的计算成本。然而，LED 显示出比黎曼距离低的识别准确率[27]。

6.4 小波域 MDCM 图像表示

在多个小波域中使用 MDCM 进行图像表示的流程图如图 6-2 所示。图像由 3 种小波分解，然后分别在 3 种小波域中构建 MDCM。根据不同小波滤波器特征的特点，我们在 GWT 域构建了一个 MDCM，又分别在 OWT 和 DTCWT 域构建了 MDCM。在最后一步，我们结合这些 MDCM 来表示图像。这些 MDCM 可以作为图像的特征，我们将 3 个小波域中的 MDCM 结合起来，利用黎曼距离对图像进行检索和识别。由 6.3 节中可知，在小波域构造 MDCM 的主要任务是如何利用小波系数构建观察矩阵。实际上，构建观察矩阵相当于将小波系数分成不同的子集。第二个任务是采用适当的边缘分布将观察矩阵的相应列投影到其 CDF 空间中。本节提出在不同小波域中利用 MDCM 来表示图像的方案。在 OWT 域中，子带之间的相关性非常弱，因为 OWT 滤波器是正交的。然而，在子带的局部邻域中存在强依赖性（称为带内依赖性）。事实上，带内依赖性存在于任何小波域中，包括 OWT、GWT 或 DTCWT。在离散小波变换域中，GWT 的子带之间也存在相关性（称为带间相关性），因为 Gabor 滤波器是非正交的。在 DTCWT 域中，由于 DTCWT 基于双正交滤波器组的冗余分解，因此，DTCWT 域中存在带间依赖性。此外，我们设计了滤波器间相关性，表示不同滤波器组产生的子带之间的相关性，以提高模型在

DTCWT 中的性能。接下来，我们将介绍如何根据小波域中的相关性特征构建观察矩阵并采用适当的边缘分布来构建 MDCM。

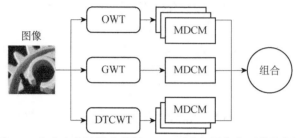

图 6-2　在多个小波域中使用 MDCM 进行图像表示的流程图

6.4.1　在 OWT 域中构建 MDCM（OWT-MDCM）

图像被 OWT 分解为每个分解尺度的四个子带：近似系数矩阵 cA 与细节系数矩阵 cH（水平）、cV（垂直）和 cD（对角线）。我们在所有子带（包括 cA 子带）内建立依赖方案，并构建相应的 MDCM，其中，利用滑动窗口来产生观察矩阵（图 6-3）。在文献[15]中可以找到使用滑动窗口来构建带内依赖的详细描述。因为 OWT 系数可以通过广义高斯分布很好地拟合，我们将其用作 MDCM 的边缘分布，其 PDF 用于估计分布的参数，其 CDF 用于计算 M_F。将广义高斯分布的 PDF 定义为

$$f(x_i|\alpha,\beta) = \frac{\beta}{2\alpha\Gamma(1/\beta)}\exp\left(-\left|\frac{x_i}{\alpha}\right|^\beta\right) \tag{6-9}$$

式中，α 与 β 分别是尺度和形状参数；$\Gamma(z) = \int_0^\infty e^{-t}t^{z-1}dt$。由于使用滑动窗口来构建观察矩阵 M，所有的边距都具有近似相同的参数 (α,β)。因此，我们可以使用 M 的任何列来计算 $f(x_i|\alpha,\beta)$ 的 (α,β)。根据估计的参数 $(\tilde{\alpha},\tilde{\beta})$ 可获得广义高斯分布 CDF 的表达式：

$$F(x_i|\tilde{\alpha},\tilde{\beta}) = \frac{1}{2} + \text{sgn}(x_i)\frac{\gamma\left[\frac{1}{\tilde{\beta}}\cdot\left(\frac{|x_i|}{\tilde{\alpha}}\right)^{\tilde{\beta}}\right]}{2\Gamma(1-\tilde{\beta})} \tag{6-10}$$

式中，γ 表示较低的不完全 Gamma 函数。我们将在第一个尺度的 4 个子带上获得 4 个协方差矩阵 $R_{1,1}$、$R_{1,2}$、$R_{1,3}$ 和 $R_{1,4}$。对于 L 尺度 OWT 分解，两张图像 I_q 和 I_j 的相似度由式（6-11）度量。

$$D_{\text{OWT}}(I_q, I_j) = \sum_{l=1}^{L}\sum_{k=1}^{4}\text{RD}(R_{l,k}^q, R_{l,k}^j) \tag{6-11}$$

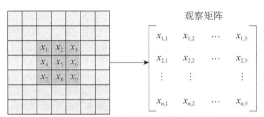

图 6-3 构建观察矩阵的流程图

采用 3×3 滑动窗口，滑动窗口的像素数等于观察矩阵的列数，因此，观察矩阵中有 9 列，每列都由广义高斯分布建模

6.4.2 在 GWT 域中构建 MDCM（Gabor-MDCM）

对 L 尺度和 D 方向进行分解，将得到 m（$m = L \times D$）个子带，观察矩阵的大小为 $n \times m$（其中 n 为观测次数）。子带被矢量化为变量的观测值，然后通过边缘分布对观测值进行建模。由于 Weibull 分布可以很好地模拟 GWT 和 DTCWT[16]等复杂小波的幅度，因此将其用作 GWT 域中 MDCM 的边缘分布。Weibull 分布的 PDF 为

$$f_{\mathrm{WBL}}(x \mid \alpha, \beta) = \left(\frac{\alpha}{\beta}\right)\left(\frac{x}{\beta}\right)^{\alpha-1} \mathrm{e}^{-(x/\beta)^{\alpha}} \tag{6-12}$$

式中，α 是形状参数，β 是尺度参数。Weibull 分布的 CDF 为

$$F_{\mathrm{WBL}}(x \mid \alpha, \beta) = 1 - \mathrm{e}^{-(x/\beta)^{\alpha}} \tag{6-13}$$

鉴于 GWT 的所有子带大小相同，使用一个 MDCM 来连接所有子带，方案如图 6-4 所示。在 Gabor 域中构建 MDCM 类似于在 Gabor 域中构建 Copula 模型，更详细的实现可以在文献[16]中看到。

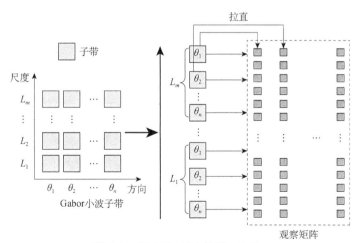

图 6-4 在 GWT 域中构建 MDCM

每个子带被向量化为一个向量，一个子带对应一列观察矩阵，每列都由 Weibull 分布建模

6.4.3 在 DTCWT 域中构建 MDCM（DTCWT-MDCM）

DTCWT[28]是通过几个过滤器分别过滤图像来实现的：2个过滤器树用于图像的行，2个过滤器树用于具有4∶1冗余的四叉树结构中的列。该方案在约±15°、±45°、±75°处为二维 DTCWT 的每个尺度产生6个定向子带。在我们的方案中执行了 DTCWT 的三尺度分解。使用每个尺度的6个高通子带和第一个尺度与第二个尺度中的低通子带。为了提高性能，采用两个 Kinkgsbury 滤波器组[29]在 DTCWT 域中设计一种新颖的滤波器间依赖结构。

滤波器组1：Antonini（9,7）抽头滤波器、Q-Shift（10,10）抽头滤波器。

滤波器组2：近对称（5,7）抽头滤波器、Q-Shift（18,18）抽头过滤器。

滤波器间依赖结构是指 DTCWT 的不同滤波器组产生的子带之间的依赖关系。图 6-5 说明了使用两个滤波器组构建观察矩阵的方案。当两个 DTCWT 滤波器组应用于图像时，每个尺度有12（2×6）个高通子带和2个低通子带。DTCWT 的每个子带被矢量化到观察矩阵的列中。因此，在比例为3时观察矩阵的大小为 $n×12$，其中，n 为子带中系数的数量。在尺度1和尺度2中，观察矩阵的大小为 $n×14$，因为包括低通子带。对于 L 尺度分解，将获得 L 个 MDCM。事实上，在该方案中，MDCM 捕获了带间相关性和滤波器间相关性。可以使用更多的 DTCWT 滤波器组（或不同的滤波器组）来设计滤波器间依赖结构。然而，考虑到计算效率，只使用了两个滤波器组来构建滤波器间的依赖关系。与 GWT 域中的 MDCM 类似，将 Weibull 分布作为 DTCWT 域中 MDCM 的边缘分布。

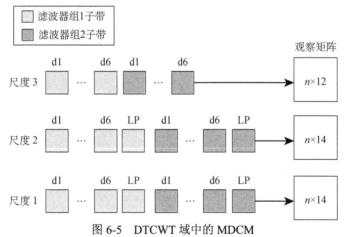

图 6-5 DTCWT 域中的 MDCM

LP 表示低通子带，d1,…,d6 表示6个定向子带。将两个滤波器组的子带组合在一起构建观察矩阵。每列都由 Weibull 分布建模

6.5 多种小波域 MDCM 及其深度特征融合

通常，如果使用多种特征图像检索或分类方法，那么性能将得到提高[24]。以前的文献报道了一些融合不同特征以提高图像分析性能的方法，例如，文献[30]采用核函数融合 Gabor 特征和 LBP 特征。文献[31]融合 Gabor 幅度和相位后，用基于块的 Fisher 线性判别法进行人脸识别，然后通过将所有黎曼距离相加来轻松地组合各种特征。在实验部分，我们使用 MDCM 来集成各种小波特征，以提高检索和分类性能。假设 $R_O^i(i=1,\cdots,L$，L 是 OWT 的子带数）、$R_D^j(j=1,\cdots,J$，J 是 DTCWT 的尺度数）和 R_G 分别表示通过在 OWT、DTCWT 和 GWT 域中使用 MDCM 算法产生的协方差矩阵，则 MCDM 的组合可以写为

$$\Omega = \{R_O^i, R_D^j, R_G\}_{i=1,\cdots,L; j=1,\cdots,J} \tag{6-14}$$

根据式（6-14），通过计算集合中所有协方差矩阵的黎曼距离之和，得到 MDCM 在多个小波域中的相似度。

在多种小波域中实现 MDCM，可以利用小波变换的多尺度分析特性，对信号或图像进行不同尺度的分解，从而提取出不同尺度的特征。这种方法特别适用于处理具有复杂结构和多尺度特性的图像。深度特征融合则进一步增强了特征的表示能力。通过融合来自不同模型、不同层次或不同源的特征，可以综合利用各种特征的优点，克服单一特征提取方法的局限性。在深度学习中，常见的特征融合方法包括特征级、决策级和结构级的融合。特征级融合是指将来自不同层次、不同模型的特征进行融合，以获取更丰富的特征信息。多种小波域与深度特征融合表示如下：

$$F_{\text{img}} = \{\Omega, F_{DL}\} \tag{6-15}$$

其中，Ω 是多种小波 MDCM 组合特征，F_{DL} 是深度特征（可以是 DCNN 或者 Transformer 图像特征）。

6.6 实验与分析

下面对纹理检索和分类进行充分的实验，以评估所提出的方法的性能。下面简要介绍所提出的方法。

（1）RawFeature-MDCM，其实现了具有原始特征的 MDCM，其中，包括图像强度、x 方向和 y 方向强度的一阶导数和二阶导数的范数；正态分布用作 MDCM 的边

缘分布。

（2）OWT-MDCM，这是 OWT 域上实现的 MDCM；应用了带有 Daubechies 过滤器（db4）的三尺度分解。

（3）Gabor-MDCM，这是 GWT 域上实现的 MDCM；执行五尺度八方向 GWT 分解，Gabor 滤波器的窗口大小设置为 9×9；Gabor 滤波器的 σ 设置为 π。

（4）DTCWT-MDCM，这是在 DTCWT 上实现的 MDCM；DTCWT 采用三尺度分解；如 6.4.3 节所述，两个滤波器组用于 DTCWT。

（5）MWavelets-MDCM，这是提出的组合多小波（MWwavelets）的 MDCM：OWT-MDCM、Gabor-MDCM 和 DTCWT-MDCM；分别在 3 个小波域上建立 MDCM，两幅图像的相似度为 3 种小波域中 MDCM 的黎曼距离之和。

6.6.1 纹理图像检索

为了评估所提出的 MDCM 在小波特征上的检索性能，将 ARR 作为检索性能的衡量标准。ARR 被定义为在前 N_R 检索到的子图像中来自相同原始纹理类的检索子图像的平均百分比[12]。设 I_k 为查询子图像，$t(I_k)$ 为查询函数，返回相关子图像的数量（这些子图像和 I_k 属于同一原始纹理图像），则 ARR 定义为

$$\text{ARR} = \frac{1}{N}\sum_{k=1}^{N}\frac{t(I_k)}{N_R} \tag{6-16}$$

式中，N 表示数据集中子图像的总数。

检索实验包括 3 个常用的纹理数据库：VisTex 数据库[32]、ALOT（Amsterdam Library of Textures）数据库[33]和 STex（Salzburg Textures）数据库[34]（部分纹理样本），如图 6-6 所示。在数据库中，每个纹理类被划分为 16 张不重叠的子图像，在三个数据库上的实验中采用 $N_R=16$。VisTex（40）数据库：VisTex 的目标是提供代表真实世界条件的纹理图像。我们使用了被广泛应用的灰度纹理图像集[15,34]，该图像集中有 40 张子图像（40×16）。ALOT 数据库（250）[33]：ALOT 是在不同光照条件和观察方向下记录的 250 张粗糙纹理的彩色图像集合。我们使用在 c1l1 光照条件下捕获的纹理进行实验。该数据库中有 4000 张子图像（250×16）。STex（476）数据库：STex 是在真实世界条件下捕获的新型纹理图像数据集；它由 476 个不同的纹理类组成，这些纹理是在现实条件下捕获的；该数据库中有 7616 张子图像（476×16）。

在以下实验中，将本章提出的方法与小波域中的高斯 Copula 模型[15]和基于协方差矩阵[18]的方法进行比较。在本章提出的方法中，我们利用了被其他统计方法忽略的小波的低通子带。使用低通子带，包括 Copula 模型和 MDCM 在内的多变量模型的性能获得了显著的改善（图 6-7）。MDCM 是基于 Copula 和协方差矩阵推导而来的，

具有比高斯 Copula 和协方差矩阵更好的检索性能。表 6-1 给出了灰度 VisTex（40）上协方差矩阵、Copula 模型和结合 RawFeature 或小波特征的 MDCM 的比较。例如，Gabor-Cov 与 Gabor-Copula 的 ARR 分别为 85.87% 和 84.69%，而 Gabor-MDCM 的 ARR 为 89.48%，提高了约 5%。

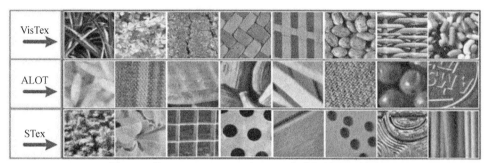

图 6-6 从 VisTex、ALOT 和 STex 中选择的纹理样本

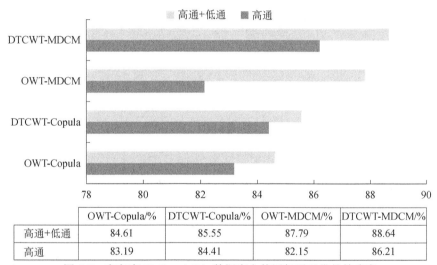

	OWT-Copula/%	DTCWT-Copula/%	OWT-MDCM/%	DTCWT-MDCM/%
高通+低通	84.61	85.55	87.79	88.64
高通	83.19	84.41	82.15	86.21

图 6-7 在灰度 VisTex（40）数据库上使用低通子带的检索率

表 6-1 Cov、Copula 与 MDCM 在灰度 VisTex（40）数据库上的性能比较 （单位：%）

特征	Cov（协方差矩阵）	Copula	MDCM
原始特征	73.33	—	80.61
OWT	80.74	83.19	87.79
DTCWT	83.40	84.41	88.64
Gabor	85.87	84.69	89.48

图 6-8（a）根据灰度 VisTex（40）数据库上检索到的顶部纹理图像的数量，说

明了本节提出方法比协方差矩阵更为有效。图 6-8（b）显示了 MDCM 在不同小波域中正确检索到子图像数量的检索性能。当 $N_R < 40$ 时，Gabor-MDCM 和 DTCWT-MDCM 表现优于 OWT-MDCM。当 $N_R > 40$ 时，OWT-MDCM 显示出更好的检索，效果优于 Gabor-MDCM 和 DTCWT-MDCM。随着 N_R 的增加，MWavelets-MDCM 总是表现出最好的 ARR。总之，本节所提出的模型 MDCM 明显地优于协方差矩阵和 Copula 模型。与基于 Copula 的方法相比，MDCM 在特征提取（feature extraction，FE）步骤和特征匹配（feature matching，FM）步骤中具有更低的计算成本。我们对 VisTex（40）数据库进行了测试，以评估本节所提出方法的计算性能。所有测试均在计算机（Core i7 6700 4GHz，32GB RAM）上使用 MATLAB 2016a 进行。从图 6-9 可以看出，MDCM 的运行时间总是小于三个小波域中的 Copula 模型。最值得注意的是，DTCWT-MDCM FE 只需要 0.093s，FM 需要 0.025s，总运行时间仅为 0.118s。

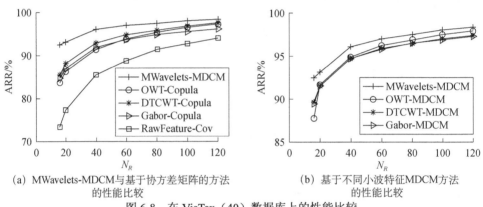

图 6-8　在 VisTex（40）数据库上的性能比较

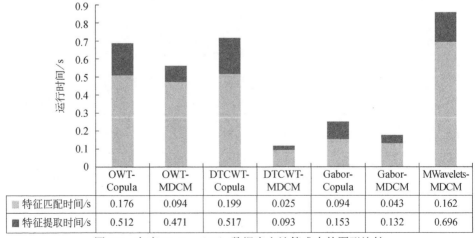

图 6-9　灰度 VisTex（40）数据库上计算成本的图形比较

为了评估本节提出的方法的检索性能，将本节提出的方法与 3 个灰度数据库上的最新方法进行了比较（表 6-2）。本节所提出的方法 MWavelets-MDCM 在 VisTex（40）数据库上产生了最佳检索率，为 92.49%。ALOT（250）和 STex（476）是鉴别相当困难的数据库；MWavelets-MDCM 的检索率分别为 52.27% 和 68.32%，分别在两个数据库上取得了最好的结果。上述实验表明，MDCM 可以很好地结合不同的图像特征来提高表示能力。

表 6-2 在 VisTex（40）、ALOT（250）和 STex（476）数据库上的性能比较 （单位：%）

方法	VisTex（40）	ALOT（250）	STex（476）
RawFeature-Cov[18]	73.33	26.50	34.11
RawFeature-MDCM	80.61	34.36	43.10
LBP[1]	82.27	35.3	42.2
LTP[2]	82.38	35.48	49.70
CLBP[3]	86.66	48.07	54.88
DCT+MGMM[35]	84.94	—	—
SCS+LRS-MD[36]	86.18	—	—
GLMEBP[37,38]	87.93	—	—
LtrP[4]	90.02	—	—
Gabor-LtrP[4]	90.16	—	—
OWT-Copula[15]	83.19	41.86	53.81
DTCWT-Copula[15]	84.41	43.25	57.24
Gabor-Copula[16]	84.69	46.53	61.58
OWT-MDCM	87.79	44.49	57.63
DTCWT-MDCM	88.64	42.75	65.83
Gabor-MDCM	89.48	47.95	64.54
MWavelets-MDCM	92.49	52.27	68.32

考虑到颜色特征可以提高方法的表示能力，还将本节所提出的方法与在 3 个颜色数据库上使用颜色特征的最新方法进行了比较（表 6-3）。使用颜色特征在小波域中实现 MDCM 很简单：我们用小波分解每个颜色通道（RGB）的彩色图像，然后将颜色小波特征合并到观察矩阵中；最后将 MDCM 应用于这些观察矩阵以获得协方差矩阵。使用颜色特征，MWavelets-MDCM 在 VisTex（40）数据库上的 ARR 从 92.49% 明显地增加到 95.68%。在颜色 ALOT 和 STex 数据库上，MWavelets-MDCM 的 ARR 分别为 61.88% 和 85.46%；OWT-MDCM、DTCWT-MDCM 和 Gabor-MDCM 也获得了良好的检索性能。6 个预训练的 DCNN，包括 AlexNet[8]、VGG16[38]、VGG19[38]、GoogleNet[9]、ResNet101[10] 和 ResNet50[10] 用于提取图像特征，并使用欧氏距离进行检索评估。在这些 DCNN 中，只有 ResNet50 和 ResNet101 的 ARR 高于 MWavelets-MDCM。

表 6-3 在 3 个颜色数据库 VisTex（40）、ALOT（250）和 STex（476）上比较本节所提出的方法和最先进的方法的性能　　　　（单位：%）

方法	VisTex（40）	ALOT（250）	STex（476）
LBP[1]	85.84	39.57	54.89
CLBP[3]	89.4	49.6	58.4
CIF-LBP[39]	94.74	—	40.95
CIF-LBP-PSO[39]	95.28	—	45.61
DWT-Gamma-KLD[40]	90.43	40.7	52.90
Gaussian-Copula-Weibull-ML[34]	89.50	54.10	70.06
Student t Copula Gamma-ML[34]	88.9	47.5	64.3
Multivar.Power Exp.[13]	91.2	49.3	71.3
EMM-ML[41]	88.9	53.0	73.7
Gabor-Copula[16]	92.40	60.8	76.4
ODBTC[42]	90.67	43.62	—
EDBTC[43]	92.55	—	—
DDBTC[44]	92.09	48.64	44.79
LECoP[45]	92.99	—	74.15
LED+RD[27]	94.70	—	80.08
AlexNet[8]	91.76	59.01	68.32
VGG16[38]	92.48	60.34	72.16
VGG19[38]	92.02	59.15	71.68
GoogleNet[9]	92.87	60.71	77.60
ResNet101[10]	95.91	75.60	91.18
ResNet50[10]	96.28	75.68	91.59
OWT-MDCM	91.08	48.13	72.28
DTCWT-MDCM	93.13	55.74	77.01
Gabor-MDCM	94.15	60.36	83.36
MWavelets-MDCM	95.68	61.88	85.46

6.6.2　纹理图像分类

为了评估本节所提出方法的分类性能，我们在 4 个数据集上进行了多次实验：Brodatz（90）、Brodatz（111）、CURet（61）和 KTH2，一些纹理样本如图 6-10 所示。最近邻域方法被用作本节所提方法的分类器。因为数据库中某些纹理类的多样性和相似性，所以 Brodatz（90）数据集[46]对分类具有挑战性，一些纹理属于同一类，但比例不同；有些纹理非常不均匀，以至于人类观察者无法正确地对它们进行分类。基于上述考虑，使用与文献[46]相同的 90 个纹理类进行实验。90 个纹理类（640×640）中的每一个都被分成 25 个不重叠的子图像，大小为 128×128，其中，13 张子图像用于训练，其余 12 张用于测试。Brodatz（111）数据集包含所有 111 个纹理类。该数据库面临的挑战是类别数量相对较多，而每个类别的样本数量较少。使用与文献[46]一致的方法来创建这个数据集：每个纹理被分成 9 张不重叠的子图像（215×215），其中 3 张子图像用于训练，其余 6 张子图像用于测试。CUReT（61）数据集由在不同光照和观察方向下捕获的 61 个纹理类组成，每个类别有 92 张图像（200×200），其中，一半样本用于训练，另一半用于测试。KTH2 数据集有 11 个材料类，每个材料类有 4 个样本，每个样本包含 108 张图像。这些图像是在光照变化、小旋转、小姿态变化和尺度变化的条件下获得的。我们遵循训练和测试协议[47-62]：对 3 个样本进行训练，对其余样本进行测试。

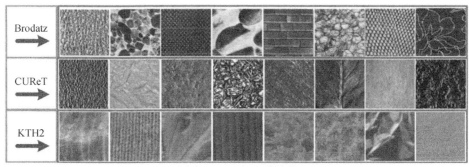

图 6-10　一些纹理样本

在 Brodatz（90）上，将本节所提出的方法与 Copula 模型和基于协方差矩阵的方法进行了比较（图 6-11）。观察到 MDCM 明显地优于 Copula 模型和协方差矩阵。由于 Gabor 出色的方向选择性，所以 Gabor-MDCM 显示出不错的分类精度。MWavelets-MDCM 的最佳分类准确率达到 97.31%，比单个基于小波的 MDCM 提高了 2~8 个百分点。在接下来的实验中，我们专注于将 MWavelets-MDCM 与先进的方法进行比较（表 6-4）。在 Brodatz（111）上，MWavelets-MDCM 的准确率为 96.70%，优于除了 FV-VGGM 的所有其他方法。Brodatz（90）和 Brodatz（111）的实验表明，本节所提出的方法 MWavelets-MDCM 对不均匀纹理具有鲁棒性。对于 CUReT 数据集，由于纹理是在光照和视点变化下获取的，每个子图像都归一化为零均值和单位标准偏差[51]。MWavelets-MDCM 的分类准确率为 99.64%，是各方法中最好的结果。在具有挑战性的 KTH2 上，MWavelets-MDCM 的分类准确率为 76.14%，与传统方法和一些 DCNN 方法相比，这是一个有希望的结果；MWavelets-MDCM 的准确率性能非常接近 RestNet101 和 ResNet50。应该注意的是，在所有 DCNN 中，尤其是

FV-VGGM的计算成本很高,因此在嵌入式系统等低功耗应用中运行是不可行的。因此,总的来说,我们的方法对纹理图像分类具有鲁棒性和出色的识别性能。

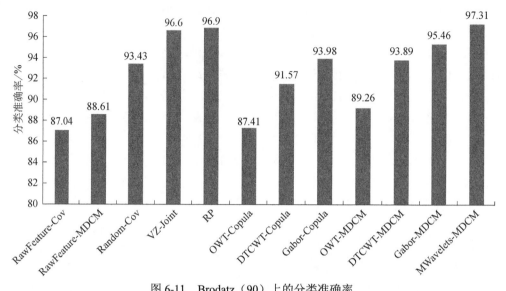

图 6-11 Brodatz(90)上的分类准确率

表 6-4 Brodatz(111)、CUReT(61)和 KTH2 的分类精度(单位:%)

方法	Brodatz(111)	CUReT(61)	KTH2
LBP[1]	90.70	97.03	62.69
DLBP[49]	88.73	94.38	61.72
Cov-LBPD[24]	89.74	94.23	74.86
CLBP[3]	92.34	97.33	64.18
PRICoLBP[50]	92.94	96.25	61.17
SSLBP[51]	89.94	98.79	65.57
CDLF+AHA[52]	—	98.71	—
LETRIST[53]	—	98.54	—
RI-LBD[54]	—	98.9	—
LFD[55]	94.29	97.39	56.65
VZ-Joint[56]	91.80	97.17	61.93
VZ-MRF[56]	92.9	98.03	—
RP[46]	94.20	98.52	—
Patch-SR[57]	—	97.98	—
MRELBP[58]	93.12	99.02	77.91
SIFT-IFV[59,60]	—	99.0	70.8
ScatNet[61]	83.03	95.51	63.66
PCANet[62]	90.89	92.03	59.43

续表

方法	Brodatz（111）	CUReT（61）	KTH2
RandNet[62]	91.14	90.87	60.67
AlexNet[8]	95.05	91.44	79.54
VGG16[38]	93.30	96.83	82.49
VGG19[38]	91.96	95.88	82.47
GoogleNet[9]	88.88	94.31	70.36
ResNet101[10]	96.24	98.68	77.07
ResNet50[10]	95.79	98.76	74.05
FV-VGGM[59]	98.70	99.0	79.90
MWavelets-MDCM	96.70	99.64	76.14

6.6.3 多种小波 MDCM 与深度特征融合纹理图像分类

近年来，一些低级特征结合高级 DCNN 特征的最先进方法（如文献[39]提出的混合特征方法）被设计出来以提高图像表示性能。需要注意的是，当结合 DCNN 特征时，我们的方法也可以获得更高的性能。例如，我们使用 PCA 压缩 Gabor-MDCM 的协方差矩阵的对数得到 100 维特征向量，然后结合 ResNet50 特征（2048 维）进行纹理检索（表 6-5）。对于 VisTex 和 ALOT 上的检索评价，PCA 变换矩阵 W 是在 STex 上训练得到的，避免在训练和测试集中使用相同的图像；对于 STex 上的检索评估，W 是通过对 ALOT 的训练获得的。我们所提方法的检索性能得到了显著提高；Gabor-MDCM+ResNet50 的 ARR 在 VisTex 上达到 97.18%，在 ALOT 上达到 76.43%，在 STex 上达到 93.23%。结合表 6-3，可以看到我们所提方法与包括混合特征方法在内的最新方法相比具有竞争力。注意，我们的方法基于协方差矩阵，仅使用图像的全局特征，而未使用局部特征。我们方法的另一个限制是学习机制不用于提取更强大的图像特征。鉴于专注于局部特征与学习机制的协方差描述符在对象识别和检测方面具有良好的性能[20,21]，如果在我们的研究中使用局部特征和学习机制，则我们所提的方法的性能将得到进一步提高。因此，我们未来的工作是结合图像的局部特征构建 MDCM，并使用学习机制来获得更具判别力的图像表示模型。

表 6-5 结合 DCNN 特征进行纹理检索的方法的 ARR

方法	维度	VisTex/%	ALOT/%	STex/%
HD（DL-TLCF）[39]	384+1024	97.09	70.69	—
ResNet50[10]	2048	96.28	75.68	91.59
Gabor-MDCM+ResNet50	100+2048	97.18	76.43	93.23

6.7 本章小结

本章提出了一个基于协方差矩阵的模型,称为 MDCM,用于图像表示。MDCM 将边缘分布的观测值投影到 CDF 空间中;在 CDF 空间中,计算协方差矩阵来描述图像。MDCM 的重要特性是它可以合并不同的图像特征,如强度、差异、颜色特征和变换后的特征。特别是,MDCM 在小波域中表现出其优越的图像表示性能。构建 MDCM 有两个关键方面:①构建一个可行的观察矩阵,其中,每一列是一个变量的观测值及这些变量之间存在的依赖关系。为了构建观察矩阵,我们应该确保变量之间存在依赖关系。如果边缘变量相互独立,那么 MDCM 等效于独立计算观测值的方差。②将最优概率分布作为 MDCM 的边缘分布,将观测值投影到 CDF 空间中。最优分布将使 MDCM 获得更好的性能(图 6-12)。

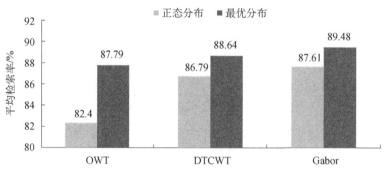

图 6-12 不同边距的 MDCM 在 VisTex(40)数据库上的检索性能
最优分布是指 6.4 节中用于构建小波域中的 MDCM 的分布

参 考 文 献

[1] Ojala T, Pietikainen M, Maenpaa T. Multiresolution gray-scale and rotation invariant texture classification with local binary patterns[J]. IEEE Computer Society, 2002, 24(7): 971-987.

[2] Tan X, Triggs B. Enhanced local texture feature sets for face recognition under difficult lighting conditions[J]. IEEE Transactions on Image Processing, 2010, 19(6): 1635-1650.

[3] Guo Z, Zhang L, Zhang D. A completed modeling of local binary pattern operator for texture classification[J]. IEEE Transactions on Image Processing, 2010, 19(6): 1657-1663.

[4] Murala S, Maheshwari R P, Balasubramanian R. Local tetra patterns: A new feature descriptor for content-based image retrieval[J]. IEEE Transactions on Image Processing, 2012, 21(5): 2874-2886.

[5] Yang M, Zhang L, Feng X, et al. Sparse representation based fisher discrimination dictionary learning for image classification[J]. International Journal of Computer Vision, 2014, 109(3): 209-232.

[6] Xie J, Zhang L, You J, et al. Effective texture classification by texton encoding induced statistical features[J]. Pattern Recognition, 2015, 48(2): 447-457.

[7] Chen L C, Papandreou G, Kokkinos I, et al. DeepLab:Semantic image segmentation with deep convolutional nets, atrous convolution, and fully connected CRFs[J]. IEEE Transactions on Pattern Analysis Machine Intelligence, 2018, 40(4): 834-848.

[8] Krizhevsky A, Sutskever I, Hinton G E. ImageNet classification with deep convolutional neural networks[J]. International Conference on Neural Information Processing Systems, 2012, 25(2): 1097-1105.

[9] Szegedy C, Wei L, Jia Y, et al. Going deeper with convolutions[C]. IEEE Conference on Computer Vision and Pattern Recognition, Boston, 2015: 1-9.

[10] He K, Zhang X, Ren S, et al. Deep residual learning for image recognition[C]. IEEE Conference on Computer Vision and Pattern Recognition, Las Vegas, 2016: 770-778.

[11] Ekici S, Yildirim S, Poyraz M. Energy and entropy-based feature extraction for locating fault on transmission lines by using neural network and wavelet packet decomposition[J]. Expert Systems with Applications, 2008, 34(4): 2937-2944.

[12] Do M N, Vetterli M. Wavelet-based texture retrieval using generalized Gaussian density and Kullback-Leibler distance[J]. IEEE Transactions on Image Processing, 2002, 11(2): 146-158.

[13] Verdoolaege G, Backer S D, Scheunders P. Multiscale colour texture retrieval using the geodesic distance between multivariate generalized Gaussian models[C]. IEEE International Conference on Image Processing, San Diego, 2008: 169-172.

[14] Bombrun L, Lasmar N E, Berthoumieu Y, et al. Multivariate texture retrieval using the SIRV representation and the geodesic distance[C]. IEEE International Conference on Acoustics, Prague, 2011: 865-868.

[15] Lasmar N E, Berthoumieu Y. Gaussian Copula multivariate modeling for texture image retrieval using wavelet transforms[J]. IEEE Transactions on Image Processing, 2014, 23(5): 2246-2261.

[16] Li C, Huang Y, Zhu L. Color texture image retrieval based on Gaussian Copula models of Gabor wavelets[J]. Pattern Recognition, 2017, 64(4): 118-129.

[17] Li C, Duan G, Zhong F. Rotation invariant texture retrieval considering the scale dependence of Gabor wavelet[J]. IEEE Transactions on Image Process, 2015, 24(8): 2344-2354.

[18] Tuzel O, Porikli F, Meer P. Region Covariance: A Fast Descriptor for Detection and Classification[M]. Berlin: Springer, 2006: 589-600.

[19] Pang Y, Yuan Y, Li X. Gabor-based region covariance matrices for face recognition[J]. IEEE Transactions on Circuits and Systems for Video Technology, 2008, 18(7): 989-993.

[20] Li P H, Wang Q L, Zeng H, et al. Local Log-Euclidean multivariate Gaussian descriptor and its application to image classification[J]. IEEE Transactions on Pattern Analysis and Machine Intelligence, 2016, 39(4): 803-817.

[21] Davis L S. Covariance discriminative learning: A natural and efficient approach to image set classification[C]. IEEE Conference on Computer Vision and Pattern Recognition, Providence, 2012: 2496-2503.

[22] Jayasumana S, Hartley R, Salzmann M, et al. Kernel methods on the riemannian manifold of symmetric positive definite matrices[C]. IEEE Conference on Computer Vision and Pattern Recognition, Portland, 2013: 73-80.

[23] Li C, Xue Y, Huang Y. Dependence structure of Gabor wavelets for face recognition[C]. IEEE Symposium Series on Computational Intelligence, Honolulu, 2017: 1-5.

[24] Hong X, Zhao G, Pietikainen M, et al. Combining LBP difference and feature correlation for texture description[J]. IEEE Transactions on Image Processing, 2014, 23(6): 2557-2568.

[25] Frstner W, Moonen B, Gauss C F. A Metric for Covariance Matrices[M]. Berlin: Springer, 2003: 299-309.

[26] Arsigny V, Fillard P, Pennec X, et al. Log-Euclidean metrics for fast and simple calculus on diffusion tensors[J]. Magnetic Resonance in Medicine, 2010, 56(2): 411-421.

[27] Pham M T, Mercier G, Bombrun L. Color texture image retrieval based on local extrema features and riemannian distance[J]. Multidisciplinary Digital Publishing Institute, 2017, 3(43): 1-19.

[28] Selesnick I W, Baraniuk R G, Kingsbury N C. The dual-tree complex wavelet transform[J]. IEEE Signal Processing Magazine, 2005, 22(6): 123-151.

[29] Kingsbury N. Complex wavelets for shift invariant analysis and filtering of signals[J]. Applied and Computational Harmonic Analysis, 2001, 10(3): 234-253.

[30] Tan X, Triggs B. Fusing Gabor and LBP Feature Sets for Kernel-based Face Recognition[M]. Berlin: Springer-Verlag, 2007: 235-249.

[31] Xie S, Shan S, Chen X, et al. Fusing local patterns of Gabor magnitude and phase for face recognition[J]. IEEE Transactions on Image Processing, 2010, 19(5): 1349-1361.

[32] Mit vision and modeling group, vistex texture database[EB/OL]. [2015-03-01]. https://vismod.media.mit.edu/pub/VisTex.

[33] Burghouts G J, Geusebroek J M. Material-specific adaptation of color invariant features[J]. Pattern Recognition Letters, 2009, 30(3): 306-313.

[34] Kwitt R, Meerwald P, Uhl A. Efficient texture image retrieval using copulas in a Bayesian framework[J]. IEEE Transactions on Image Processing, 2011, 20(7): 2063-2077.

[35] Kwitt R, Uhl A. Lightweight probabilistic texture retrieval[J]. IEEE Transactions on Image Processing, 2010, 19(1): 241-253.

[36] Dong Y, Tao D, Li X, et al. Texture classification and retrieval using shearlets and linear regression[J]. IEEE Transactions on Cybernetics, 2015, 45(3): 358-369.

[37] Subrahmanyam M, Maheshwari R P, Balasubramanian R. Local maximum edge binary patterns:A new descriptor for image retrieval and object tracking[J]. Signal Processing, 2012, 92(6): 1467-1479.

[38] Simonyan K, Zisserman A. Very deep convolutional networks for large-scale image recognition[J]. Computer Science, arXiv: 1409. 1556, 2014.

[39] Liu P, Guo J M, Wu C Y, et al. Fusion of deep learning and compressed domain features for content-based image retrieval[J]. IEEE Transactions on Image Processing, 2017(12): 1.

[40] Choy S K, Tong C S. Statistical wavelet subband characterization based on generalized Gamma density and its application in texture retrieval[J]. IEEE Transactions on Image Processing, 2010, 19(2): 281-289.

[41] Vasconcelos N, Lippmana A. A probabilistic architecture for content-based image retrieval[C]. IEEE Conference on Computer Vision and Pattern Recognition, Hilton Head, 2000: 216-221.

[42] Guo J M, Prasetyo H. Content-based image retrieval using features extracted from halftoning-based block truncation coding[J]. IEEE Transactions on Image Processing, 2015, 24(3): 1010-1024.

[43] Guo J M, Prasetyo H, Chen J H. Content-based image retrieval using error diffusion block truncation coding features[J]. IEEE Transactions on Circuits and Systems for Video Technology, 2015, 25(3): 466-481.

[44] Guo J M, Prasetyo H, Wang N J. Effective image retrieval system using dot-diffused block truncation coding features[J]. IEEE Transactions on Multimedia, 2015, 17(9): 1576-1590.

[45] Verma M, Raman B, Murala S. Local extrema co-occurrence pattern for color and texture image retrieval[J]. Neurocomputing, 2015, 165: 255-269.

[46] Liu L, Fieguth P. Texture classification from random features[J]. IEEE Transactions on Pattern Analysis and Machine Intelligence, 2012, 34(3): 574-586.

[47] Caputo B, Hayman E, Mallikarjuna P. Class-specific material categorisation[C]. IEEE International Conference on Computer Vision, Beijing, 2005: 1597-1604.

[48] Li L, Fieguth P, Guo Y, et al. Local binary features for texture classification:Taxonomy and experimental study[J]. Pattern Recognition, 2017, 62(2): 135-160.

[49] Liao S, Law M, Chung A. Dominant local binary patterns for texture classification[J]. IEEE Transactions on Image Processing, 2009, 18(5): 1107-1118.

[50] Qi X, Xiao R, Li C G, et al. Pairwise rotation invariant co-occurrence local binary pattern[J]. IEEE Transactions on Pattern Analysis and Machine Intelligence, 2014, 36(11): 2199-2213.

[51] Guo Z, Wang X, Zhou J, et al. Robust texture image representation by scale selective local binary patterns[J]. IEEE Transactions on Image Processing, 2016, 25(2): 687-699.

[52] Zhang Z, Liu S, Mei X, et al. Learning completed discriminative local features for texture classification[J]. Pattern Recognition, 2017, 67(7): 263-275.

[53] Song T, Li H, Meng F, et al. LETRIST: Locally encoded transform feature histogram for rotation-invariant texture classification[J]. IEEE Transactions on Circuits and Systems for Video Technology, 2017, 28(7): 1565-1579.

[54] Duan Y Q, Lu J W, Feng J J, et al. Learning rotation-invariant local binary descriptor[J]. IEEE Transactions on Image Processing, 2017, 26(8): 3636-3651.

[55] Maani R, Kalra S, Yang Y H. Rotation invariant local frequency descriptors for texture classification[J]. IEEE Transactions on Image Processing, 2013, 22(6): 2409-2419.

[56] Varma M, Zisserman A. A statistical approach to material classification using image patch exemplars[J]. IEEE Transactions on Pattern Analysis and Machine Intelligence, 2009, 31(11): 2032-2047.

[57] Xie J, Zhang L, You J, et al. Texture classification via patch-based sparse texton learning[J]. IEEE International Conference on Image Processing, Hong Kong, 2010: 2737-2740.

[58] Liu L, Lao S, Fieguth P W, et al. Median robust extended local binary pattern for texture classification[J]. IEEE Transactions on Image Processing, 2016, 25(3): 1368-1381.

[59] Cimpoi M, Maji S, Kokkinos I, et al. Deep filter banks for texture recognition, description, and segmentation[J]. International Journal of Computer Vision, 2016, 118(1): 65-94.

[60] Liu L, Chen J, Fieguth P, et al. From bow to CNN: Two decades of texture representation for texture classification[J]. International Journal of Computer Vision, 2019, 127(1): 74-109.

[61] Bruna J, Mallat S. Invariant scattering convolution networks[J]. IEEE Transactions on Software Engineering, 2013, 35(8): 1872-1886.

[62] Chan T H, Jia K, Gao S, et al. PCANet: A simple deep learning baseline for image classification?[J]. IEEE Transactions on Image Processing, 2015, 24(12): 5017-5032.

第7章 Gabor 小波特征学习人脸识别

在不利条件下进行人脸识别，如低分辨率、光照困难、模糊和噪声，仍然是一项具有挑战性的任务。在现有的人脸识别方法中，Gabor 小波（GW）发挥了重要的作用，并且在不利条件下具有强大的性能，因为它模拟了哺乳动物大脑的视觉皮层。已经证明 Gabor 小波的子带可以由协方差矩阵进行有效的表示。但是，因为协方差矩阵不属于欧氏空间，所以 2-范数等基于欧氏的度量不能直接地应用于协方差矩阵，更重要的是，很难结合协方差矩阵的学习技术来提升人脸识别的性能。为了解决这个问题，我们通过学习 Gabor 小波的协方差矩阵（learning the covariance matrix of Gabor wavelet，LCMoG）提出了两种有前景的方法。第一种方法称为 LCMoG-CNN，使用浅层 CNN 将 Gabor 小波的协方差矩阵投影到欧氏空间的特征向量中；第二种方法称为 LCMoG-LWPZ，使用矩阵对数将协方差矩阵嵌入线性空间，然后使用白化主成分分析（whitening principal component analysis，WPCA）从嵌入的协方差矩阵中学习人脸特征。本章提出的方法可以有效地从人脸图像中提取精细特征，并且对于小变化的人脸姿势具有比深度卷积神经网络（DCNN）更好的性能。对于变化较大的人脸姿态，LCMoG 特征结合 DCNN 特征可以提高人脸识别的性能。在实验中，本章提出的方法在不利条件下产生了有希望的识别和验证精度。

7.1 概　　述

人脸识别技术已被深入研究多年。图像中姿态变化、光照不均匀和噪声仍然是严重削弱方法性能的主要障碍。即使采用最先进的模型和算法，人脸识别在复杂环境下的鲁棒性仍不能令人满意。因此，在不利条件下开发一种鲁棒的人脸识别方法是一个悬而未决的问题。在实际应用中，只有人脸识别方法在各种不利条件下都具有鲁棒性，才是可行的。作为经典的手工描述符，GW 具有很好的特征提取性能，但用它对图像进行滤波时会产生大量的 GW 子带，如何从众多的子带中提取判别性特征是一个棘手的问题。另外，协方差矩阵属于黎曼流形，不能用欧氏距离计算两个协方差矩阵之间的相似度，也很难在欧氏空间中整合学习函数来提高性能。协方差矩阵与多元概率模型密切相关，许多基于协方差矩阵的图像表示方法已经取得了不错的成果：Tuzel 等[1]将每个像素映射到一个 5 维特征向量，包括图像强度、图像强度的一阶和二阶导数的范数，并使用协方差矩阵对这些特征进行建模；Pang 等[2]提出了一种将基于 Gabor 的区域协方差矩阵作为人脸描述符的方法，像素位置和 Gabor 系数都用于形成协方差矩阵。在机器学习领域，高斯模型[3]和高斯混合模型（GMM）[4]是最常见的基于协方差的模型，它们经常被应用于图像表示和识别。使用概率模型进行图像识别的根本问题是衡量两个模型之间的差异。通常，KLD 是模型之间首选的差异度量。使用 KLD 的概率模型的主要限制是计算两个模型之间的差异的成本很高，最糟糕的是，一些概率模型（如 GMM）没有封闭形式的 KLD。因为协方差矩阵属于黎曼流形，所以不能直接使用欧氏距离。因此，Tuzel 等[1]提出将基于特征值的黎曼距离作为协方差矩阵的度量。由于需要计算两个矩阵的广义特征，黎曼距离的计算开销比较大。为了降低计算量，研究人员探索将黎曼流形嵌入到欧氏空间，如对数欧氏距离[5]，然后利用欧氏空间的距离来进行比较。

包括基于协方差的模型在内的多变量统计模型有两个缺点。首先，由于矩阵运算复杂，与欧氏空间中的计算相比，黎曼空间中测度的计算是耗时的。其次，很难采取有效的学习方法来提高绩效。最近，研究人员提出了一些方法来解决这些缺点。例如，Harandi 等[6]用正交投影将高维流形建模为低维流形，Wen 等[7]提出了一种基于判别协方差的表征学习框架来处理人脸识别。与上面提到的方法不同，我们通过使用 CNN/WPCA 设计两种从 GW 的协方差矩阵中学习人脸特征的高效方法。我们的方法可以有效地将黎曼流形转换为线性空间，同时与 CNN/WPCA 的学习功能相结合。这项工作有以下两个贡献。

（1）提出基于 GW、协方差矩阵和 CNN 的 LCMoG-CNN 并将其用于人脸特征提取。LCMoG-CNN 将图像转化为多个融合协方差矩阵，由 GW 的幅度和角度特征构建，CNN 用于学习人脸特征。从网络的角度来看，GW 和 CNN 的组合协方差矩阵可以减少 CNN 结构的深度。此外，由于使用 CNN 将协方差矩阵投影到欧氏空间中，并且在欧氏空间中进行特征匹配，LCMoG-CNN 比其他基于协方差矩阵的方法要快得多。

（2）提出另一种基于 GW 和 WPCA 的人脸识别有效方法——LCMoG-LWPZ。在 LCMoG-LWPZ 中，使用矩阵对数将 GW 的协方差矩阵嵌入到经典欧氏空间中，并采用 WPCA 从协方差矩阵中学习人脸特征。LCMoG-LWPZ 在单人单样本（single sample per person，SSPP）条件下是相当称职的。

7.2 相关工作

人脸识别方法面临的典型问题是如何处理不同的姿势和表情。业内已经开发了大量方法来解决这个问题。这些方法包括 Gabor 的方法[8]、局部二进制模式（LBP）方法[9]、深度学习模型[10,11]。另一个问题是光照不均匀。解决光照变化问题的方法分为两大类：被动方法和主动方法。主动方法旨在通过采用主动成像技术（如热红外）在一致的光照条件下获取人脸图像来克服光照变化。被动方法旨在通过研究因照明变化而改变的图像来消除不均匀照明的影响。与主动方法相比，光照归一化等被动方法由于其计算复杂度较低而更为常用。例如，Vishwakarma 和 Dalal[12]使用非线性修改器进行自适应照明归一化。文献[13]在小波变换域上采用直方图均衡来抵消光照不均匀的影响。

在视频监控中，从视频中捕获的人脸图像通常是低分辨率的（低于 32 像素×32 像素）。然而，普通模型并不总能从低分辨率和嘈杂的人脸图像中得到令人满意的结果。处理低分辨率下的问题有两种基本方案：①利用重建方法将低分辨率人脸图像恢复为高分辨率图像。Chen 等[14]提出了一种身份感知超分辨率网络来恢复低分辨率人脸的身份信息。②直接设计低分辨率图像的人脸识别模型。Ge 等[15]采用蒸馏技术将在高分辨率人脸上预训练的复杂人脸模型转换为用于低分辨率人脸识别的轻量级人脸模型。

运动模糊经常出现在使用移动相机（如手持相机或车载自动相机）拍摄的图像中。在早期的技术中，手工制作的描述符旨在减少运动模糊的影响，但效果并不那么明显。现在，深度学习网络是用来解决这个问题的基本模型。Lin 等[16]提出了一种基于 CNN 的方法，该方法涉及运动模糊估计和潜在清晰图像恢复。Qin 等[17]使用该学习技术从运动模糊中恢复图像。文献[18]使用生成对抗网络（generative adversarial network，GAN）来消除模糊。

SSPP 人脸识别是人脸识别的一个有趣且重要的研究课题，因为它具有诸如身份识别、视频监控和执法等潜在应用。许多方法，如 DCNN，在每个人包含多个样本的足够训练集下都能产生良好的性能；然而，这些方法可能无法很好地解决 SSPP 问题。为了应对 SSPP 的挑战，已经开发了一些方法，如判别式多尺度稀疏编码[19]和基于自动编码器的方法[20]。

在多种不利条件下产生的人脸图像（例如，在人脸图像中同时出现不同的姿势和不同的光照）给识别方法带来了巨大的挑战。到目前为止，很少有算法可以完美地解决这些问题。例如，深度学习技术[21]被认为是一种在姿态变化下的鲁棒人脸识别技术；然而，它在极端光照和高斯噪声条件下表现不佳，而且需要大量的人脸样本来训练深度网络。因此，我们基于 GW 的协方差矩阵提出了两种人脸识别方法，并实现了两种方法的结合，以在各种不利条件下产生更鲁棒的人脸特征。

7.3 LCMoG-CNN 人脸特征提取

本节将通过构建用于图像表示的 GW 域中的协方差矩阵来开发多元统计模型。为了提高性能，我们融合了用于人脸识别的 GW 幅度和角度子带的协方差矩阵（称为融合协方差矩阵）。在 Gabor 域中构建融合协方差矩阵的整个方案如图 7-1 所示，首先，通过 GW 分解一张人脸图像；然后，将这些子带构建成观察矩阵 Z_m 和 Z_a。通过使用协方差算子 COV，产生了两个协方差矩阵 C_m 和 C_a。幅值子带协方差矩阵的上三角部分与角度子带的下三角部分连接，可以表示为

$$C_F = \text{triu}(C_m) + \text{tril}(C_a, -1) \tag{7-1}$$

式中，triu（C_m）表示裁剪包含主对角线的上三角矩阵 C_m 的操作；tril（C_a，−1）表示 C_a 的下三角矩阵（不包含对角线）。最后，实现了一个具有 C_m 和 C_a 的融合协方差矩阵 C_F。因为融合协方差矩阵同时包含幅度和角度特征，所以它包含更多的面部特征，并且比幅度协方差矩阵或角度协方差矩阵产生更好的性能。

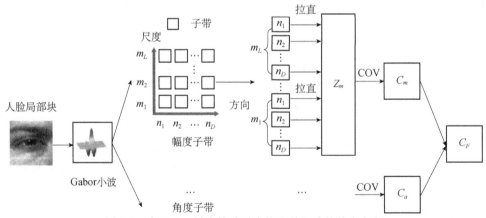

图 7-1 在 Gabor 域中构建融合协方差矩阵的整个方案
COV 表示协方差算子，利用 COV 构建 GW 域融合协方差矩阵；Z_m 是幅度子带的观察矩阵；C_m 是幅度子带的协方差矩阵；C_a 是角度子带的协方差矩阵；矩阵 C_F 是融合协方差矩阵。这张图只是展示了构造 C_m 的详细过程，构造 C_a 的过程类似于构造 C_m

第7章 Gabor 小波特征学习人脸识别

与其他基于协方差矩阵的方法在黎曼空间中计算模型之间的差异不同，该方法称为 LCMoG-CNN，通过使用 CNN 将融合的协方差矩阵投影到低维欧氏空间中，并使用线性分类器来识别人脸。图 7-2 显示了用于人脸识别的 LCMoG-CNN 框架。投影融合协方差矩阵的 CNN 需要经过训练才能使用。在 LCMoG-CNN 的特征提取阶段，经过训练的 CNN 用于将融合的协方差矩阵转换为向量。一张人脸图像首先被划分为不重叠的 $M \times M$ 个块，每个块作为 FCOV-GW(·) 操作的输入，即一个局部块将被映射到一个融合协方差矩阵，表示为

$$C_{F_i} = \text{FCOV-GW}(B_i) \tag{7-2}$$

式中，B_i 是第 i 个局部块；C_{F_i} 表示映射的融合协方差矩阵是应用于 B_i 的 FCOV-GW(·) 的输出。我们将块一一映射，局部块会成为图像中对应位置的局部矩阵。最后，一张人脸图像将被转换成一个更大的矩阵（称为特征矩阵），该矩阵由许多较小的局部矩阵 C_{F_i} 组成。特征矩阵的大小取决于块的数量和 GW 分解大小（GW 子带的数量）。例如，如果将一幅人脸图像分成 4×4 块，对网格的每个块进行 5 尺度 8 方向的 GW 分解，那么特征矩阵大小为 160×160（160=4×5×8）。使用 FCOV-GW(·) 将数据库中的所有人脸图像转换为特征矩阵。在学习阶段，利用这些特征矩阵来训练 CNN。经过训练的 CNN 会将特征矩阵变换（投影）为特征向量。在识别阶段，可以利用支持向量机（SVM）等分类器来识别人脸图像。接下来，关键任务是设计能够有效执行特征矩阵变换的 CNN。在这里，我们设计了一个包括输入层在内的 8 层投影 CNN，如图 7-3 所示。网络中使用了两个卷积层、两个最大池化层，以及两个全连接层。交叉熵损失被称为网络的损失函数。最终的输出向量是一个 200 维的向量，表示人脸特征。

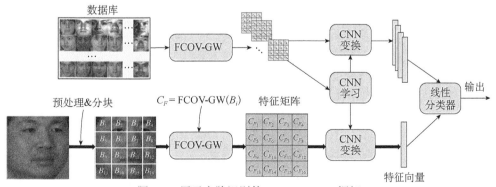

图 7-2 用于人脸识别的 LCMoG-CNN 框架

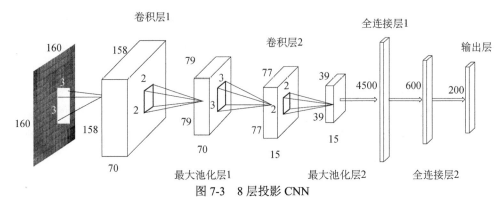

图 7-3 8 层投影 CNN

CNN 用于投影特征矩阵，该矩阵是使用 FCOV-GW 从人脸图像计算出来的。如果将一张人脸图像划分为 4×4 个块，那么特征矩阵将由 4×4 个融合协方差矩阵组成，特征矩阵的大小为 160×160

7.4 LGMoG-LWPZ 人脸特征提取

主成分分析（PCA）是一种统计技术，它采用正交变换将一组相关变量的观测值转换为一组新的线性独立变量的观测值。变换后的变量集称为主成分。PCA 的目的是降低高维数据的相关性，得到低维数据。然而，PCA 可能会受到稀疏和高维数据的影响，导致过拟合问题[22]。WPCA 是 PCA 的一个轻微变体，在许多研究中已被明确证明可以提高人脸识别性能[23,24]。与 PCA 相比，WPCA 的额外好处是它可以通过使用白化变换（除以主成分的标准差）将每个主成分的贡献归一化。

给定 $K \times N$ 样本矩阵 $S = [x_1, \cdots, x_K]^\mathrm{T}$，其中有 K 个训练样本，每个样本是一个 N 维向量，我们将使用 WPCA 从 S 计算正交投影矩阵 U。通常，样本矩阵 S 通过减去其列均值来中心化得到矩阵 A，记为

$$A = [m_1, \cdots, m_K]^\mathrm{T}$$

式中，$m_i = x_i - \bar{x}$，$\bar{x} = \dfrac{1}{K}\sum_{i=1}^{K} x_i$。注意，中心化矩阵 A 的行对应于观察值，列对应于变量。WPCA 的第一步是计算正交投影矩阵 U 和协方差矩阵 $A^\mathrm{T} \times A$ 的特征值 λ_i。如果维数远大于样本数（$N \gg K$），那么计算特征值 $A \times A^\mathrm{T}$ 是一个比较小的矩阵。$A^\mathrm{T} \times A$ 的特征向量为

$$U_i = A^\mathrm{T} V_i$$

式中，V_i 是 $A \times A^\mathrm{T}$ 的特征向量。U 的列由协方差矩阵的特征向量组成。一个高维向量可以通过将其投影到 U 上来压缩成一个低维向量 y，即 $y = U^\mathrm{T} x$。WPCA 的第二步是通过白化方法将 U 转换为 W：

第7章　Gabor 小波特征学习人脸识别

$$W = U(D)^{-\frac{1}{2}}$$

式中，$D = \text{diag}\{\lambda_1, \lambda_2, \cdots\}$。那么将投影的 WPCA 特征 y 写为

$$y = W^{\text{T}}x = \left(U(D)^{-\frac{1}{2}}\right)^{\text{T}} x \tag{7-3}$$

尽管 WPCA 在人脸识别方面比 PCA 更有效，但当协方差矩阵的特征值极小或接近于零时，它可能会导致性能下降。如果协方差矩阵的特征值太小，那么使用式（7-3）对人脸特征进行白化，会过度放大特征匹配阶段小特征值的影响。通常，在特征匹配步骤中，对于投影的 WPCA 特征[9]，余弦距离（cosine distance）优于欧氏距离。然而，余弦距离的计算成本比标准欧氏距离的计算成本高得多。为了解决上述问题，使用 z-score 标准化对 WPCA 特征进行标准化，表示为

$$z = \frac{y - \text{MEAN}(y)}{\text{STD}(y)} \tag{7-4}$$

式中，MEAN(y) 与 STD(y) 分别表示 y 的均值和标准差。通过使用 z-score，LCMoG-WPCA 可以以更少的计算成本获得与 LCMoG-WPCA 相同的识别性能。这项工作中提出的第二种方法称为 LCMoG-LWPZ（图 7-4）。与 LCMoG-CNN 类似，LCMoG-LWPZ 也需要通过以下操作从分割后的图像中计算出 GW 的幅度协方差矩阵：

$$C_{m_i} = \text{COV-GW}(B_i)$$

式中，B_i 是图像中的第 i 个局部块。为了获得判别特征，使用 Log-Euclidean 将协方差矩阵 C_{m_i} 嵌入到线性空间中，产生向量 x_i：

$$x_i = \text{vect}(\log(C_{m_i})) \tag{7-5}$$

式中，log 是矩阵对数；vect（·）表示矩阵的向量化。将图像中块的特征向量 x_i 连接成一个高维向量 y，这一步用 LOG-VECT-CAT 表示。最后，使用 WPCA 将高维向量 x_i 投影到低维特征向量中，并使用 z-score 生成标准化的特征向量 z。

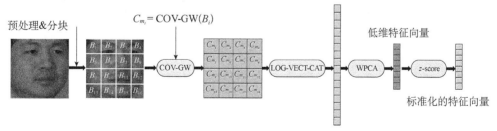

图 7-4　LCMoG-LWPZ 实现流程

COV-GW（·）表示计算块协方差矩阵的操作；LOG-VECT-CAT 表示将块中协方差矩阵的 Log-Euclidean 特征串联起来的过程；z-score 表示标准化

7.5 实验与分析

为了评估本章提出方法在各种不利条件下的性能，选择了几个数据集（图 7-5）：标准 FERET[25]、FERET（200）（选自原始 FERET 数据库）、ExtYale-B[26]、两个视频人脸数据集（CMU MoBo 和 YouTube）和 LFW[27]。由于我们的方法是从 GW 域中的协方差矩阵发展而来的，GW 的参数（包括方差、尺度和方向参数）将影响两种提出的方法（LCMoG-CNN 和 LCMoG-LWPZ）的性能。在实验中，这些 GW 参数被调整到比较优化的值。

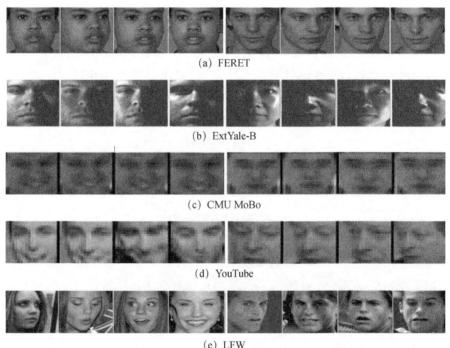

(a) FERET

(b) ExtYale-B

(c) CMU MoBo

(d) YouTube

(e) LFW

图 7-5　示例人脸图像

7.5.1　低分辨率和噪声条件下的实验

首先，在 FERET（200）数据集上评估提出的两种方法。FERET（200）数据集中有 200 个人的 1400 张人脸图像，每个人有 7 张不同光照、面部表情、姿势角度的人脸图像［一些图像示例如图 7-5（a）所示］。在该数据集中，将 7 张图像中的 4 张用作训练集，其余3张用作测试集。使用的另一个数据集是ExtYale-B，它由9个姿势和64个光照条件下的38个对象组成。光照对人脸识别方法影响非常大。使用9个姿势中的一张正面姿势图像为被试者创建实验数据集［见图7-5（b）］。该数据集有大约64张近正面图像，实验中有2414张图像。将每人32张正面图像作为训练库，将其余的作为测试集。两个数据集中原始图像的所有尺寸均为128×128。为了评估这些方法对低分辨率人脸图像的鲁棒性，将图像调整为不同的尺寸：64×64、32×32、16×16、8×8。实验结果列于表7-1。LCMoG-CNN的识别准确率为96.67%（128×128），这些预训练的 DCNN［PCANet[24]、VGGFace[28]、ResNet50[11] 和 SENet（squeeze-and-excitation network，挤压-激励网络）[11]］在高分辨率下表现出良好的性能；然而，它们的识别性能明显地不如低分辨率条件下在FERET（200）上训练的LCMoG-CNN。LCMoG-LWPZ在16×16、8×8等低分辨率人脸图像上获得了令人满意的识别精度，这对于基于LBP的方法来说是困难的。

表7-1　FERET（200）和ExtYale-B的识别准确率　　（单位：%）

方法	FERET（200）						ExtYale-B					
	128×128	64×64	32×32	16×16	8×8	平均识别准确率	128×128	64×64	32×32	16×16	8×8	平均识别准确率
LBP[29]	90.50	80.17	77.83	68.67	35.83	70.6	98.84	99.75	99.00	85.38	73.67	91.32
LGBPHS[30]	92.33	90.67	83.0	54.33	59.83	76.03	99.17	98.75	93.52	81.89	79.29	90.52
COV-CW-RD[2]	93.0	93.33	88.00	69.67	43.83	77.57	99.58	99.92	98.50	84.72	64.70	89.48
COV-CW-LEG[5]	93.33	92.83	88.50	69.67	44.83	77.83	99.75	99.92	98.75	88.12	56.40	88.59
GW-L²EMG[31]	9333	92.83	88.83	70.33	45.0	78.06	99.67	99.92	98.75	88.12	57.14	88.72
PCANet[24]	95.83	96.17	93.83	83.83	50.17	83.97	98.84	99.67	99.25	94.19	63.04	90.99
VGGFace[28]	94.33	92.17	61.83	52.17	57.67	71.63	99.50	98.84	82.23	80.04	73.17	86.76
ResNet50[11]	94.0	94.0	94.0	90.50	36.50	81.8	94.76	93.52	90.20	70.68	38.37	77.51
SENet[11]	94.0	94.0	94.0	89.83	32.0	80.77	88.70	85.17	83.63	65.95	35.88	71.84
LCMoG-LWPZ	94.0	93.67	89.0	84.83	55.0	83.30	99.83	100	99.25	98.58	90.37	97.61
LCMoC-CNN	96.67	94.50	89.17	87.3	76.50	88.83	100	100	99.58	99.00	92.86	98.29

然后，评估了本章所提方法在运动模糊和噪声条件下的性能。为了添加运动模糊，在所有人脸图像中添加了10°角和跨域10个像素的线性运动［用M（10）表示］，以及30°角和跨域30个像素的线性运动［用M（30）表示］。添加运动模糊的效果如图7-6所示。对于噪声，分别添加了均值为零且方差为0.01的高斯白噪声［由G（0.01）表示］和均值为零且方差为0.03的高斯白噪声［由G（0.03）表示］。在这个实验中，没有采用预处理方法来消除运动模糊或高斯噪声的影响。

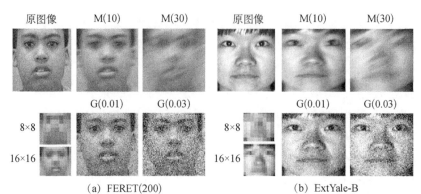

图 7-6 来自 FERET（200）与 ExtYale-B 的添加噪声和低分辨率人脸图像

从表 7-2 中可以看出，基于 GW 的方法的协方差矩阵包括 GW-L²EMG（通过在 GW 域中使用局部对数欧氏多元高斯描述符[31]来实现该方法）、COV-GW-RD[2]、COV-GW-LEG[5]和本章所提方法（LCMoG-CNN 和 LCMoG-LWPZ）比其他方法（如基于 LBP 的方法和预训练的 CNN）具有更稳健的性能。例如，LCMoG-CNN 在运动模糊条件下几乎是不可渗透的，在 ExtYale-B 上，M（10）的准确率是 100%，M（30）的准确率是 99.67%。高斯噪声对人脸识别算法极具挑战性，在高斯噪声条件下，所有方法的识别精度都有所下降。与传统的基于 LBP 和基于 Gabor 的方法相比，基于 CNN 的方法（LCMoG-CNN、VGGFace）在噪声下表现出更稳健的性能。LCMoG-CNN 在 FERET（200）上的平均准确率为 85.59%（这是最好的结果），在有噪声 ExtYale-B 上的平均识别准确率为 95.56%。

表 7-2 噪声 FERET（200）和 ExtYale-B 的识别准确率　　　（单位：%）

方法	FERET（200）					ExtYale-B				
	M(10)	M(30)	G(0.01)	G(0.03)	平均识别准确率	M(10)	M(30)	G(0.01)	G(0.03)	平均识别准确率
LBP[29]	90.17	88.00	15.33	2.83	49.08	98.92	96.93	58.47	19.77	68.52
LGBPHS[30]	91.50	90.00	14.00	3.00	49.63	99.42	98.50	58.39	20.18	69.12
COV-GW-RD[2]	93.33	92.67	60.00	24.00	67.50	98.42	95.76	63.70	40.95	74.71
COV-GW-LEG[5]	93.0	92.17	66.33	25.0	69.13	98.67	96.01	62.54	39.95	74.29
GW-L²EMG[31]	92.83	92.33	65.67	25.50	69.08	98.84	95.93	63.12	42.11	75.00
PCANet[24]	96.17	95.33	39.33	11.50	60.58	98.92	98.59	83.47	49.83	82.70
VGGFace[28]	93.33	62.50	88.83	54.17	74.71	81.0	57.37	73.74	60.38	68.12
ResNet50[11]	94.0	67.0	1.50	1.0	40.88	89.53	55.14	44.60	45.68	58.73
SENet[11]	94.0	61.33	1.33	1.17	39.46	85.79	48.01	48.09	48.0	57.47
LCMoG-LWPZ	94.0	93.67	71.50	34.17	73.33	99.75	99.08	51.07	50.66	75.14
LCMoG-CNN	95.17	92.67	82.33	72.17	85.59	100	99.67	92.61	89.95	95.56

7.5.2 单样本识别实验

标准 FERET 用于测试面部表情、老化、不均匀光照和 SSPP 条件下的识别性能。标准 FERET 中有 4 个子集：每个人有单个样本的参考子集（gallery）、面部表情子集（fb）、照明子集（fc）和两个重复子集（dup1 和 dup2）。在不同时间获得 dup1 测试图像。较难的 dup2 测试子集是 dup1 的子集；dup2 中的图像比参考子集中的图像拍摄迟了 18 个月。在该数据集中，图像被裁剪为 150×90。将本章所提出的方法与最先进的方法进行了比较，识别结果如表 7-3 所示。LCMoG-LWPZ 分别在 fb、fc、dup1 和 dup2 上的识别准确率分别为 99.68%、100%、96.54% 和 97.43%，其平均识别准确率达到 98.41%，是所有方法中识别性能最好的方法。由于多姿态训练样本不足，LCMoG-CNN 也没有表现出最佳性能。

表 7-3 标准 FERET 上的识别准确率 （单位：%）

方法	fb	fc	dup1	dup2	平均识别准确率
LBP[29]	96.90	98.45	83.93	82.48	90.44
COV-GW-RD[2]	97.99	99.48	80.74	78.21	89.11
COV-CW-LEG[5]	98.07	99.48	81.44	80.34	89.83
GW-L^{2}EMG[31]	98.07	99.48	82.13	81.19	90.22
LGBP+LGXP+LDA[32]	99.00	99.00	94.00	93.00	96.25
DFD+WPCA[33]	99.40	100.0	91.80	92.30	95.88
MDML-DCPs+WPCA[9]	99.75	100.0	96.12	95.73	97.90
CA-LBMFL[34]	99.8	100	95.3	95.3	97.6
SCBP[35]	98.9	99.0	85.2	85.0	92.03
FFC[36]	99.50	100	96.12	94.87	97.62
PCANet[24]	99.58	100	95.43	94.02	97.26
VGGFace[28]	98.74	96.39	86.28	87.61	92.26
ResNet50[11]	99.58	99.49	96.95	96.58	98.15
SENet[11]	99.33	99.49	97.22	97.00	98.26
LCMoG-CNN	85.69	86.60	52.91	46.58	67.95
LCMoG-LWPZ	99.68	100	96.54	97.43	98.41

7.5.3 大幅度姿势变化下的识别

我们的实验是在三个典型的大幅度姿势变化人脸数据集上进行的，包括两个视频数据集（CMU MoBo[37]和 YouTube[38]）和 LFW 数据集[27]。为了提高性能，将两种方法（LCMoG-CNN 和 LCMoG-LWPZ）组合用于人脸表示，表示为 LCMoG-（LWPZ+CNN）。

1. 视频数据集的实验

CMU MoBo[37]包含 24 个不同主题的 96 个视频序列，每个主题有 4 个视频序列（每个序列有大约 300 帧）在不同的步行情况下捕获。YouTube[38]是一个具有挑战性的数据集，包含 47 个主题的 1910 个视频剪辑。每个剪辑由数百个低分辨率高压缩帧组成，不同的人脸姿势出现在这些帧中。对于这两个数据集，使用了文献[39]中的图像，这些图像是从视频中检测和裁剪的。在 CMU MoBo 上，从每个人的一个剪辑中随机选择了若干帧进行训练，从剩余的剪辑中随机选择了若干帧进行测试；训练集中有 991 张人脸图像，测试集中有 5498 张人脸图像。在 YouTube 上，使用了一个片段进行训练，使用三个片段进行测试，并且在每个片段中使用了多个随机帧；训练集中有 3976 张人脸图像，测试集中有 11204 张人脸图像。所有图像大小为 20×20。YouTube 和 MoBo 中每个人有多个样本，每个人甚至有超过 100 个不同的姿势。

从 CMU MoBo 和 YouTube 中选择的几个示例图像分别显示在图 7-5（c）和（d）中。在视频监控中自动识别人脸的挑战是面部姿势和低分辨率图像的巨大变化。这些方法的识别准确率在表 7-4 中给出。LCMoG-CNN 在 CMU MoBo 与 YouTube 上分别获得了 94.02% 和 87.05%的稳健性能。LCMoG-CNN 和 LCMoG-LWPZ 与归一化操作[称为 LCMoG-（LWPZ+CNN）]的组合实现了最高的识别精度，超过了在 VGGFace2 上训练的 SENet 和 ResNet50[11]。

表 7-4　视频数据库实验结果　　　　　　　　（单位：%）

方法	CMU MoBo	YouTube
LBP[29]	85.21	81.29
LGBPHS[30]	86.74	81.29
COV-GW-RD[2]	89.23	81.86
COV-CW-LEG[5]	89.45	84.90
GW-L^{2}EMG[31]	89.38	84.86
PCANet[24]	86.34	81.98
VGGFace[28]	90.63	84.91
ResNet50[11]	95.67	93.53
SENet[11]	96.18	95.0
LCMoG-LWPZ	90.53	84.35
LCMoG-CNN	94.02	87.05
LCMoG-（LWPZ+CNN）	96.62	95.32

2. LFW 实验

LFW 数据库包含 5749 个人的 13233 张图像[27]。与 CMU MoBo 和 YouTube 不

同，LFW 中的大多数人都有少量的个人侧面面部图像，有些人甚至只有一个个人资料，这对识别方法提出了重大挑战。我们在标准验证协议上评估了本章所提出的方法，其中，所有人脸图像分为 10 层，每层包含 600 对没有身份重叠的人脸对。在 LFW 数据库上（表 7-5），LCMoG-LWPZ 的识别准确率和相等错误率（equal error rate，EER）明显地优于 LBP 和 LGBPHS（local gabor binary pattern histogram sequence）。对于变姿态人脸识别，具有更多投影 CNN 层数的 LCMoG-CNN 比具有更少层数的投影 CNN 具有更好的性能。将投影 CNN 的层数增加到 38（LCMoG-CNN-38），并在 VGGFace2[11]上对其进行训练。与 8 层的 LCMoG-CNN 相比，LCMoG-CNN-38 显著地提升了 LCMoG 的性能，实现了 86.23% 的识别准确率和 14.00% 的 EER。同时，也看到 LCMoG-(LWPZ+CNN)的识别准确率和 EER 明显地优于单独的 LCMoG-LWPZ 和 LCMoG-CNN。众所周知，ResNet50 和 SENet 等具有多个层的 DCNN 在大变化姿态条件下表现出稳健的性能。其实，这些 DCNN 的性能可以进一步提高。本章提出的方法（LCMoG）的优点是它可以很好地与 DCNN 特征集成，以进一步提高 DCNN 的识别性能。表 7-6 还显示了本章提出的方法（LCMoG）与 SENet 通过连接和归一化两种类型的特征组合的实验结果。SENet+LCMoG-CNN（SENet 与 LCMoG-CNN 结合）获得 99.38% 的识别准确率和 0.7% 的 EER，SENet+LCMoG-LWPZ 获得 99.36% 的识别准确率和 0.73% 的 EER。在表 7-6 中，将本章提出的方法（LCMoG）与 SENet 和 Light-CNN[40] 在几个典型的评估指标上进行了详细的比较。这些指标包括曲线下面积（area under curve，AUC）和 TPR@FPR[真阳性率（true positive rate，TPR）与假阳性率（false positive rate，FPR）的对比]。观察到 LCMoG-(LWPZ+CNN)、SENet 和 Light-CNN 的组合特征显著地提高了识别性能。

表 7-5 LFW 数据库实验结果 （单位：%）

方法	识别准确率	EER
LBP[29]	73.70	27.13
LGBPHS[30]	81.68	25.50
LCMoG-LWPZ	83.88	16.97
LCMoG-CNN	72.53	27.93
LCMOG-CNN-38	86.23	14.00
LCMoG-(LWPZ+CNN)	87.23	13.20
Light-CNN[40]	98.93	1.20
ResNet50[11]	96.60	3.53
SENet[11]	99.30	0.80
SENet+LBP	99.31	0.73
SENet+LCMoG-LWPZ	99.36	0.73
SENet+LCMoG-CNN	99.38	0.70
SENet+LCMoG-(LWPZ+CNN)	99.40	0.70

表 7-6　LFW 性能评估　　　　　　　　　　　　　　（单位：%）

方法	EER	TPR@FPR=0.01	TPR@FPR=0.001	TPR@FPR=0.0001	AUC
Light-CNN[40]	1.20	98.73	96.80	95.0	99.82
SENet[11]	0.80	99.40	94.10	67.40	99.93
SENet+LCMoG-（LWPZ+CNN）	0.70	99.36	92.87	74.37	99.93
SENet+Light-CNN+LCMoG-CNN	0.57	99.50	97.23	89.33	99.94
SENet+Light-CNN+LCMoG-（LWPZ+CNN）	0.53	99.53	97.16	90.73	99.94

7.6　综合分析

从上述对抗条件下的实验中，注意到基于 LBP 的方法对高斯噪声非常不敏感，因为它们依赖于局部区域中基于像素的代码。与基于 LBP 的方法相比，基于 Gabor 的方法（COV-GW-RD、COV-GW-LEG、GW-L^{2}EMG 和 LCMoG-LWPZ/LCMoG-CNN）在噪声条件下具有更稳健的性能。在基于 Gabor 的方法中，LCMoG-LWPZ 和 LCMoG-CNN 表现出最好的鲁棒识别性能。由于 LCMoG-LWPZ 采用 Log-Euclidean 和 WPCA 从 GW 域的协方差矩阵中学习区分性特征，因此与其他基于 Gabor 的协方差矩阵模型（COV-GW-RD）相比，LCMoG-WPCA 和 COV-GW-LEG 的识别性能有很大的提高。通过使用直方图在几个数据集上比较了本章提出的方法（LCMoG-LWPZ、COV-GW-RD 和 COV-GW-LEG）的识别准确率（图 7-7），可以看到使用 Log-Euclidean 和 WPCA 学习可以从本质上提高识别精度。尽管包括 PCANet、VGGFace、ResNet50 和 SENet 在内的预训练 CNN 在正常条件下具有竞争力，但它们在噪声条件下的性能明显地不如本章提出的方法。

对于 LCMoG 特征，当样本没有足够的变化姿态时，WPCA 比 PCA 更有效，这可以从图 7-8 中看出，该图显示了 WPCA 与 PCA 在 ExtYale-B 和标准 FERET 上的识别精度，两者都由每个人的几个单姿势样本组成。然而，当变化姿态样本足够多时，PCA 表现出比 WPCA 更好的性能。图 7-9 显示 WPCA 的识别性能低于 PCA 在数据集 FERET（200）、CMU MoBo 和 YouTube 上的性能。LCMoG-WPCA 使用 WPCA 来学习判别特征，并在特征匹配步骤中使用余弦距离以获得更好的性能（图 7-10）。然而，具有余弦距离的 LCMoG-WPCA 的计算成本比欧氏距离昂贵得多（图 7-11）。这表明 LCMoG-LWPZ 利用 z-score 标准化可以实现与 LCMoG-WPCA 相同的识别性能，同时大大地降低特征匹配计算成本。

第 7 章 Gabor 小波特征学习人脸识别

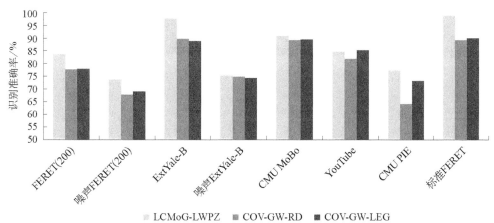

图 7-7 三种基于 Gabor 协方差矩阵方法的识别性能

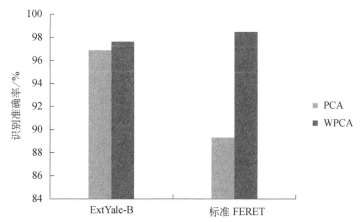

图 7-8 WPCA 和 PCA 在 ExtYale-B 和标准 FERET 数据上的识别准确率比较

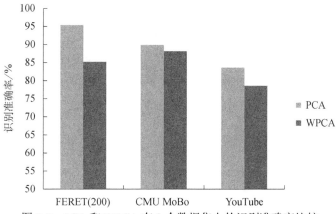

图 7-9 PCA 和 WPCA 在 3 个数据集上的识别准确率比较

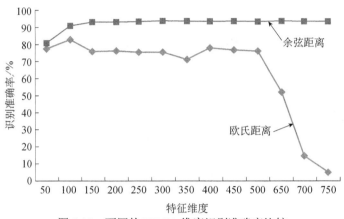

图 7-10　不同的 WPCA 维度识别准确率比较

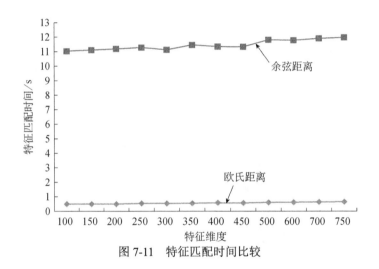

图 7-11　特征匹配时间比较

对于 LCMoG-CNN，我们使用 Gabor 的融合协方差矩阵（Fused CM），它比 Gabor 的幅度协方差矩阵（Mag CM）或单独的 Gabor 角度协方差矩阵（Ang CM）具有更好的性能。图 7-12 给出了 3 种协方差矩阵在 FERET（200）和 CMU MoBo 上的识别准确率的比较。本章提出的两种方法的特征匹配计算成本明显低于其他协方差矩阵方法（表 7-7）。本章在一台计算机上进行了测试。LCMoG-CNN 的输入大小为 160×160，特征数为 200，识别时间在 FERET（200）上为 0.580s，在 ExtYale-B 上为 0.945s。对于 LCMoG-LWPZ，FETET（200）中的特征数为 250，ExtYale-B 中的特征数为 500，在两个数据集上的识别时间分别为 0.602s 和 1.828s。

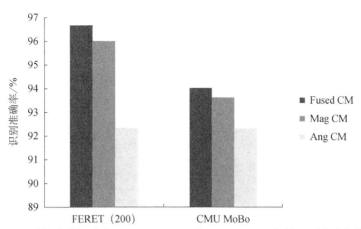

图 7-12　3 种协方差矩阵在 FERET（200）和 CMU MoBo 上的识别准确率的比较

表 7-7　在两个数据集上的特征匹配运行时间

方法	FERET（200）/s	ExtYale-B/s	维度	相似度量
LBP[29]	5.90	18.37	3304	卡方距离
LGBPHS[30]	12.35	38.59	15104	卡方距离
COV-GW-RD[2]	478.39	1505.97	16×[40×40]	黎曼距离
COV-GW-LEG[5]	17.58	54.69	16×[40×40]	弗罗贝尼乌斯（Frobenius）范数
GW-L^{2}EMG[31]	18.87	55.72	16×[41×41]	Frobenius 范数
PCANet（WPCA）[24]	12.26	38.24	600/1000	余弦距离
VGGFace（WPCA）[28]	12.06	38.59	600/1000	余弦距离
ResNet50[11]/SENet[11]	6.57	19.73	2048	欧氏距离
LCMoG-LWPZ	0.602	1.828	250/500	欧氏距离
LCMoG-CNN	0.580	0.945	200	softmax

7.7　本 章 小 结

人脸识别属于细粒度图像分类的范畴，通常是在不利条件下根据详细特征来识别人脸的。Gabor 和 LBP 等手工方法在提取正面图像的细节特征方面具有优势，而 DCNN 在侧面人脸具有良好的鲁棒性。虽然 DCNN 可以用来识别人脸的细节特征，但是人脸识别的成本也非常昂贵，因为需要更深的网络模型和更多的训练样本。因此，将手工方法与 DCNN 相结合是提高人脸识别性能的有效途径。我们提出了结合

DCNN 的 LCMoG 描述符来捕获不利条件下的人脸细节特征，并利用学习机制实现了两种人脸识别方法，如 LCMoG-CNN 和 LCMoG-LWPZ。LCMoG-LWPZ 适用于 SSPP 问题，而 LCMoG-CNN 适用于每人具有足够多姿态样本的小样本数据集。通过 LCMoG-LWPZ/LCMoG-CNN 和 SENet 的结合，人脸识别性能得到显著的提升，但仍有以下几个方面需要进一步讨论。

（1）在 LCMoG-CNN 中，使用浅层 CNN 将融合协方差矩阵变换成特征向量。应该可以使用更深的预训练网络，如 Efficientnet[41] 或 ResNet，以获得更好的性能。对于组合方法，除了用 SENet 提取特征，还需要使用 LCMoG-LWPZ/LCMoG-CNN 计算细节特征，从而增加计算成本。

（2）本章没有研究面部表情变化或分辨率变化等不利因素对 Gabor 小波变换域协方差矩阵的影响。在未来的工作中，将深入研究这个问题。

（3）在这项工作中，组合方法中只使用了 SENet 模型。在未来的工作中，将探索更高级的模型，如 ArcFace[42] 和 Visual Transformer[43]。此外，还将考虑使用高斯或 GMM 代替协方差模型以获得更好的性能。

参 考 文 献

[1] Tuzel O, Porikli F, Meer P. Region Covariance: A Fast Descriptor for Detection and Classification[M]. Berlin: Springer, 2006: 589-600.

[2] Pang Y, Yuan Y, Li X. Gabor-based region covariance matrices for face recognition[J]. IEEE Transactions on Circuits and Systems for Video Technology, 2008, 18(7): 989-993.

[3] Xu Y, Fang X, Li X, et al. Data uncertainty in face recognition[J]. IEEE Transactions on Cybernetics, 2014, 44(10): 1950-1961.

[4] Yang S, Wen Y, He L, et al. Sparse common feature representation for under sampled face recognition[J]. IEEE Internet of Things Journal, 2021, 8(7): 5607-5618.

[5] Arsigny V, Fillard P, Pennec X, et al. Geometric means in a novel vector space structure on symmetric positive-definite matrices[J]. Siam Journal on Matrix Analysis and Applications, 2011, 29(1): 328-347.

[6] Harandi M, Salzmann M, Hartley R. Dimensionality reduction on SPD manifolds: The emergence of geometry-aware methods[J]. IEEE Transactions on Pattern Analysis Machine Intelligence, 2018, 40(1): 48-62.

[7] Wen W, Wang R, Shan S, et al. Discriminative covariance oriented representation learning for face recognition with image sets[C]. IEEE Conference on Computer Vision and Pattern Recognition,

Honolulu, 2017: 5749-5758.

[8] Chai Z, Sun Z, Mendezvazquez H, et al. Gabor ordinal measures for face recognition[J]. IEEE Transactions on Information Forensics and Security, 2013, 9(1): 14-26.

[9] Ding C, Choi J, Tao D, et al. Multi-directional multi-level dual-cross patterns for robust face recognition[J]. IEEE Transactions on Pattern Analysis and Machine Intelligence, 2016, 38(3): 518-531.

[10] Lalitha S D, Thyagharajan K K. Micro-facial expression recognition based on deep-rooted learning algorithm[J]. International Journal of Computational Intelligence Systems, 2019, 12(2): 903-913.

[11] Cao Q, Shen L, Xie W, et al. VGGFace2: A dataset for recognising faces across pose and age[C]. IEEE International Conference on Automatic Face and Gesture Recognition, Xi'an, 2018: 67-74.

[12] Vishwakarma V P, Dalal S. A novel non-linear modifier for adaptive illumination normalization for robust face recognition[J]. Multimedia Tools and Applications, 2020, 79(6): 1-27.

[13] Felippe P G, Chidambaram C, Stubs P R. A face recognition framework based on a pool of techniques and differential evolution[J]. Information Sciences, 2021, 543(1): 219-241.

[14] Chen J, Chen J, Wang Z, et al. Identity-aware face super-resolution for low-resolution face recognition[J]. IEEE Signal Processing Letters, 2020, 27(4): 645-649.

[15] Ge S, Zhao S, Li C, et al. Efficient low-resolution face recognition via bridge distillation[J]. IEEE Transactions on Image Processing, 2020, 29(5): 6898-6908.

[16] Lin S, Zhang J, Pan J, et al. Learning to deblur face images via sketch synthesis[C]. AAAI Conference on Artificial Intelligence, New York, 2020: 11523-11530.

[17] Qin F, Fang S, Wang L, et al. Kernel learning for blind image recovery from motion blur[J]. Multimedia Tools and Applications, 2020, 79(5): 21873-21887.

[18] Yun J U, Jo B, Park I K. Joint face super-resolution and deblurring using generative adversarial network[J]. IEEE Access, 2020(8): 159661-159671.

[19] Yu Y F, Dai D Q, Ren C X, et al. Discriminative multi-scale sparse coding for single-sample face recognition with occlusion[J]. Pattern Recognition, 2017, 66(6): 302-312.

[20] Guo Y, Jiao L, Wang S, et al. Fuzzy sparse autoencoder framework for single image per person face recognition[J]. IEEE Transactions on Cybernetics, 2018, 48(8): 2402-2415.

[21] Ding C, Tao D. Trunk-branch ensemble convolutional neural networks for video-based face recognition[J]. IEEE Transactions on Pattern Analysis and Machine Intelligence, 2018, 40(4): 1002-1014.

[22] Li C, Huang Y, Xue Y. Dependence structure of Gabor wavelets based on Copula for face recognition[J]. Expert Systems with Applications, 2019, 137: 453-470.

[23] Ylioinas J, Kannala J, Hadid A, et al. Face recognition using smoothed high-dimensional representation[C]. Scandinavian Conference on Image Analysis, Copenhagen, 2015: 516-529.

[24] Chan T H, Jia K, Gao S, et al. PCANet: A simple deep learning baseline for image classification?[J]. IEEE Transactions on Image Processing, 2015, 24(12): 5017-5032.

[25] Phillips P J, Moon H. The FERET evaluation methodology for face-recognition algorithms[J]. IEEE Transactions on Pattern Analysis and Machine Intelligence, 2000, 22(10): 1090-1104.

[26] Lee K, Ho J, Kriegman D J. Acquiring linear subspaces for face recognition under variable lighting[J]. IEEE Transactions on Pattern Analysis and Machine Intelligence, 2005, 27(5): 684-698.

[27] Huang G B, Mattar M, Berg T, et al. Labeled faces in the wild: A database for studying face recognition in unconstrained environments[C]. Workshop on Faces in 'Real-Life' Images: Detection, Alignment, and Recognition, Marseille, 2008: 1-16.

[28] Parkhi O M, Vedaldi A, Zisserman A. Deep face recognition[C]. British Machine Vision Conference, Swansea, 2015: 1-12.

[29] Ahonen T, Hadid A, Pietikainen M. Face description with local binary patterns: Application to face recognition[J]. IEEE Transactions on Pattern Analysis and Machine Intelligence, 2006, 28(12): 2037-2041.

[30] Zhang W, Shan S, Wen G, et al. Local Gabor binary pattern histogram sequence(LGBPHS): A novel non-statistical model for face representation and recognition[C]. IEEE International Conference on Computer Vision, Beijing, 2005: 786-791.

[31] Li P H, Wang Q L, Zeng H, et al. Local Log-Euclidean multivariate gaussian descriptor and its application to image classification[J]. IEEE Transactions on Pattern Analysis and Machine Intelligence, 2016, 39(4): 803-817.

[32] Xie S, Shan S, Chen X, et al. Fusing local patterns of Gabor magnitude and phase for face recognition[J]. IEEE Transactions on Image Processing, 2010, 19(5): 1349-1361.

[33] Lei Z, Pietikainen M, Li S Z. Learning discriminant face descriptor[J]. IEEE Transactions on Pattern Analysis and Machine Intelligence, 2014, 36(2): 289-302.

[34] Duan Y, Lu J, Feng J, et al. Context-aware local binary feature learning for face recognition[J]. IEEE Transactions on Pattern Analysis and Machine Intelligence, 2018, 40(5): 1139-1153.

[35] Deng W, Hu J, Guo J. Compressive binary patterns: Designing a robust binary face descriptor with random-field eigenfilters[J]. IEEE Transactions on Pattern Analysis and Machine Intelligence, 2019, 41(3): 758-767.

[36] Low C Y, Teoh A, Ng C J. Multi-fold Gabor, PCA and ICA filter convolution descriptor for face recognition[J]. IEEE Transactions on Circuits and Systems for Video Technology, 2019, 29(1): 115-129.

[37] Gross R, Shi J. The CMU motion of body(MoBo)database[R/OL]. [2015-03-01]. https://www.ri.cmu.edu/pub_files/pub3/gross_ralph_2001_3/gross_ralph_2001_3 pdf.

[38] Kim M, Kumar S, Pavlovic V, et al. Face tracking and recognition with visual constraints in

real-world videos[C]. IEEE Conference on Computer Vision and Pattern Recognition, Anchorage, 2008: 1-8.

[39] Davis L S. Covariance discriminative learning: A natural and efficient approach to image set classification[C]. IEEE Conference on Computer Vision and Pattern Recognition, Providence, 2012: 2496-2503.

[40] Xiang W, Ran H, Sun Z, et al. A light CNN for deep face representation with noisy labels[J]. IEEE Transactions on Information Forensics and Security, 2018, 13(11): 2884-2896.

[41] Tan M, Le Q V. EfficientNet: Rethinking model scaling for convolutional neural networks[C]. International Conference on Machine Learning, Long Beach, 2019: 6105-6114.

[42] Deng J, Guo J, Xue N, et al. ArcFace: Additive angular margin loss for deep face recognition[C]. IEEE Conference on Computer Vision and Pattern Recognition, Long Beach, 2019: 4690-4699.

[43] Dosovitskiy A, Beyer L, Kolesnikov A, et al. An image is worth 16×16 words: Transformers for image recognition at scale[C]. International Conference on Learning Representations, Virtual Event, 2021: 1-21.

第8章　Gabor 变换域高斯嵌入与深度网络融合人脸识别

本章提出一种通过使用学习性的 Gabor 对数欧氏高斯白化主成分分析（learning Gabor Log-Euclidean Gaussian with whitening principal component analysis，LGLG-WPCA）方法。该方法在 Gabor 小波变换域中从多元高斯中提取原始特征，并使用 WPCA 获得鲁棒特征。因为高斯空间是黎曼流形，所以很难将学习机制融入模型中。为了解决这个问题，Log-Euclidean 方法将多元高斯嵌入到线性空间中，然后使用 WPCA 来学习具有区别性的人脸特征。LGLG-WPCA 擅长提取人脸图像的细节特征。此外，LGLG（learning Gabor Log-Euclidean Gaussian）的另一个突出优势是其特征可以有效地与深度学习网络的高级特征相结合，在更复杂的环境中进行人脸识别。本章提出基于自注意力网络（self-attention network，SAN）的人脸识别特征融合方法，并对包括 SENet 和 FaceNet 在内的先进的深度网络实现明显的性能提升。实验表明，该方法在姿态变化、皮肤老化和光照不均匀等不利条件下具有鲁棒性，适用于复杂环境下小规模数据集下的人脸图像识别，如基于网络或基于视频的搜索或跟踪。

8.1　概　　述

由于潜在的应用价值，人脸识别一直是机器视觉领域的研究热点，如身份认证、门禁系统、在线交易等。然而，不利因素对人脸自动识别提出了很大的挑战。这些不利因素包括图像噪声、低分辨率图像、不均匀的照明、变化的姿势、皮肤老化、面部表情和面部遮挡。在这些因素中，不均匀的照明、面部遮挡和变化的姿势最容易发生在不受约束的环境中[1]。对于人脸识别，光照不均匀的影响可以通过简单高效的预处理链等传统图像处理技术来抵消[2]。面部遮挡和姿势变化比不均匀照明更困难，因为传统的图像处理方法无法对受损图像进行校正或重建高保真人脸图像[3]。一般来说,针对不利因素的人脸识别方法分为以下两类。

(1)直接特征提取。人脸特征是使用深度卷积神经网络(DCNN)直接从人脸图像中计算出来的,如 DeepID[4]、FaceNet[5]、VGGFace[6]和 PCANet[7]。这些方法使用大量样本来适应不同姿势、表情和光照条件下的人脸识别。

(2)基于预处理的特征提取方法(图 8-1),这是大多数人脸识别方法采用的方案。在基于预处理的方法中,预处理步骤首先用于去除或抵消噪声和变化姿势等不利因素,然后使用纹理特征提取描述符[如 LBP[8]、LTP[2]、SIFT[9]、HOG(histogram of oriented gradient,方向梯度直方图)[10]和 Gabor[11]]或 DCNN 用于产生面部特征。

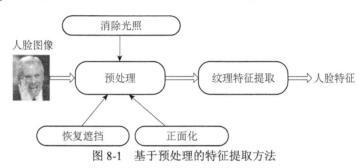

图 8-1 基于预处理的特征提取方法

3D 人脸识别是人脸识别技术的另一个分支。3D 面部图像本身包含人脸的空间形状信息,受外界因素影响较小。与 2D 图像相比,3D 图像承载了更多信息。它需要特殊的设备来捕捉 3D 图像,如 RGB-D 相机。RGB-D 的一个优点是增加了人脸的空间形状信息。用户可以直接设计基于 RGB-D[12]的人脸识别模型。RGB-D 相机得到的图像可以转化为点云图像,是 3D 人脸识别的主流数据。早期的方法没有考虑 3D 空间中的纹理等面部特征,而是直接使用迭代最近点(iterative closest point,ICP)等方法来匹配点云图像[13]。与 2D 人脸识别一样,3D 人脸识别目前已全面转化为深度学习模型。文献[14]将深度卷积神经网络应用于 3D 人脸识别,主要思想是利用 3D 变形模型(3D morphable model,3DMM)将深度图拟合成 3D 人脸模型,实现深度数据放大,最后对数据进行增强(如随机遮挡和位姿变换)并发送到 DCNN 人脸识别网络。文献[15]实现了百万人脸数据的创建,提出了人脸识别网络 FR3DNet,最终在现有的公共数据集上进行了测试。

近年来,针对最常见和最困难的大变位问题,已经开发了一些基于生成对抗网络(generative adversarial networks,GAN)的预处理方法。例如,DeepFace[16]使用 3D 来对齐人脸;TP-GAN[17]使用 GAN[18]来校正人脸图像,使用 Light-CNN[19]进行人脸识别;高保真度的姿态不变模型(high fidelity pose invariant model,HF-PIM)[20]结合 GAN 和 3DMM[21]对人脸进行正面化,然后使用 Light-CNN 提取人脸特征;DR-GAN(distortion rectification generative adversarial network)[22]训练编码器-解码器网络,同时使用 GAN 对人脸进行正面处理。使用 3DMM 或 GAN 可以恢复大变化的姿势或遮挡。然而,基于 3DMM 或 GAN 的方法无法对小的变化表情或变化姿势进行校正，并且与真实图像相比，校正后的图像会产生或多或少的偏差。GAN生成的人脸图像存在一些常见的系统缺陷，阻碍了它们实现逼真的图像合成[23]。文献[24]介绍了一种从野外单视图图像中重建具有高保真纹理的3D面部形状的方法。主要思想是利用输入图像中的面部细节细化由基于3DMM的方法生成的初始纹理，然后使用图卷积网络（graph convolutional network，GCN）重建网格顶点的颜色信息。

  本章提出一种用于人脸识别的基于预处理的纹理特征提取方法（称为LGLG-WPCA）。LGLG-WPCA在Gabor小波域上使用多维高斯模型提取人脸特征；它是一个很好的纹理特征描述符，对噪声不敏感，对小的变化姿势和表情也很健壮。以前的方法[25,26]是通过构造协方差矩阵来表示图像的，这些方法忽略了Gabor小波子带的平均信息。多维高斯模型是协方差矩阵的扩展，它比协方差矩阵包含更多的信息。然而，协方差矩阵和多维高斯模型都属于黎曼流形。在黎曼空间中计算两个基于协方差矩阵的模型之间的相似度时，计算成本远高于欧氏空间中两个向量之间的计算成本；此外，很难结合学习方法来提高黎曼空间中模型的性能。为了降低计算成本并提高性能，使用L^2EMG（local Log-Euclidean multivariate Gaussian，局部对数欧氏多元高斯）[27]将多元高斯模型嵌入到线性空间中，并使用白化主成分分析（WPCA）从嵌入的高斯模型中学习具有区分性的人脸特征。

  总之，这项工作有以下3个贡献。

（1）L^2EMG描述符在Gabor小波变换域中实现人脸特征提取，称为LGLG-WPCA，可以有效地提取人脸的细节纹理信息。WPCA学习方法用于获取人脸图像的鲁棒性特征，不仅显著地增强了所提方法的鲁棒性，而且减少了特征匹配的运行时间。在LGLG-WPCA中，本章引入几种有用的方法来保证算法的性能，如矩阵的向量化、向量的z-score中心化。

（2）LGLG-WPCA提取的特征是对DCNN特征的有效补充，显著地提高了DCNN的性能。实验还表明，LGLG-WPCA和DCNN特征的同时训练可以使训练过程更加鲁棒，并且可以显著地减少训练时间。

（3）通常图像之间存在很大的相关性，因此图像特征之间可能存在相关性，自注意力可以捕捉到这种相关性并进行二次特征提取。本章提出用SAN来捕捉这种相关性以进行人脸识别。SAN可以很好地集成LGLG和深度卷积神经网络特征，例如，SENet[28]和FaceNet[29]。

8.2 相关工作

  Gabor小波是计算机视觉领域一个有用的纹理提取工具。基于Gabor小波的人脸

第 8 章　Gabor 变换域高斯嵌入与深度网络融合人脸识别

识别方法已被广泛地报道[30-35]。由于 Gabor 小波是一种非常冗余的变换，研究人员使用主成分分析（PCA）或线性判别分析（LDA）来压缩 Gabor 子带。例如，Gabor-Fisher 分类器[29,32]应用 Fisher 线性判别式从图像人脸产生的 Gabor 小波子带中获得具有区分性的人脸特征；基于 Gabor 小波的核主成分分析（kernel principal component analysis，KPCA）[36]使用 KPCA 来压缩 Gabor 小波子带。一些研究人员[33]使用 LBP 对 Gabor 子带进行编码，然后获得人脸特征。Gabor 小波子带的均值和标准差（Gabor 特征）是图像的判别信息，可以作为图像特征；然而，由均值和标准差组成的低维特征很难区分不同的人脸，这些人脸类间高度相似，类内差异很大。与均值和标准差相比，协方差矩阵是增强标准差特征的有效度量。给定 Gabor 小波子带数量为 d，均值和标准差特征的维数为 $2d$，而协方差矩阵特征的大小为 $d \times d$，协方差矩阵的不同值为 $(d^2 + d)/2$。协方差矩阵比均值和标准差组成的特征包含更多的判别信息。因此，在 Gabor 小波域上构建基于协方差矩阵的模型效率更高。

协方差矩阵已广泛地用于图像表示[25,37-41]。Pang 等[25]提出了一种基于协方差矩阵的方法来模拟 Gabor 子带，在他们的工作中，像素位置和 Gabor 特征都被用来构建协方差矩阵。Tuzel 等[37]将图像的每个像素映射到 5 维特征空间（强度、强度的一阶和二阶导数的范数），并使用协方差矩阵对这些特征进行建模。Wen 等[40]使用协方差矩阵来识别人脸图像。最近，协方差矩阵甚至被引入深度学习网络[42,43]。因为协方差矩阵是黎曼流形，所以不能直接用欧氏距离作为协方差矩阵的度量。大多数现有的基于协方差矩阵的方法使用黎曼距离（RD）[37]作为协方差矩阵的度量。给定两个协方差矩阵 Σ_1 和 Σ_2，黎曼距离定义为

$$\mathrm{RD}(\Sigma_1, \Sigma_2) = \sqrt{\sum_{i=1}^{d} \ln \lambda_i^2(\Sigma_1, \Sigma_2)} \quad (8\text{-}1)$$

式中，$\lambda_i(\Sigma_1, \Sigma_2)_{i=1,\cdots,d}$ 是 Σ_1 和 Σ_2 的广义特征值。特征匹配步骤中黎曼距离的计算成本很高，为了解决这个问题，研究人员开发了一种将协方差矩阵转换为线性空间的方法，称为对数欧氏距离（LED）[44,45]。LED 可以表示为

$$\mathrm{LED}(\Sigma_1, \Sigma_2) = \| \log(\Sigma_1) - \log(\mathrm{Sigma}_2) \|_F \quad (8\text{-}2)$$

式中，log 为矩阵对数运算符；$\|\cdot\|_F$ 表示矩阵 Frobenius 范数（matrix Frobenius norm，MFN）。此外，Minh 等[39]提供了协方差算子与图像分类之间的 Log-Hilbert-Schmidt（Log-HS）距离的有限维近似。

协方差矩阵是多元高斯分布的特例，其参数由均值向量 μ 和协方差矩阵 Σ 组成。与协方差矩阵类似，高斯空间 $N(n)$ 不是线性空间而是黎曼流形，并且在高斯空间 $N(n)$ 上不存在封闭形式的测地线距离。因此，寻找一种有效的高斯嵌入方法是值得研究的。例如，Gong 等[46]将高斯嵌入到仿射群中；Calvo 和 Oller[47]将高斯分布视为

对称正定（symmetric positive definite，SPD）矩阵，并使用 Siegel 群将高斯分布嵌入到黎曼对称空间中。详细描述和分析见 8.4 节。

Kullback-Leibler（KL）散度[48]是评估高斯分布之间相似性的另一种方法。给定两个高斯分布 $N(\mu_1,\Sigma_1)$ 和 $N(\mu_2,\Sigma_2)$，KL 散度表达式为

$$\mathrm{dis}(N_1,N_2)=\frac{1}{2}\left[\log\frac{\Sigma_1}{\Sigma_2}+\mathrm{tr}(\Sigma_2^{-1}\Sigma_1)-d+(\mu_1-\mu_2)^\mathrm{T}\Sigma^{-1}(\mu_1-\mu_2)\right] \quad (8\text{-}3)$$

式中，d 是协方差矩阵的行数（列）；$\mathrm{tr}(\cdot)$ 表示矩阵的轨迹。KL 散度的缺点是计算成本相对昂贵。

包括基于协方差的方法和高斯分布在内的多元统计模型有两个缺点：①由于复杂的矩阵运算，在黎曼空间中测度的计算与在欧氏空间中的计算相比是耗时的；②很难利用机器学习方法来提高模型的性能。最近业内已经提出了一些方法来解决这些问题。例如，Harandi 等[49]使用正交投影模型将高维流形投影到低维向量。Wen 等[40]开发了一种面向判别协方差的学习表示框架来处理面部识别。与上述方法不同，本章所提方法可以有效地描述人脸图像的纹理细节信息，并且对面部表情等小变化具有鲁棒性。

8.3　Gabor 小波

Gabor 小波是一个有用的图像分析工具。它被定义为使用一组 Gabor 滤波器对图像进行卷积。2D Gabor 滤波器是高斯函数和复指数函数的乘积，表示为[25-30]

$$\psi_{u,v}(z)=\frac{\left\|k_{u,v}\right\|^2}{\sigma^2}\mathrm{e}^{-\frac{\|k_{u,v}\|^2\|z\|^2}{2\sigma^2}}\left(\mathrm{e}^{\mathrm{i}k_{u,v}\cdot z}-\mathrm{e}^{-\frac{\sigma^2}{2}}\right) \quad (8\text{-}4)$$

式中，$z=(x,y)$；u 与 v 定义了 Gabor 滤波器的方向和尺度（因此，$\psi_{u,v}$ 称为 Gabor 小波）；$\|\cdot\|$ 表示范数算子；$k_{u,v}$ 是具有以下表达式的波矢量：

$$k_{u,v}=k_v\mathrm{e}^{\mathrm{i}\psi_u} \quad (8\text{-}5)$$

其中，$k_v=k_{\max}/f^v$，$k_{\max}$ 为最大频率，f 为频域中内核之间的间距因子；$\psi_u=\dfrac{\pi u}{8}$。在这项工作中设 $f=\sqrt{2}$ 并且集合 $u\in(1,2,\cdots,U)$ 和集合 $v\in(1,2,\cdots,V)$，其中，U 与 V 是方向和比例的最大数量。给定图像上执行 Gabor 小波的 U 方向和 V 尺度，将产生 $U\times V$ 响应（子带）。Gabor 小波的子带是复数，本节使用子带的幅值。图 8-2 显示了 Gabor 小波的 8 个方向和 4 个尺度分解。

第 8 章 Gabor 变换域高斯嵌入与深度网络融合人脸识别

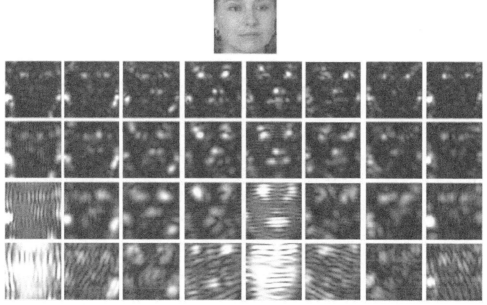

图 8-2 Gabor 小波分解

8.4 线性空间中的高斯嵌入和向量化

N 维高斯分布 $N(\Sigma,U)$ 不是线性空间而是流形。因此，将高斯空间转换为线性空间的目的是方便使用欧氏空间的度量来计算两个高斯模型的相似度。如上所述，有几种方法可以将高斯嵌入到线性空间中。Gong 等[46]提出基于李群（Lie group）理论的方法并将高斯嵌入到仿射群中，记为

$$A = \begin{pmatrix} l & \mu \\ 0 & 1 \end{pmatrix} \tag{8-6}$$

式中，l 是高斯协方差矩阵 Σ 的 Cholesky 分解，将黎曼度量用作两个高斯模型之间的距离：

$$d(N_1, N_2) = \left\| \log(A_1^{-1} A_2) \right\|_F \tag{8-7}$$

Calvo 和 Oller[47]构造了一个对称正定（SPD）矩阵，并使用 Siegel 群将高斯分布嵌入到黎曼对称空间中；由高斯分布 $N(\mu,\Sigma)$ 构造的 SPD 矩阵为

$$A = |\Sigma|^{\alpha} \begin{pmatrix} \Sigma + \beta\eta^2 \mu\mu^T & \beta\eta\mu \\ \beta\eta\mu^T & \beta \end{pmatrix} \tag{8-8}$$

式中，$\alpha, \eta \in \mathbf{R}$，$\beta \in \mathbf{R}^+$（正实数域）。同样，从高斯分布的参数来看，Lovric 等[50]创建一个黎曼对称矩阵：

$$|\Sigma|^{-2/(n+1)} \begin{bmatrix} \Sigma + \mu\mu^T & \mu \\ \mu^T & 1 \end{bmatrix} \quad (8\text{-}9)$$

并将式（8-7）作为对称矩阵的度量（表示两个高斯分布之间的距离）。

将高斯分布嵌入线性空间有两个关键任务：①从高斯参数 Σ 和 μ 构造满足某些代数性质的适当矩阵，如 SPD 或群（如李群[27]或黎曼对称空间[50]）；②找到或设计一个函数（操作），将矩阵变换为线性空间中的另一个矩阵。Li 等[27]利用李群将多元高斯分布嵌入欧氏空间（线性空间），称为 L²EMG。接下来，将详细地介绍这种嵌入方法。

X 的指数用 $\exp(X)$ 表示，是由以下幂级数给出的矩阵：

$$M = \exp(X) = \sum_{k=0}^{\infty} \frac{X}{k!} \quad (8\text{-}10)$$

X 可以通过使用 $\exp$ 的逆从 M 恢复：

$$\log(M) = X \quad (8\text{-}11)$$

我们知道 $\exp$ 及其逆对数是 $\mathbf{R}$ 上的平滑函数。令 S、S_1、$S_2 \in \mathbf{R}^+$，两个对数运算定义为

$$\begin{cases} \otimes : S_1 \otimes S_2 := \exp(\log(S_1) + \log(S_2)) \\ \odot : \lambda \odot S := \exp(\lambda \log(S)) = S^\lambda \end{cases} \quad (8\text{-}12)$$

在操作 $\otimes$ 下，$\mathbf{R}^+$ 是一个交换李群，$\log$ 是李群同构。这意味着通过对数，李群中的乘法转换为加法线性空间：$\log(S_1 \otimes S_2) = \log(S_1) + \log(S_2)$。

构建矩阵以将高斯嵌入线性空间是关键任务。首先，L²EMG 定义了以下矩阵组：

$$A^+(n+1) = \left\{ A_{Y,x} = \begin{bmatrix} Y & x \\ 0^T & 1 \end{bmatrix} \middle| Y \subseteq \text{PDUT}(n), x \subseteq \mathbf{R} \right\} \quad (8\text{-}13)$$

式中，PDUT(n) 表示包含有对角元素的 n 阶上三角矩阵组。可以证明 $A^+(n+1)$ 是一个交换李群，在操作 $\otimes$ 和 $\odot$ 下，$A^+(n+1)$ 是一个线性空间。嵌入过程基于等式执行。令 $Y = L^{-T}$（其中，$\Sigma = L^{-T}L^{-1}$）且 $\chi = \mu$，那么，有

$$A_{Y,x} \Rightarrow A_{L^{-T},\mu} = \begin{bmatrix} L^{-T} & \mu \\ 0^T & 1 \end{bmatrix} \quad (8\text{-}14)$$

式（8-14）称为直接嵌入，对数运算是 $A_{L^{-T},\mu}$，μ 上的李群同构，并且 $\log(A_1) \otimes \log(A_2) = \log(A_1) + \log(A_2)$。

此外，$\log$ 也是 $A(A = P_L O)$ 的左极分解矩阵 P_L 上的李群同构，其中，$P_L \subseteq \text{SPD}$，O 为正交矩阵。P_L 可以通过以下推导得到

$$P_L^2 = A \times A^T = \begin{bmatrix} L^{-T} & \mu \\ 0^T & 1 \end{bmatrix} \times \begin{bmatrix} L^{-T} & \mu \\ 0^T & 1 \end{bmatrix}^T$$
$$= \begin{bmatrix} L^{-T} & \mu \\ 0^T & 1 \end{bmatrix} \times \begin{bmatrix} L^{-1} & \mu^T \\ 0 & 1 \end{bmatrix} = \begin{bmatrix} \Sigma + \mu\mu^T & \mu \\ \mu^T & 1 \end{bmatrix} \quad (8-15)$$

类似地，A（$A = P_R O$，其中，$P_R \subseteq SPD$）的右极分解矩阵 P_R 由式（8-16）推导

$$P_R^2 = A \times A^T = \begin{bmatrix} L^{-T} & \mu \\ 0^T & 1 \end{bmatrix}^T \times \begin{bmatrix} L^{-T} & \mu \\ 0^T & 1 \end{bmatrix}$$
$$= \begin{bmatrix} L^{-1} & \mu^T \\ 0 & 1 \end{bmatrix} \times \begin{bmatrix} L^{-T} & \mu \\ 0^T & 1 \end{bmatrix} = \begin{bmatrix} L^{-1}L^{-T} & L^{-1}\mu \\ \mu^T L^{-T} & \mu^T \mu + 1 \end{bmatrix} \quad (8-16)$$

高斯欧氏空间的三种嵌入形式表示为

$$\begin{aligned} B &= \log(A_{L^{-T},\mu}) \\ B &= \log(P_L) \\ B &= \log(P_R) \end{aligned} \quad (8-17)$$

3 个嵌入公式的计算复杂度为 $O(28(n+1)^3)$，MATLAB 函数为 logm。与 $\log(P_L)$ 相比，$\log(A_{L^{-T},\mu})$ 和 $\log(P_R)$ 需要额外的计算成本来使用 Cholesky 分解计算 L^{-T} 或 L^{-1}。两个高斯模型的相似性可以表示为

$$d(N_1, N_2) = \|B_1 - B_2\|_F \quad (8-18)$$

式中，$\|\cdot\|_F$ 表示矩阵 Frobenius 范数：给定 $M = [m_{i,j}]_{n \times n}$，$\|M\|_F = \sqrt{\sum_{i=1}^{n}\sum_{j=1}^{n} m_{i,j}^2}$。

我们观察到式（8-14）与文献[45]的形式相似；不同之处在于嵌入矩阵 A 的第一个元素是 L^{-T} 而不是 L。矩阵 P_L 是式（8-8）的特例[47]。当 $\alpha=0$ 和 $\eta=\beta=1$ 时。L^2EMG 的一个显著优势在于，它首先计算嵌入矩阵的对数值[式（8-17）]，然后在线性空间中计算相似度，而不是采用式（8-7）中使用的黎曼度量来计算两个高斯模型的相似度。可以证明，在操作 $\otimes$ 和 $\odot$ 下，式（8-18）和式（8-7）是等价的。证明如下：

$$\begin{aligned} d(M_1, M_2) &= \|\log(M_1^{-1} M_2)\|_F \\ &= \|-\log(M_1) + \log(M_2)\|_F \\ &= \|\log(M_2) - \log(M_1)\|_F \\ &= \|B_1 - B_2\|_F \end{aligned} \quad (8-19)$$

使用式（8-18）的优势是它可以将矩阵乘法转换为矩阵线性运算，大大降低了计算两个高斯模型相似度时的计算成本。

考虑到式（8-17）仍然是矩阵形式，不利于使用欧氏空间学习方法来提高模型的性能，所以将其转换为向量。例如，对于 $\log(A_{L^{-T},\mu})$，向量通过以下变换得到

$$F = \text{vec}(\log(A_{L^{-T},\mu})) \tag{8-20}$$

式中，符号 vec(·) 表示矩阵的向量化操作。

8.5　LGLG 人脸识别

在本章所提出的方法中，Gabor 小波用于提取人脸的纹理特征。当使用 Gabor 对图像进行分解时，会产生数十个 Gabor 子带，每个子带的大小与原始图像相同。如何从这些子带中提取鲁棒的人脸特征是一个值得探讨的问题。以前的工作使用协方差矩阵来捕获子带[25]。然而，协方差矩阵忽略了子带的均值信息。本章所提出的方法 LGLG 使用包含协方差和均值的多元高斯模型对子带进行建模。LGLG 中有两个关键步骤。第一步是使用 GLG（Gabor Log-Euclidean Gaussian）来提取局部特征；第二步是 GLG 特征学习。

8.5.1　使用 GLG 提取局部特征

在人脸分块上构造 GLG 的详细方案如图 8-3 所示。

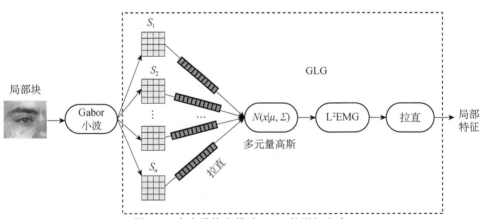

图 8-3　在人脸块上构造 GLG 的详细方案

首先使用 Gabor 小波分解人脸图像的局部块，并将 Gabor 小波分解后的每个幅度子带向量化为一维向量，表示为 $x = \{x_1, x_2, \cdots, x_L\}$，其中，$L$ 是 x 的长度。如果执行 U 方向和 V 尺度分解，那么将产生 N 维（$P = U \times V$）向量。然后从子带产生的所有向量被格式化为以下矩阵：

$$X = [x_1, x_2, \cdots, x_N] \tag{8-21}$$

如果把 X 看作一个随机向量的观察矩阵，矩阵的每一列对应一个随机变量的观察，那么 X 近似为高斯分布[51]。可以使用最大似然估计（maximum likelihood estimation，MLE）计算 X 上高斯的参数协方差矩阵 Σ 和均值 μ。

$$\mu = \frac{1}{N}\sum_{k=1}^{N} x_k \qquad (8\text{-}22)$$

$$\Sigma = \frac{1}{N}\sum_{k=1}^{N}(x_k - \mu)(x_k - \mu)^{\mathrm{T}} \qquad (8\text{-}23)$$

8.5.2 GLG 特征学习

1. WPCA 特征学习

使用 GLG 后，生成局部特征，将所有局部特征组合起来，得到整个人脸特征；我们进一步使用 WPCA 从整个人脸特征中获取判别特征，称为 LGLG-WPCA。在 LGLG-WPCA 中，使用了三种预处理方法（Gamma 校正、高斯滤波器差分和对比度归一化）用于对抗光照变化的影响[2]。在提取人脸特征之前，将图像划分为 $m \times n$ 个局部正方形块，并将 GLG 应用于 $L(L = m \times n)$ 个块对应的特征向量，分别用 $F_1, F_2, \cdots, F_L$ 表示。将图像中局部正方形块的特征向量 F_i 拼接成一个高维向量 F，利用 WPCA 将高维向量投影成一个低维特征向量。LGLG-WPCA 的人脸识别流程图如图 8-4 所示。

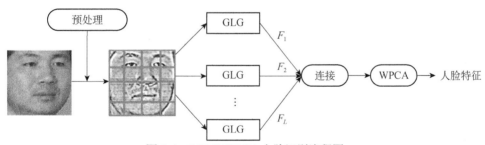

图 8-4 LGLG-WPCA 人脸识别流程图

在 PCA 算法中，它使用矩阵 U 将高维特征向量投影到低维特征向量。PCA 中 U 的列由从训练数据计算得出的协方差矩阵的特征向量组成。区分状态较好的低维特征表示如下：

$$y = U^{\mathrm{T}} x \qquad (8\text{-}24)$$

对于 WPCA，投影变换可以表示为

$$y = \left(UD^{-\frac{1}{2}}\right)^{\mathrm{T}} x \qquad (8\text{-}25)$$

式中，$D = \mathrm{diag}\{\lambda_1, \lambda_2, \cdots\}$，$D$ 是对角矩阵，λ_i 是协方差矩阵的特征值，$i = 1, 2, \cdots$。

可以看出，WPCA 中的每个主成分都是通过除以对应特征值（标准差）的平方根来归一化的。与 PCA 相比，WPCA 在人脸识别方面更有效。PCA 的缺点是当协方差矩阵的特征值接近于零时，它的性能可能会下降，因为它会在特征匹配中过度放大小特征值对 $D^{-\frac{1}{2}}$ 项的影响。为了解决这个问题，使用 z-score 标准化对 WPCA 功能进行标准化，表示为

$$z = \frac{y - \text{MEAN}(y)}{\text{STD}(y)} \tag{8-26}$$

式中，MEAN（y）与 STD（y）分别表示 y 的平均值和标准差。在识别阶段，使用标准欧氏距离作为两张人脸图像之间的相似度。

此外，LGLG 用于以人脸关键点为中心的局部区域特征提取，称为 LGLG（KP）-WPCA。图 8-5 显示了 LGLG（KP）-WPCA 的流程图。在 LGLG（KP）-WPCA 中，SMD（supervised descent method）[52]用于检测关键点（它可以在人脸图像上产生 49 个关键点），并选择了 21 个关键点。在每个关键点中，其周围的局部方块被复制，并且在每个方块中，LGLG 被用来提取局部特征 F_i。与 LGLG-WPCA 类似，将所有局部特征 F_i（其中 $i=1,2,\cdots,L$）拼接成一个高维特征向量，并使用 WPCA 将高维特征向量压缩成判别低维特征向量。

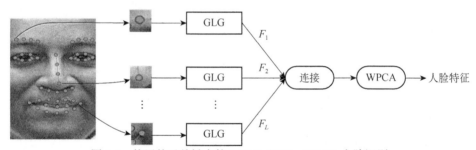

图 8-5 使用基于关键点的 LGLG（KP）-WPCA 人脸识别

LGLG-WPCA/LGLG（KP）-WPCA 算法有以下计算模块：Gabor 分解、计算 L^2EMG、进行 WPCA 变换。使用基于重叠相加（overlap-and-add，OaA）的快速傅里叶变换（fast Fourier transform，FFT）来实现 Gabor 分解。输入图像 I 大小为 $N \times N$，Gabor 核大小为 $n \times n$。输入 I 和 Gabor 核的复杂度为 $O(N^2 \log_2 n)$。L^2EMG 的计算开销由计算高斯协方差矩阵 R 和均值 μ，以及从局部 Gabor 滤波块计算 $\log(A_{L^{-\top},\mu})$ 组成。给定 U 方向数和 V 尺度数的 Gabor 分解（子带数为 $s = U \times V$），将图像划分为 b 个块，块的大小为 $m \times m$。在 Gabor 子带上计算高斯参数 R 和 μ 的复杂度为 $O(s^2 m^3)$，$\log(A_{L^{-\top},\mu})$ 的复杂度为 $O(5(n+1)^3)$。因此，L^2EMG 的计算复杂度为 $O(b(s^2 m^3 + 5(n+1)^3))$。给定 k 个数据点，每个数据点用 $p(p = bs^2)$ 个特征表示，WPCA

的复杂度为 $O(kp^2+p^3)$。总的来说，LGLG-WPCA/LGLG（KP）-WPCA 的复杂度为 $O(N^2\log_2 n + b(s^2m^3 + 5(n+1)^3) + kp^2 + p^3)$。在实际应用中，可以使用图形处理单元（graphics processing unit，GPU）来加速 Gabor 分解和计算 L^2EMG。

2. LGLG 特征与 DCNN 特征的融合

DCNN 擅长提取高层次的人脸特征，在光照不均匀、姿态变化较大等极端不利条件下，对人脸识别有效。由描述符或传统方法生成的低级特征（称为手工特征）用于表示面部纹理的细节信息。GLG 是一种多尺度描述符，对低级人脸特征提取有效。DCNN 和描述符各有千秋，相得益彰。因此，本节提出一种将 LGLG-WPCA 特征与 SENet[28]的特征相结合的人脸识别方法，这是一种用于人脸识别的高级 DCNN。我们提出了两种特征融合方法：特征连接（Cat）和基于自注意力网络（SAN）特征融合（图 8-6）。

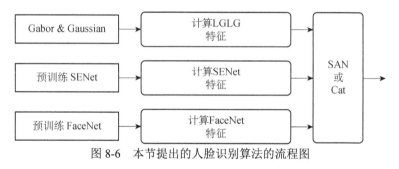

图 8-6 本节提出的人脸识别算法的流程图

1）特征拼接

第一种融合方式是直接将两类特征拼接成一个向量，然后用 z-score 对特征进行归一化，表示为

$$F_{\text{fusion}} = z\text{-score}([l_1,\cdots,l_N,s_1,\cdots,s_M]) \tag{8-27}$$

式中，l_i（$i=1,2,\cdots,N$）表示 LGLG-WPCA 的特征；s_k（$k=1,2,\cdots,M$）表示 SENet 的特征；N 和 M 分别表示两类特征的维度。将直接融合方法称为 SENet+LGLG-Cat。

2）自注意力网络融合

在第二种融合方式中，使用基于自注意力的网络来融合两类特征，实现人脸分类。自注意力是在文献[53]中引入的，用于弥补卷积神经网络和递归神经网络在自然语言处理中的不足。现在它被广泛地用于机器视觉[54,55]。自注意力模型由维度 d_k 的查询 Q 和键 K 及维度 d_v 的值 V 组成。第一个过程是使用权重矩阵 W^Q、W^K 和 W^V 将输入 X 投影到查询、键和值中：

$$Q = X \times W^Q, \quad K = X \times W^K, \quad V = X \times W^V \tag{8-28}$$

第二个过程是使用所有键计算查询的点积，将每个键除以 d_k，然后应用 Softmax 函数来获得值的权重。

$$A(Q,K) = \text{Softmax}\left(\frac{QK^{\text{T}}}{\sqrt{d_k}}\right) \quad (8\text{-}29)$$

最后的输出是通过将这些注意力权重与 V 相乘得到的：

$$\text{Attention}(Q,K,V) = A(Q,K) \times V \quad (8\text{-}30)$$

通常，输入向量被分成几个部分，并以相同的形式输入到自注意力中，这称为多头自注意力（multi-head self-attention，MSA）。图 8-7 给出了多头自注意力的示意图。输入是一个 $H \times D$ 矩阵，代表一个 Batch 中的样本个数，D 是一个样本向量的维数；图中使用了 8 个自注意力头，$H_i(i=1,2,\cdots,8)$ 由 Q_i、K_i 和 V_i 组成，会生成一个矩阵 Z。最后，将这些 Z 拼接起来形成最终的输出。可以观察到，MSA 层可以利用几个样本之间的相关性进行特征变换，并且这种变换是并行操作的，在计算速度方面明显地优于长短期记忆（LSTM）[56]。

$$\begin{aligned}&\text{MultiHead}(Q,K,V) = [\text{Head}_i,\cdots,\text{Head}_n] \\ &\text{Head}_i = \text{Attention}(Q_i,K_i,V_i)\end{aligned} \quad (8\text{-}31)$$

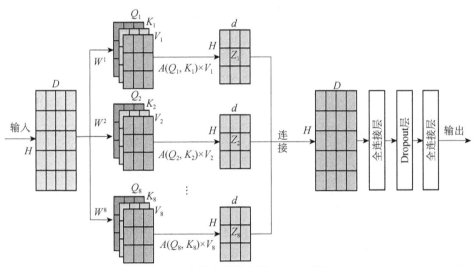

图 8-7 多头自注意力层（MSA 层）

基于多头自注意力，设计了一个融合网络（称为 SAN），其中，自注意力被封装到 MSA 层中，用于人脸识别（图 8-8）。SAN 包含：两个 MSA 层，MSA 层之间使用短路技术；3 个 Dropout 层，Dropout 层具有特征选择的功能，可以提高网络性能；1 个 Norm 层，Norm 层主要用于对各种不同的特征进行归一化；1 个分类层，分类层采用了 LogSoftmax，这是为了在训练过程中避免数值下溢或上溢问题，从而提高模型的稳定性；两个全连接层。融合网络结构是通过实验设计的，可能不是最好的结构，但是下面的实验结果表明，这种网络结构可以达到非常满意的效果。我们尝试将 MSA 层的数量增加到两层或更多层，然而出现了两个不利的现象：一是增加了计算成本，二是需要更多的样本来训练网络。即使在训练集中添加数十万个样本，融合网络的性能也无法得到实质性的提升。基于 SAN 的 LGLG-WPCA 和 SENet 特征融合方法称为 SENet+LGLG-SAN。

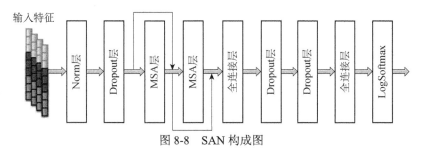

图 8-8　SAN 构成图

8.6　实验与分析

实验在 4 个数据库上进行。第一个数据库是标准的 FERET[57]，它是一个经典的正面人脸数据库，用于评估算法在提取人脸细节方面的性能。LFW[58]和 VGGFace2[59]有很多不利条件下的人脸图像，例如，人脸的轮廓和遮挡。使用它们来评估所提出的在不利条件下识别人脸的方法的性能，如大变化的照明和姿势。在两个视频数据库 YouTube[60]和 CMU MoBo[61]上进行实验，以评估所提出的低分辨率人脸识别方法的性能。在 FERET 和 LFW 数据库上，验证了 LGLG 和 SENet 的特征连接的性能；在视频数据库（YouTube 和 CMU MoBo）和 VGGFace2 上，重点评估了几种类型特征在 SAN 下的性能。

8.6.1　FERET 数据库评价

第一个实验是在标准 FERET 数据库上进行的，该数据库包含四个子集：参考子集（gallery）、面部表情子集（fb）、光照子集（fc）和两个重复子集（dup1 和 dup2）。dup1 是在不同时间获得的。从这些子集中选择的一些图像如图 8-9 所示。由于参考子集中有 1196 人，我们使用 WPCA 将所有局部正方形块的 GLG 特征压缩为 1196 维特征向量，并使用欧氏距离作为两个特征向量的相似度。

首先，在 Gabor 小波域上验证了 3 种嵌入方法 $\log(A_{L^\mathrm{T}},\mu)$、$\log(P_\mathrm{R})$ 和 $\log(P_\mathrm{L})$，

这三种方法分别称为 LGLG-WPCA（A）、LGLG-WPCA（R）和 LGLG-WPCA（L）。可以看到，在这 3 种方法中，LGLG-WPCA（L）的性能最好，LGLG-WPCA（R）的性能最差（表 8-1）。在下面的实验中，只使用 LGLG-WPCA（L）与其他方法进行比较，为简单起见，称其为 LGLG-WPCA。还在 Gabor 小波域中实现了协方差模型，并使用 WPCA 来学习稳健的特征，称为 LGLC-WPCA。LGLC-WPCA 与 LGLG-WPCA 非常相似，不同的是前者使用 log(Σ) 来计算图像的原始特征。LGLC-WPCA 和 LGLG-WPCA 的识别准确率如图 8-10 所示，很明显 LGLG-WPCA 在除 fc 子集之外的 3 个子集上总是优于 LGLC-WPCA。

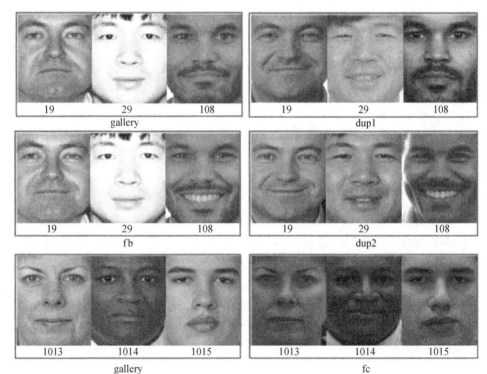

图 8-9 从图库子集和三个子集（fb、fc、dup1 和 dup2）中选择的样本

每张图像下的数字是对应人物的标签

表 8-1 标准 FERET 的识别性能　　　　　　　　　（单位：%）

方法	fb	fc	dup1	dup2	平均识别准确率
LGLG-WPCA（A）	99.67	99.48	91.0	92.31	95.62
LGLG-WPCA（R）	98.16	98.45	82.68	82.05	90.34
LGLG-WPCA（L）	99.75	100	97.23	97.44	98.61

LGLG 的参数会影响识别的性能。这些参数包括分割的局部正方形图像块的块

大小（B-Size）及 Gabor 小波的参数，包括 σ、局部窗口长度（WinLen）、Gabor 小波的方向数和尺度。子集 dup2 的实验测试了 LGLG-WPCA 和 LGLG（KP）-WPCA 关于不同参数组合的识别精度。对于 LGLG-WPCA，获得最佳识别准确率（97.44%）；人脸图像的块大小设置为 13×13，Gabor 核大小设置为 9×9，标准偏差 σ 设置为 1.2；方向 U 与尺度 V 的数量设置为 8 和 5。对于 LGLG（KP）-WPCA，产生最好识别精度 91.02% 的最佳参数组合是核大小为 9×9、σ 为 1.2、U 为 8、V 为 5、局部块大小为 22×22。

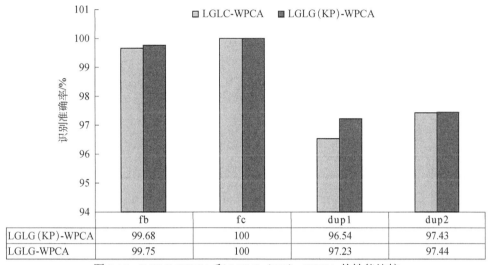

图 8-10　LGLG-WPCA 和 LGLG（KP）-WPCA 的性能比较

本章所提方法 LGLG-WPCA 和 LGLG（KP）-WPCA 与包括纹理描述符的方法（如 MDML-DCPs+WPCA[62]和基于 Gabor 的方法 LGBP+LGXP+LDA[63]）和 DCNN（如 VGGFace[59,64]、PCANet[7]、ResNet50[28,59]和 SENet[28,58]）等的识别结果对比如表 8-2 所示。LGLG-WPCA 在 fb、fc、dup1 和 dup2 上的识别准确率分别为 99.75%、100%、97.23% 和 97.44%，其平均识别准确率达到 98.60%，是所有方法中最好的。为了比较，本章采用了三个 Gabor 小波域中的黎曼流形模型：COV-GW+RD、COV-GW+LEG（Gabor 小波域中的协方差矩阵）和 GW-L²EMG。本实验中使用了四种基于 DCNN 的方法来评估我们的方法：PCANet、VGGFace、ResNet50 和 SENet。

表 8-2　标准 FERET 的识别准确率　　　　　　　　（单位：%）

方法	fb	fc	dup1	dup2	平均识别准确率
LBP[8]	96.90	98.45	83.93	82.48	90.44
LTP[2]	96.90	98.97	83.93	83.76	90.89
LGBP+LGXP+LDA[63]	99.00	99.00	94.00	93.00	96.25
DFD+WPCA[65]	99.40	100.0	91.80	92.30	95.88
MDML-DCPs+WPCA[62]	99.75	100.0	96.12	95.73	97.90

续表

方法	fb	fc	dup1	dup2	平均识别准确率
SCBP[66]	98.9	99.0	85.2	85.0	92.03
FFC[67]	99.50	100	96.12	94.87	97.62
LPOG[68]	99.8	100	97.4	97.0	98.55
WPCBP+FLD[69]	99.5	100	94.7	94.0	97.50
LMP[70]	—	—	—	—	97.65
COV-GW + RD[25]	97.99	99.48	80.74	78.21	89.11
COV-GW + LEG[44]	98.07	99.48	81.44	80.34	89.83
GW-L^{2}EMG[27]	98.07	99.48	82.13	81.19	90.22
PCANet[7]	99.58	100	95.43	94.02	97.26
VGGFace[59,64]	98.74	96.39	86.28	87.61	92.26
ResNet50[28,59]	99.58	99.49	96.95	96.58	98.15
SENet[28,58]	99.33	99.49	97.22	97.00	98.26
LGLG-WPCA	99.75	100	97.23	97.44	98.60
LGLG(KP)-WPCA	99.66	99.48	92.38	91.02	95.64
SENet+LGLG-Cat	99.83	100	98.75	99.15	99.43
SENet+LGLG(KP)-Cat	99.83	100	98.20	99.15	99.30

上述实验结果表明，LGLG［LGLG-WPCA 与 LGLG（KP）-WPCA］明显地优于三种流形模型（COV-GW+RD、COV-GW+LEG 和 GW-L^{2}EMG），并且与黎曼距离相比，计算成本显著降低，因为 WPCA 用于降低特征的维度。LGLG（KP）-WPCA 在四个测试子集上的识别准确率明显低于 LGLG-WPCA。LGLG-WPCA 甚至比基于 DCNN 的方法获得了更好的精度。众所周知，DCNN 擅长在光照和姿态变化较大的情况下进行人脸识别。因此，特征融合方法取得了最好的识别性能；SENet+LGLG-Cat 与 SENet+LGLG（KP）-Cat 的平均识别准确率分别为 99.43%和 99.30%。这表明将 Gabor 小波域的黎曼特征与 DCNN 特征（高级特征）相结合可以提高人脸识别的性能。

本章提出的方法在计算上也很有效（表 8-3）。在实验中，LGLG-WPCA 和 LGLG（KP）-WPCA 的特征维数为 1196，与图库集中的人数相同。因为 SENet 的输出是 2048 维的特征向量，所以我们使用 WPCA 将 2048 维的向量压缩成 480 维的向量，并将 480 维的向量与 LGLG-WPCA 的特征连接起来；最终人脸特征维度 SENet+LGLG-Cat 和 SENet+LGLG（KP）-Cat 的数量为 1676（1196+480）。我们使用具有较低计算成本的欧氏距离来识别人脸。在其他基于黎曼流形的方法中，COV-GW-RD 使用黎曼距离，其计算成本很高。COV-GW-LEG 和 GW-L^{2}EMG 使用 Frobenius 矩阵范数识别人脸，这两种方法的计算成本仍然很高，因为矩阵有超过 20000 个元素。

表8-3 几种方法的特征维度和匹配相似度量

方法	维度	相似度量
COV-GW-RD[25]	16×[40×40]	黎曼距离
COV-GW-LEG[44]	25600= 16×[40×40]	Frobenius 范数
GW-L²EMG[27]	26896= 16×[41×41]	
PCANet（WPCA）[7]	1000	余弦距离
VGGFace（WPCA）[6]	1000	
ResNet50[59,64]	2048	欧氏距离
SENet[28,59]	2048	
LGLG-WPCA	1196	
SENet+LGLG-Cat	1676	
SENet+LGLG（KP）-Cat	1676	

8.6.2　LFW 数据库评价

LFW 数据库包含 5749 个人的 13233 张图像。大多数人脸不仅姿态变化大（图 8-11），而且缺乏足够的样本图像（很多人只有一张人脸图像），这对识别方法提出了重大挑战。我们在标准验证协议[38]上评估了本章提出的方法，其中，所有面部图像被分为 10 组，每组包含 600 个没有身份重叠的人脸对。

图 8-11　LFW 数据库中的几个示例图像

LFW 的性能评估结果如表 8-4 所示。本章提出的方法 LGLG-WPCA 和 LGLG（KP）-WPCA 在准确率、AUC 和 EER 这三个指标上均表现出优于 LBP 和 LTP 两个描述符的性能。基于描述符的方法的接收者操作曲线（receiver operating curve，ROC）如图 8-12（a）所示，可以看到 LGLG-WPCA 给出的 TPR 明显地高于其他描述符。与 FERET 数据集相反，基于人脸关键点的 LGLG（KP）-WPCA 与基于块分割的 LGLG-WPCA 相比具有明显更好的鲁棒性，这表明基于关键点的方法在处理姿势变化较大的人脸时表现出较强的鲁棒性。FERET 数据集中的人脸变化姿态和遮挡相对较小，而LFW数据集中的人脸变化姿态遮挡较大，该案例表明LGLG-WPCA在姿态变化较小的情况下能够获得良好的人脸识别性能。毫无疑问，DCNN在LFW数据集上表现出色。SENet+LGLG-Cat提高了SENet的性能，并且优于单个DCNN性能[见图8-12（b）所示的ROC]。SENet+LGLG-Cat与SENet+LGLG（KP）-Cat的准确率分别为99.40%和99.33%，EER分别为0.77%和0.73%。在图8-12（b）的ROC中，当误报率（false alarm rate，FPR）大于0.01时，SENet+LGLG-Cat的TPR高于其他两个DCNN。

表8-4　LFW的性能评估结果　　　　　　　　　（单位：%）

方法	准确率	AUC	EER
LBP[8]	73.70	80.69	27.13
LTP[2]	74.06	—	—
LGLG-WPCA	77.18	84.52	23.73
LGLC（KP）-WPCA	82.58	90.24	18.43
Light-CNN[71]	98.93	99.82	1.20
ResNet50[59,64]	99.33	99.93	0.73
SENet[28,59]	99.30	99.93	0.80
MobileNet-v1[72]	99.01	—	—
ResNet-50（ArcFace）[72]	99.35	—	—
RCM（ResNet18）[73]	98.91	—	—
FaceNet（SVM）[74]	98.42	—	—
FaceNet[29]	98.88	99.85	1.27
SENet+LBP	99.30	99.93	0.83
SENet+LTP	99.31	99.93	0.80
SENet+LGLG-Cat	99.40	99.93	0.77
SENet+LGLG（KP）-Cat	99.33	99.93	0.73

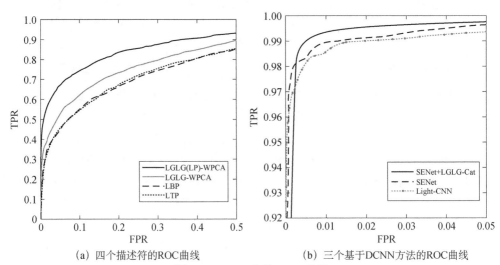

(a) 四个描述符的ROC曲线　　　(b) 三个基于DCNN方法的ROC曲线

图8-12　LFW上的ROC曲线

8.6.3 低分辨率人脸的评价

视频中的人脸图像通常是低分辨率的，一些样本如图 8-13 所示。低分辨率条件下的人脸识别对算法具有挑战性。在视频图像中，使用与文献[75]中相同的数据集。YouTube 有 47 人，CMU MoBo 有 24 人。在 CMU MoBo 中，训练集中有 991 张人脸图像，测试集中有 5498 张人脸图像。在 YouTube 中，训练集中有 3976 张人脸图像，测试集中有 11204 张人脸图像。与两个经典描述符

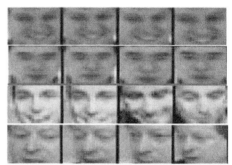

图 8-13 视频中的人脸样本
前两行图片来自 CMU MoBo，后两行图片来自 YouTube

LBP 与 LGBPHS 相比，本章提出的方法 LGLG-WPCA 取得了最好的结果，在 CMU Mobo 与 YouTube 上的准确率分别为 89.38%和 84.86%（表 8-5）。低分辨率数据库上的深度网络方法明显地优于描述符，在两个数据集上均超过 90%。本节所提出的融合网络还可以有效地提高深度模型的性能。例如，在 CMU Mobo 中，FaceNet-SAN （FaceNet features learning with SAN）将 FaceNet 方法准确率提升到 91.14%；在 YouTube 上增加到 86.33%。使用 SAN 融合网络，LGLG 与不同深度网络特征相结合，可以大幅度地提升识别性能。在 YouTube 上，SENet 和 LGLG 特征的组合融合 （SENet+LGLG-SAN）提高了大约 1.5%的性能。使用 SAN 融合了 3 种不同深度神经网络模型的特征以获得最先进的性能，其在 CMU MoBo 与 YouTube 上的识别率分别达到了 97.22%和 96.52%。

表 8-5 CMU MoBo 和 YouTube 上人脸识别方法的准确率 （单位：%）

方法	CMU MoBo	YouTube
LBP[8]	85.21	81.29
LGBPHS[31]	86.74	81.29
PCANet[7]	86.34	81.98
VGGFace[6]	90.63	84.91
FesNet50[59]	95.67	93.53
SENet[59]	96.18	95.0
FaceNet[29]	89.10	84.21
LCMoG-（LWPZ+CNN）[75]	96.62	95.32
LGLG-WPCA	89.38	84.86
FaceNet-SAN	91.14	86.33
SENet-SAN	96.26	95.89
SENet+FaceNet-SAN	96.54	96.33

续表

方法	CMU MoBo	YouTube
SENet+LGLG-SAN	96.84	96.51
SENet+FaceNet+LGLG-SAN	97.22	96.52

我们评估了不同数量的自注意力头对 SAN 融合网络性能的影响。在本实验中，使用 SENet 的 2048 维特征和 LGLG 的 1024 维特征，拼接后一共有 3072 维特征。YouTube 数据集样本量较大，有 3976 个样本，当自注意力头数为 16 时准确识别率达到最佳；CMU MoBo 数据集的样本量较小，当自注意力头数为 8 时识别性能达到最佳。因此，得出结论，当样本量大时，可以适当地增加自注意力头数（图 8-14 和图 8-15）。SAN 融合网络在 GeForce RTX 2080Ti GPU 上用 PyTorch 实现，我们发现增加自注意力头的数量会显著地减少计算量（图 8-16 和图 8-17）。例如，在 YouTube 上用 2 个自注意力头训练的 SENet+LGLG-SAN 需要 440.8s，用 8 个自注意力头只需要 86.9s。这一情况主要原因在于利用 torch.matmul() 方法的广播机制来执行多自注意力头矩阵点积，从而有效地缩短了训练时间。

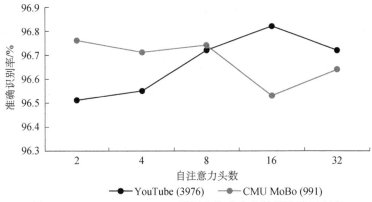

图 8-14　SENet+LGLG-SAN 不同自注意力头数的准确识别率

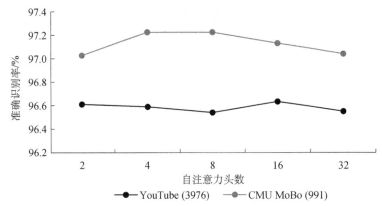

图 8-15　SENet+FaceNet+LGLG-SAN 不同自注意力头数的识别准确率

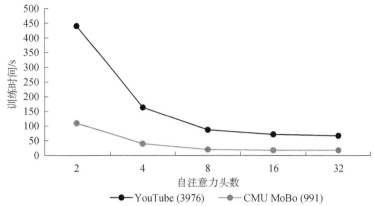

图 8-16 不同自注意力头数的 SENet+LGLG-SAN 训练时间

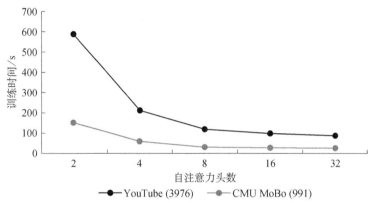

图 8-17 不同自注意力头数的 SENet+FaceNet+LGLG-SAN 训练时间

8.6.4　VGGFace2 子集的评价

VGGFace2 数据库是从 Internet 收集的。VGGFace2 的主要目的是训练一个人脸识别模型，它包括一个训练集和一个测试集。测试集可用于评估算法模型的性能，测试集极具挑战性。每张脸都有几张到数百张照片。照片的面部图像差异很大，包括不同的年龄（从儿童到成人）、大面积的面部遮挡（如戴眼镜和帽子）、不同的大小，甚至是卡通脸。

测试集包含 500 个人和 169396 张图像，去除了一些异常图像，最终测试集仍然有 169185 张图像。为了评估训练样本数量对识别算法的影响，将样本集划分为 3 个子集，分别称为 T1、T3 和 T5。在 T1 中，每个人只使用一张图像作为训练子集，其余图像作为测试子集；在 T3 中，将每个人的 3 张图像作为训练子集，将其余图像作为测试子集；在 T5 中，将每个人的 5 张图像用作训练子集，将其余图像用作测试子集。

在 VGGFace2 上，所有方法的识别性能都不是很好，详见表 8-6。描述符 LBP 和 LTP 在 3 个子集上的识别准确率较低，而方法 LGLG-WPCA 具有相对较好的识别性能。SENet 的识别性能大大地优于描述符的性能，在 3 个子集上分别实现了 82.40%、88.62%和 89.83%的识别准确率。SENet+LGLG-SAN 的准确率明显地高于 SENet 在 3 个子集上的准确率，分别达到 85.10%、90.30%和 91.13%。我们还使用 SAN 网络将 LBP 特征和 LTP 特征分别与 SENet 特征进行融合，分别称为 SENet+LBP-SAN 和 SENet+LTP-SAN；实验结果表明，这两种方法都可以稍微地提高 SENet 的性能，但不如提出的 LGLG 与 SENet 融合的性能。使用 SAN 集成更多不同类型的功能也可以提高性能。例如，SENet+FaceNet+LGLG-SAN 表现最好，其识别准确率在 3 个子集上分别达到 86.39%、90.90%和 91.43%。

表 8-6　VGGFace2 上人脸识别方法的准确率　　（单位：%）

方法	T1	T3	T5
LBP[8]	8.05	12.71	15.55
LTP[2]	8.68	13.62	16.52
LGLG-WPCA	16.35	26.48	30.67
SENet[28,59]	82.40	88.62	89.83
FaceNet[29]	83.46	87.43	88.60
SENet+LBP-SAN	84.62	89.93	90.76
SENet+LTP-SAN	84.61	89.83	90.77
SENet+LGLG-SAN	85.10	90.30	91.13
SENet+FaceNet-SAN	86.09	90.63	91.28
SENet+FaceNet+LTP-SAN	85.91	90.66	91.26
SENet+FaceNet+LBP-SAN	85.86	90.65	91.35
SENet+FaceNet+LGLG-SAN	86.39	90.90	91.43

我们在 T3 子集的识别阶段评估了所提出模型的计算成本。对于 SENet+LGLG-SAN，用 SENet 提取 169185 张图像的特征需要 702.1s；而使用 LGLG 提取特征只需要 240.0s；用 SAN 训练需要 116.8s；识别时间为 7.0s；可以看出，我们设计的算法耗时较少，整个识别程序的计算成本主要集中在 SENet 特征的计算上。每个人脸样本的识别时间约为 0.007s。对于 SENet+FaceNet+LGLG-SAN，计算 FaceNet 的特征需要额外的 219.8s；每个人脸样本的识别时间约为 0.008s。这种识别速度足以满足一般应用。事实上，本章提出的 SAN 可以看作 DCNN 的一种迁移学习，它将两种类型的特征结合到网络中，弥补了迁移学习中遇到的不足（表 8-7）。

表 8-7 在 T3 子集上训练的识别 VGGFace2
测试集的建议融合模型的计算成本　　　　（单位：s）

项目	SENet+LGLG-SAN	SENet+FaceNet+LGLG-SAN
SENet	702.1	702.1
FaceNet	—	219.8
LGLG	240.0	240.0
SAN 训练	116.8	146.1
SAN 特征变换	116.2	120.4
识别	7.0	8.5
每个人脸样本的识别	0.007	0.008

注：训练次数设置为 350 次，Dropout 概率设置为 0.6；使用了 16 个 SAN 头。

8.7　本章小结

我们在 Gabor 小波域中实现了 L^2EMG，并使用 WPCA 来学习人脸识别的鲁棒特征。本章提出的方法 LGLG-WPCA 和 LGLG（KP）-WPCA 可以有效地提取代表人脸图像详细信息的纹理特征，并且在光照、小的姿势和表情变化的条件下也具有鲁棒的性能。在标准 FERET、LFW、视频和 VGGFace2 数据库上的实验表明，本章所提出的方法在人脸特征提取和人脸识别方面很有前景。LGLG-WPCA 和 LGLG（KP）-WPCA 优于其他基于 Gabor 和 LBP 的方法，并且由于使用对数欧氏嵌入和 WPCA 来生成特征，计算效率也很高。

LGLG-WPCA/LGLG（KP）-WPCA 提取的特征是图像的低层信息，另一个突出的特点是其可以有效地与 DCNN 的高层特征融合。SENet+LGLG-SAN 和 SENet+FaceNet+LGLG-SAN 等融合方法可以大幅度地提升骨干网络（SENet 和 FaceNet）的性能，这两种方法都利用了 SAN 多个样本之间的相关性来执行特征转换，提高了识别能力。在实验中，本章给出了几种不同类型特征的融合。理论上可以组合更多类型的特征。实验发现，融合更多类型的特征并不能全部提升性能，还需要更多的计算开销。

参　考　文　献

[1] Cheng Z, Zhu X, Gong S. Face re-identification challenge: Are face recognition models good

enough?[J]. Pattern Recognition, 2020, 107(5): 107422.

[2] Tan X, Triggs B. Enhanced local texture feature sets for face recognition under difficult lighting conditions[J]. IEEE Transactions on Image Processing, 2010, 19(6): 1635-1650.

[3] Sengupta S, Chen J C, Castillo C, et al. Frontal to profile face verification in the wild[C]. IEEE Winter Conference on Applications of Computer Vision, Lake Placid, 2016: 1-9.

[4] Yi S, Wang X, Tang X. Deep learning face representation from predicting 10,000 classes[C]. IEEE Conference on Computer Vision and Pattern Recognition, Columbus, 2014: 1891-1898.

[5] Schroff F, Kalenichenko D, Philbin J. FaceNet: A unified embedding for face recognition and clustering[C]. IEEE Conference on Computer Vision and Pattern Recognition, Boston, 2015: 815-823.

[6] Parkhi O M, Vedaldi A, Zisserman A. Deep face recognition[C]. British Machine Vision Conference, Swansea, 2015: 1-12.

[7] Chan T H, Jia K, Gao S, et al. PCANet: A simple deep learning baseline for image classification?[J]. IEEE Transactions on Image Processing, 2015, 24(12): 5017-5032.

[8] Ahonen T, Hadid A, Pietikainen M. Face description with local binary patterns: Application to face recognition[J]. IEEE Transactions on Pattern Analysis and Machine Intelligence, 2006, 28(12): 2037-2041.

[9] Cong G, Jiang X. Face recognition using sift features[C]. IEEE International Conference on Image Processing, Cairo, 2009: 3313-3316.

[10] Déniz O, Bueno G, Salido J, et al. Face recognition using histograms of oriented gradients[J]. Pattern Recognition Letters, 2011, 32(12): 1598-1603.

[11] Lei Y, He Z, Qi C. Gabor texture representation method for face recognition using the Gamma and generalized Gaussian models[J]. Image and Vision Computing, 2010, 28(1): 177-187.

[12] Jiang L, Zhang J, Deng B. Robust RGB-D face recognition using attribute-aware loss[J]. IEEE Transactions on Pattern Analysis and Machine Intelligence, 2019, 42(10): 2552-2566.

[13] Cheng S, Marras I, Zafeiriou S, et al. Statistical non-rigid ICP algorithm and its application to 3D face alignment[J]. Image and Vision Computing, 2016, 58(2): 3-12.

[14] Kim D, Hernandez M, Choi J, et al. Deep 3D face identification[C]. IEEE International Joint Conference on Biometrics, Denver, 2017: 133-142.

[15] Gilani S Z, Mian A. Learning from millions of 3D scans for large-scale 3D face recognition[C]. IEEE Conference of Computer Vision and Pattern Recognition, Salt Lake City, 2018: 1896-1905.

[16] Taigman Y, Ming Y, Ranzato M, et al. DeepFace: Closing the gap to human-level performance in face verification[C]. IEEE Conference on Computer Vision and Pattern Recognition, Columbus, 2014: 1701-1708.

[17] Huang R, Zhang S, Li T, et al. Beyond face rotation: Global and local perception GAN for photorealistic and identity preserving frontal view synthesis[C]. IEEE International Conference on Computer Vision, Venice, 2017: 2439-2448.

[18] Goodfellow I, Pouget-Abadie J, Mirza M, et al. Generative adversarial nets[J]. arXiv: 1411.1784, 2014.

[19] He R, Wu X, Sun Z, et al. Wasserstein CNN: Learning invariant features for NIR-VIS face recognition[J]. IEEE Transactions of Pattern Analysis and Machine Intelligence, 2019, 41(7): 1761-1773.

[20] Jie C, Hu Y, Zhang H, et al. Learning a high fidelity pose invariant model for high-resolution face frontalization[C]. Advances in Neural Information Processing Systems, Montreal, 2018: 1-11.

[21] Blanz V, Vetter T. A morphable model for the synthesis of 3D faces[C]. International Conference on Computer Graphics and Interactive Techniques, Los Angeles, 1999: 187-194.

[22] Luan T, Yin X, Liu X. Disentangled representation learning GAN for pose-invariant face recognition[C]. IEEE Conference on Computer Vision and Pattern Recognition, Honolulu, 2017: 1415-1424.

[23] Wang S Y, Wang O, Zhang R, et al. CNN-generated images are surprisingly easy to spot… for now[C]. IEEE Conference on Computer Vision and Pattern Recognition, Seattle, 2020: 8692-8701.

[24] Lin J, Yuan Y, Shao T, et al. Towards high-fidelity 3D face reconstruction from in-the-wild images using graph convolutional networks[C]. IEEE Conference on Computer Vision and Pattern Recognition, Seattle, 2020: 5891-5900.

[25] Pang Y, Yuan Y, Li X. Gabor-based region covariance matrices for face recognition[J]. IEEE Transactions on Circuits and Systems for Video Technology, 2008, 18(7): 989-993.

[26] Li C, Huang Y, Yang X, et al. Marginal distribution covariance model in the multiple wavelet domain for texture representation[J]. Pattern Recognition, 2019, 92(8): 246-257.

[27] Li P H, Wang Q L, Zeng H, et al. Local Log-Euclidean multivariate Gaussian descriptor and its application to image classification[J]. IEEE Transactions on Pattern Analysis and Machine Intelligence, 2016, 39(4): 803-817.

[28] Jie H, Li S, Gang S. Squeeze-and-excitation networks[C]. IEEE Conference on Computer Vision and Pattern Recognition, Salt Lake City, 2018: 7132-7141.

[29] Schroff F, Kalenichenko D, Philbin J. FaceNet: A unified embedding for face recognition and clustering[C]. IEEE Conference on Computer Vision and Pattern Recognition, Boston, 2015: 815-823.

[30] Liu C, Wechsler H. Gabor feature based classification using the enhanced fisher linear discriminant model for face recognition[J]. IEEE Transactions on Image Processing, 2002, 11(4): 467-476.

[31] Zhang W, Shan S, Wen G, et al. Local Gabor binary pattern histogram sequence(LGBPHS): A novel non-statistical model for face representation and recognition[C]. IEEE International Conference on Computer Vision, Beijing, 2005: 786-791.

[32] Shen L L, Bai L, Fairhurst M. Gabor wavelets and general discriminant analysis for face identification and verification[J]. Image and Vision Computing, 2007, 25(5): 553-563.

[33] Chai Z, Sun Z, Mendezvazquez H, et al. Gabor ordinal measures for face recognition[J]. IEEE Transactions on Information Forensics and Security, 2013, 9(1): 14-26.

[34] Gupta S K, Sharma A, Prajapati A, et al. Gabor-Max-DCT feature extraction techniques for facial gesture recognition[J]. Ambient Communication Computer System, 2018, 696(1): 767-773.

[35] Fathi A, Alirezazadeh P, Abdali-Mohammadi F. A new global-Gabor-Zernike feature descriptor and its application to face recognition[J]. Journal of Visual Communication and Image Representation, 2016, 38(7): 65-72.

[36] Liu C. Gabor-based kernel PCA with fractional power polynomial models for face recognition[J]. IEEE Transactions on Pattern Analysis and Machine Intelligence, 2004, 26(5): 572-581.

[37] Tuzel O, Porikli F, Meer P. Region Covariance: A Fast Descriptor for Detection and Classification[M]. Berlin: Springer, 2006: 589-600.

[38] Davis L S. Covariance discriminative learning: A natural and efficient approach to image set classification[C]. Proceedings of the 2012 IEEE Conference on Computer Vision and Pattern Recognition, Providence, 2012: 2496-2503.

[39] Minh H Q, Biagio M S, Bazzani L, et al. Kernel methods on approximate infinite-dimensional covariance operators for image classification[J]. arXiv: 1609.09251v1, 2016.

[40] Wen W, Wang R, Shan S, et al. Discriminative covariance oriented representation learning for face recognition with image sets[C]. IEEE Conference on Computer Vision and Pattern Recognition, Honolulu, 2017: 5749-5758.

[41] Zhen Z, Wang M, Yan H, et al. Aligning infinite-dimensional covariance matrices in reproducing kernel Hilbert spaces for domain adaptation[C]. IEEE Conference on Computer Vision and Pattern Recognition, Salt Lake City, 2018: 3437-3445.

[42] Acharya D, Huang Z, Paudel D P, et al. Covariance pooling for facial expression recognition[C]. IEEE Conference on Computer Vision and Pattern Recognition, Salt Lake City, 2018: 367-374.

[43] Li P, Xie J, Wang Q, et al. Towards faster training of global covariance pooling networks by iterative matrix square root normalization[C]. IEEE Conference on Computer Vision and Pattern Recognition, Salt Lake City, 2018: 947-955.

[44] Arsigny V, Fillard P, Pennec X, et al. Geometric means in a novel vector space structure on symmetric positive-definite matrices[J]. Siam Journal on Matrix Analysis and Applications, 2011,

29(1): 328-347.

[45] Arsigny V, Fillard P, Pennec X, et al. Log-Euclidean metrics for fast and simple calculus on diffusion tensors[J]. Magnetic Resonance in Medicine, 2006, 56(2): 411-421.

[46] Gong L, Wang T, Fang L. Shape of Gaussians as feature descriptors[C]. IEEE Computer Society Conference on Computer Vision and Pattern Recognition, Miami, 2009: 2366-2371.

[47] Calvo M, Oller J M. A distance between multivariate normal distributions based in an embedding into the siegel group[J]. Journal of Computational and Applied Mathematics, 1990, 145(2): 319-334.

[48] Hershey J R, Olsen P A. Approximating the Kullback Leibler divergence between Gaussian mixture models[C]. IEEE International Conference on Acoustics, Speech and Signal Processing, Honolulu, 2007: 317-320.

[49] Harandi M, Salzmann M, Hartley R. Dimensionality reduction on SPD manifolds: The emergence of geometry-aware methods[J]. IEEE Transactions on Pattern Analysis Machine Intelligence, 2018, 40(1): 48-62.

[50] Lovric M, Min-Oo M, Ruh E A. Multivariate normal distributions parametrized as a riemannian symmetric space[J]. Journal of Multivariate Analysis, 2000, 74(1): 36-48.

[51] Li C, Huang Y, Zhu L. Color texture image retrieval based on Gaussian Copula models of Gabor wavelets[J]. Pattern Recognition, 2017, 64(4): 118-129.

[52] Xiong X, Fernando D. Supervised descent method and its applications to face alignment[C]. IEEE Conference on Computer Vision and Pattern Recognition, Portland, 2013: 532-539.

[53] Vaswani A, Shazeer N, Parmar N, et al. Attention is all you need[C]. Advances in Neural Information Processing Systems, Long Beach, 2017: 1-11.

[54] Zhao H, Jia J, Koltun V. Exploring self-attention for image recognition[J]. IEEE Conference on Computer Vision and Pattern Recognition, Seattle, 2020: 10073-10082.

[55] Sharir G, Noy A, Zelnik-Manor L. An image is worth 16×16 words, what is a video worth?[J]. International Conference on Learning Representations, Virtual Event, 2021: 1-21.

[56] Sepas-Moghaddam A, Etemad A, Pereira F, et al. Long short-term memory with gate and state level fusion for light field-based face recognition[J]. IEEE Transactions on Information Forensics and Security, 2021, 16(11): 1365-1379.

[57] Phillips P J, Wechsler H, Huang J, et al. The FERET database and evaluation procedure for face-recognition algorithms[J]. Image and Vision Computing, 1998, 16(5): 295-306.

[58] Huang G B, Mattar M, Berg T, et al. Labeled faces in the wild: A database for studying face recognition in unconstrained environments[C]. Workshop on Faces in 'Real-life' Images: Detection, Alignment, and Recognition, Marseille, 2008: 1-16.

[59] Cao Q, Shen L, Xie W, et al. VGGFace2: A dataset for recognising faces across pose and age[J]. IEEE International Conference on Automatic Face and Gesture Recognition, Xi'an, 2018: 67-74.

[60] Kim M, Kumar S, Pavlovic V, et al. Face tracking and recognition with visual constraints in real-world videos[C]. IEEE Conference on Computer Vision and Pattern Recognition, Anchorage, 2008: 1-8.

[61] Gross R, Shi J. The CMU motion of body (MoBo) database[EB/OL]. [2015-03-01]. https://www.ri.cmu.edu/pub_files/pub3/gross_ralph_2001_3/gross_ralph_2001_3.pdf.

[62] Ding C, Choi J, Tao D, et al. multi-directional multi-level dual-cross patterns for robust face recognition[J]. IEEE Transactions on Pattern Analysis and Machine Intelligence, 2016, 38(3): 518-531.

[63] Xie S, Shan S, Chen X, et al. Fusing local patterns of Gabor magnitude and phase for face recognition[J]. IEEE Transactions on Image Processing, 2010, 19(5): 1349-1361.

[64] He K, Zhang X, Ren S, et al. Deep residual learning for image recognition[C]. IEEE Conference on Computer Vision and Pattern Recognition, Las Vegas, 2016: 770-778.

[65] Lei Z, Pietikainen M, Li S Z. Learning discriminant face descriptor[J]. IEEE Transactions on Pattern Analysis and Machine Intelligence, 2014, 36(2): 289-302.

[66] Deng W, Hu J, Guo J. Compressive binary patterns: Designing a robust binary face descriptor with random-field eigenfilters[J]. IEEE Transactions on Pattern Analysis and Machine Intelligence, 2019, 41(3): 758-767.

[67] Low C Y, Teoh A, Ng C J. Multi-fold Gabor, PCA and ICA filter convolution descriptor for face recognition[J]. IEEE Transactions on Circuits and Systems for Video Technology, 2019, 29(1): 115-129.

[68] Nguyen H T, Alice C. Local patterns of gradients for face recognition[J]. IEEE Transactions on Information Forensics and Security, 2015, 10(8): 1739-1751.

[69] Xu Z, Jiang Y, Wang Y, et al. Local polynomial contrast binary patterns for face recognition[J]. Neurocomputing, 2019, 355: 1-12.

[70] Yang W, Zhang X, Li J. A local multiple patterns feature descriptor for face recognition[J]. Neurocomputing, 2020, 373: 109-122.

[71] Xiang W, Ran H, Sun Z, et al. A light CNN for deep face representation with noisy labels[J]. IEEE Transactions on Information Forensics and Security, 2018, 13(11): 2884-2896.

[72] Srivastava Y, Murali V, Dubey S R. A performance evaluation of loss functions for deep face recognition[C]. National Conference on Computer Vision, Pattern Recognition, Image Processing and Graphics, Singapore, 2020: 322-332.

[73] Wu Y, Wu Y, Gong R, et al. Rotation consistent margin loss for efficient low-bit face

recognition[C]. IEEE Conference on Computer Vision and Pattern Recognition, Seattle, 2020: 6866-6876.

[74] Solon A, Peixoto A, Framcisco F X, et al. A high-efficiency energy and storage approach for IoT applications of facial recognition[J]. Image and Vision Computing, 2020, 96(4): 1-10.

[75] Li C R, Huang Y, Huang W, et al. Learning features from covariance matrix of Gabor wavelet for face recognition under adverse conditions[J]. Pattern Recognition, 2021, 119(11): 1-13.

第 9 章　深度神经网络基础

深度神经网络是深度学习中最为活跃的分支,已有许多优秀的网络模型被开发出来应用在各行各业。万变不离其宗,学好深度神经网络基础知识是掌握复杂网络结构的前提。本章从最基础的数学基础和符号定义开始,介绍全连接网络与卷积神经网络两大网络结构,深入详细地讲解神经网络基本组建、反向传播(back propagation,BP)算法等知识,为后面设计深度神经网络模型打下基础。

9.1　神经网络基础

9.1.1　链式法则

链式法则是微积分中的求导法则,用于求一个复合函数的导数,是本章介绍的反向传播算法的数学基础。

类型 1:$y = f(x), z = g(y)$,则

$$\frac{\partial z}{\partial x} = \frac{\partial z}{\partial y}\frac{\partial y}{\partial x} \tag{9-1}$$

类型 2:$u = f(x), v = g(x), z = k(u, v)$,则

$$\frac{\partial z}{\partial x} = \frac{\partial z}{\partial u}\frac{\partial u}{\partial x} + \frac{\partial z}{\partial v}\frac{\partial v}{\partial x} \tag{9-2}$$

将类型 2 推广至中间变量多于两个的情况,$z = f(y), y = [y_1, y_2, \cdots, y_n], y_i = h(x)$,则

$$\frac{\partial z}{\partial x} = \sum_{i=1}^{n}\frac{\partial z}{\partial y_i}\frac{\partial y_i}{\partial x} \tag{9-3}$$

式(9-3)也称为全导数链式法则。

9.1.2 神经元模型

神经元模型是计算机模拟大脑神经元对信息的过程。它接收 n 个输入数据,经过加权处理后,再通过激活函数计算得出输出,见图 9-1。

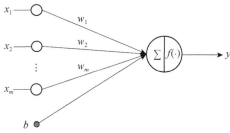

图 9-1 神经元模型

神经元的输入是各数据 $x_i(i=1,2,\cdots,m)$ 的加权和再加上偏置项 b:

$$z = \sum_{i=1}^{m} w_i x_i + b \qquad (9\text{-}4)$$

输入 z 还要经过激活函数 $f(\cdot)$ 获得输出 y:

$$y = f(z) \qquad (9\text{-}5)$$

引入激活函数是为了增加神经网络模型的非线性,模拟人脑神经元的活动机理。常用的激活函数包括 Sigmoid 函数、ReLU 函数和 Tanh 函数。

(1) Sigmoid 函数(图 9-2)。

Sigmoid 函数及其导数分别为

$$f(x) = \frac{1}{1+\mathrm{e}^{-x}} \qquad (9\text{-}6)$$

$$f'(x) = \frac{1}{(1+\mathrm{e}^{-x})}\left(1 - \frac{1}{1+\mathrm{e}^{-x}}\right) = f(x)[1-f(x)]$$

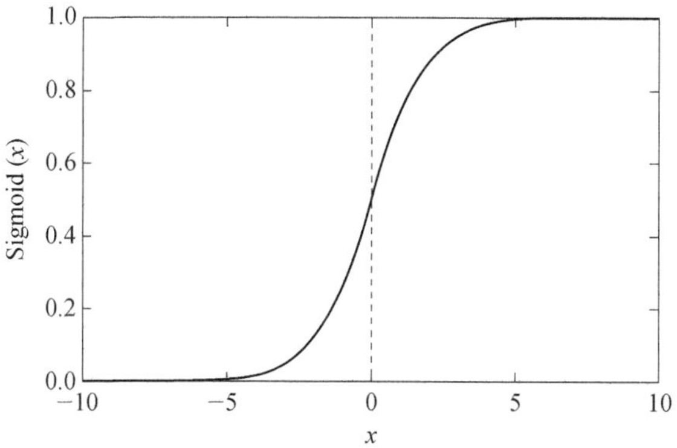

图 9-2 Sigmoid 函数

(2) ReLU 函数（图 9-3）。

ReLU 函数及其导数分别为

$$f(x) = \max(0, x) \tag{9-7}$$

$$f'(x) = \begin{cases} 0, & x \leq 0 \\ 1, & x > 0 \end{cases}$$

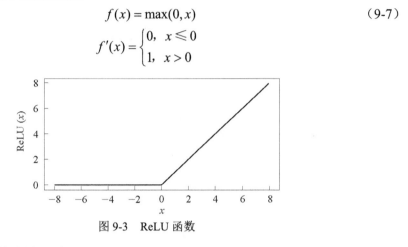

图 9-3　ReLU 函数

(3) Tanh 函数（图 9-4）。

Tanh 函数及其导数分别为

$$f(x) = \frac{e^x - e^{-x}}{e^x + e^{-x}} \tag{9-8}$$

$$f'(x) = 1 - \left(\frac{e^x - e^{-x}}{e^x + e^{-x}}\right)^2 = 1 - f^2(x)$$

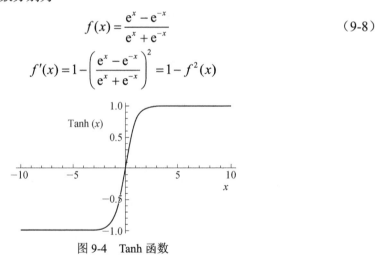

图 9-4　Tanh 函数

9.2　全连接神经网络

9.2.1　网络模型

网络模型是一种模仿生物神经网络的结构和功能的数学模型或计算模型。神经网络通过大量相互连接的人工神经元联合进行计算。大多数情况下人工神经网络能在外界信息的基础上改变内部结构，是一种自适应系统。现代神经网络是一种非线性统计性数据建模工具，常用来对输入和输出间复杂的关系进行建模，或用来探索数据的模式。

图9-5是三层结构的神经网络，包含输入层（序号是0）、隐藏层（序号是1）和输出层（序号是2），输入层有3个节点、隐藏层有4个节点，输出层有2个节点，节点是按照从上到下进行编号，节点之间的连线称为权重，W^1与W^2分别是第一层和第二层的权重矩阵，两个权重矩阵分别定义如下：

$$W^1 = \begin{bmatrix} w^1_{11} & w^1_{12} & w^1_{13} \\ w^1_{21} & w^1_{22} & w^1_{23} \\ w^1_{31} & w^1_{32} & w^1_{33} \\ w^1_{41} & w^1_{42} & w^1_{43} \end{bmatrix}, \quad W^2 = \begin{bmatrix} w^2_{11} & w^2_{12} & w^2_{13} & w^2_{14} \\ w^2_{21} & w^2_{22} & w^2_{23} & w^2_{24} \end{bmatrix} \quad (9\text{-}9)$$

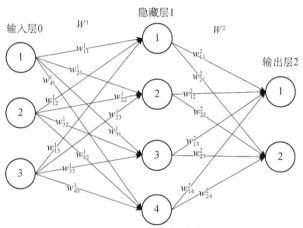

图9-5 三层结构的神经网络

结合图9-5可以看出权重矩阵的行数是其连接的下一层节点数量，列数是上一层的节点数量。权重矩阵的元素w^k_{ij}表示第k层中的第i个节点与k−1层中的第j个节点的连接权重。在实际设计时每一层的节点数可以根据情况设定；隐藏层可以有多层，当层数很多时称为深度神经网络。

9.2.2 网络训练

1）分类的基本原理

分类问题是神经网络的基本任务之一。假设有n个样本对的集合$\{X,Y\}$，其中，X是输入数据矩阵，Y是对应的标签矩阵，分别表示为$X = [X_1, X_2, \cdots, X_n]$，

$Y = [Y_1, Y_2, \cdots, Y_n]$。如果输入样本的特征是 m 维，输出标签是 k 维，则第 i 个样本对 X 和 Y 分别表示为 $X_i = [x_{i1}, x_{i2}, \cdots, x_{im}]$，$Y_i = [y_{i1}, y_{i2}, \cdots, y_{ik}]$。

图 9-6 为网络训练示意图。

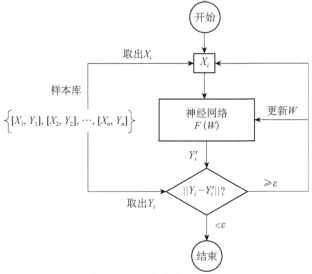

图 9-6　网络训练示意图

2）损失函数与随机梯度优化算法

我们的目标是希望通过调整网络的权重使得输出和目标有最小的误差，最常用的就是均方差损失函数，定义如下：

$$L(W, b) = \frac{1}{2} \sum_{i=1}^{M_K} (Y_i^K - T_i)^2 = \frac{1}{2} \sum_{i=1}^{M_K} (\Delta_i)^2 \quad (9-10)$$

式中，M_K 表示样本的数量；T_i 表示真实值；Δ_i 计算公式为

$$\Delta_i = Y_i^K - T_i \quad (9-11)$$

式（9-11）定义的损失函数实际上是网络的输出向量与目标向量之间的欧氏距离。当所有样本的网络输出对应的目标向量都满足条件（如小于给的值 ε）或达到迭代训练的次数时停止训练。网络训练的目标是希望得到一组网络的权重 W 和偏置 b 使得 $L(W, b)$ 的值最小，因此最传统的方法就是让 $L(W, b)$ 对 W 和 b 的导数为 0，即

$$\frac{\partial L}{\partial W} = 0, \quad \frac{\partial L}{\partial b} = 0 \quad (9-12)$$

然而对于复杂的网络，很难采用解析的方式求得式（9-12）的解或解集，因此采用计算量小的数值求解法，随机梯度下降法（stochastic gradient descent，SGD）是最常用而且有效的神经网络权重优化方法，其表达式如下：

$$W = W - \eta \frac{\partial L}{\partial W}, \quad b = b - \eta \frac{\partial L}{\partial b} \quad (9-13)$$

式中，η 为学习速率；$\dfrac{\partial L}{\partial W}$ 与 $\dfrac{\partial L}{\partial b}$ 分别表示损失函数关于变量 W 和 b 的梯度。由于神经网络具有多层结构，其函数表达式呈嵌套形式，梯度计算相对复杂，需要通过反向传播（BP）算法来实现。

9.2.3 正向传播

先定义一般的网络结构，假设神经网络的层数为 K 层（$K>1$），输入层到输出层各层节点个数（不包含偏置节点）分别为 $m_0, m_1, m_2, \cdots, m_K$，可以看出输入向量的维度为 m_0，输出向量的维度为 m_K，见图 9-7。

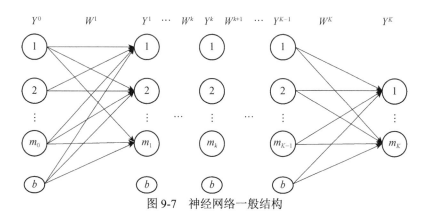

图 9-7 神经网络一般结构

输入向量：$Y^0 = \begin{bmatrix} Y_1^0 & Y_2^0 & \cdots & Y_{m_0}^0 \end{bmatrix}^T$

第一层：$Y^1 = \begin{bmatrix} Y_1^1 & Y_2^1 & \cdots & Y_{m_1}^1 \end{bmatrix}^T$

第二层：$Y^2 = \begin{bmatrix} Y_1^2 & Y_2^2 & \cdots & Y_{m_2}^2 \end{bmatrix}^T$

输出层：$Y^K = \begin{bmatrix} Y_1^K & Y_2^K & \cdots & Y_{m_K}^K \end{bmatrix}^T$

每一层的权重矩阵与偏置向量如下所示。

第一层：$W^1 \in \mathbf{R}^{m_1 \times m_0}$，$b^1 \in \mathbf{R}^{m_1 \times 1}$

第二层：$W^2 \in \mathbf{R}^{m_2 \times m_1}$，$b^2 \in \mathbf{R}^{m_2 \times 1}$

输出层：$W^K \in \mathbf{R}^{m_K \times m_{K-1}}$，$b^2 \in \mathbf{R}^{m_K \times 1}$

每一层的激活函数分别表示为 $f^1, f^2, \cdots, f^K$；通常根据实际情况选择相应的激活函数，每一层可以使用相同的激活函数，也可以使用不同的激活函数。

正向传播如下所示。

对于第 k 层（$k = \{1, 2, \cdots, K\}$）输入为

$$Z_i^k = \sum_{j=1}^{m_{k-1}} w_{ij}^k Y_j^{k-1} + b_i^k, \quad 1 \leq i \leq m_k \tag{9-14}$$

矩阵形式为

$$Z^k = W^k Y^{k-1} + b^k = [Z_1^k, Z_2^k, \cdots, Z_{m_k}^k]^T \tag{9-15}$$

经过激活函数后得到输出：

$$Y_i^k = f^k(Z_i^k) \tag{9-16}$$

矩阵形式为

$$Y^k = f^k(Z^k) = [Y_1^k, Y_2^k, \cdots, Y_{m_k}^k]^T \tag{9-17}$$

9.2.4 BP 算法介绍

BP 算法是求解神经网络的常用方法。它利用误差反向传播来调节神经网络中的权重和偏置项，从而达到优化网络。BP 算法是适合于多层神经元网络的一种学习算法，它建立在梯度下降法的基础上。反向传播算法网络的输入输出关系实质上是一种映射关系：一个 n 输入 m 输出的神经网络所完成的功能是从 n 维欧氏空间向 m 维欧氏空间中的连续映射，这种映射具有高度非线性（非线性通常由激活函数实现）。BP 传播算法主要由两个环节（激励传播、权重更新）进行反复循环迭代，直到网络对输入的响应达到预定的目标范围。BP 推导过程较为复杂，有两种基本的推导方法：BP 算法间接推导[1]与 BP 算法直接推导。下面首先给出间接推导过程，然后再给出直接推导过程。

9.2.5 BP 算法间接推导

推导既需要借助一些中间变量，也需要利用链式法则的类型 2（也称为全微分公式）。间接推导比较简明，但是有点抽象。对于第 k 层（ $k = \{1, 2, \cdots, K\}$ ），逐层求解 $\frac{\partial L}{\partial W^k}$ 和 $\frac{\partial L}{\partial b^k}$，根据上述公式可知 Z^k 是 W^k、b^k 的函数，而 Y^k 是 Z^k 的函数，利用链式求导法将其展开：

$$\frac{\partial L}{\partial w_{ij}^k} = \frac{\partial L}{\partial Y_i^k} \frac{\partial Y_i^k}{\partial Z_i^k} \frac{\partial Z_i^k}{\partial w_{ij}^k} = \delta_i^k \frac{\partial Z_i^k}{\partial w_{ij}^k} \tag{9-18}$$

$$\frac{\partial L}{\partial b_i^k} = \frac{\partial L}{\partial Y_i^k} \frac{\partial Y_i^k}{\partial Z_i^k} \frac{\partial Z_i^k}{\partial b_i^k} = \delta_i^k \frac{\partial Z_i^k}{\partial b_i^k} \tag{9-19}$$

式中，δ_i^k 称为梯度误差，是推导反向传播公式的关键：

$$\delta_i^k = \frac{\partial L}{\partial Y_i^k} \frac{\partial Y_i^k}{\partial Z_i^k} = \frac{\partial L}{\partial Z_i^k} \tag{9-20}$$

式（9-20）不难理解，Z_i^k 表示第 k 层第 i 个神经元的输入，因此 δ_i^k 表示的是第 k 层的第 i 个神经元的输出与目标输出之间的误差，用于将输出误差反向传播到前一层，以便更新前面层的权重和偏置。式（9-18）～式（9-20）得到的是第 k 层的 W^k、b^k 与该层输入 Z^k 之间的偏导关系。下面进一步将 $\frac{\partial L}{\partial Y^k}$ 和 $\frac{\partial Y^k}{\partial Z^k}$ 展开，以便发现各层之间的递推关系：

$$\begin{cases} \frac{\partial L}{\partial Y_i^k} = Y_i^K - T_i = \Delta_i, & k = K \\ \sum_{l=1}^{m_{k+1}} \frac{\partial L}{\partial Z_l^{k+1}} \frac{\partial Z_l^{k+1}}{\partial Y_i^k} = \sum_{l=1}^{m_{k+1}} \delta_l^{k+1} w_{li}^{k+1}, & k \neq K \end{cases} \tag{9-21}$$

$$\frac{\partial Y_i^k}{\partial Z_i^k} = f'^k(Z_i^k) \tag{9-22}$$

$$\frac{\partial Z_i^k}{\partial w_{ij}^k} = Y_j^{k-1} \tag{9-23}$$

$$\frac{\partial Z_i^k}{\partial b_i^k} = 1 \tag{9-24}$$

式（9-21）表示的是损失函数 L 对第 k 层输出 Y^k 的偏导，当 $k = K$ 时，根据式（9-10），有

$$\frac{\partial L}{\partial Y_i^K} = \frac{\partial \left[\frac{1}{2} \sum_{l=1}^{m_K} (Y_l^K - T_l)^2 \right]}{\partial Y_i^K} = Y_i^K - T_i$$

注意，Y_i^K 只与第 i 项 $Y_i^K - T_i$ 相关。当 $k \neq K$ 时，Y_i^K 与第 $k+1$ 层的所有的神经元 $Z_l^{k+1}(l = 1, 2, \cdots, m_{k+1})$ 相关。根据式（9-3）利用链式求导法则，有

$$\frac{\partial L}{\partial Y_i^k} = \sum_{l=1}^{m_{k+1}} \frac{\partial L}{\partial Z_l^{k+1}} \frac{\partial Z_l^{k+1}}{\partial Y_i^k}$$

根据式（9-14），式（9-23）中的 $\frac{\partial Z_i^k}{\partial w_{ij}^k}$ 只与第 $k-1$ 层的第 j 个神经元输出 Y_j^{k-1} 有关，由此可得式（9-23）。下面根据以上情况，从输出层（第 K 层）开始，逐层反向推导 $\frac{\partial L}{\partial w_{ij}^k}$ 和 $\frac{\partial L}{\partial b_i^k}$。

1. 第 K 层（输出层）

根据式（9-21）与式（9-22），式（9-20）可以写为如下表达式：

$$\delta_i^K = \frac{\partial L}{\partial Y_i^K}\frac{\partial Y_i^K}{\partial Z_i^K} = \frac{\partial L}{\partial Y_i^K} f'^K(Z_i^K) = \Delta_i f'^K(Z_i^K) \tag{9-25}$$

结合式（9-21）～式（9-24），$\frac{\partial L}{\partial W^k}$ 与 $\frac{\partial L}{\partial b^k}$ 可以写为

$$\frac{\partial L}{\partial w_{ij}^K} = \delta_i^k \frac{\partial Z_i^k}{\partial w_{ij}^k} = \delta_i^K Y_j^{K-1} \tag{9-26}$$

$$\frac{\partial L}{\partial b_i^K} = \delta_i^k \frac{\partial Z_i^k}{\partial b_i^k} = \delta_i^K \tag{9-27}$$

上述两式的向量形式为

$$\frac{\partial L}{\partial W^k} = \begin{bmatrix} \delta_1^K \\ \delta_2^K \\ \vdots \\ \delta_{m_K}^K \end{bmatrix} [Y_1^{K-1}, Y_2^{K-1}, \cdots, Y_{m_K}^{K-1}] = \delta^K (Y^{K-1})^{\mathrm{T}} \tag{9-28}$$

$$\frac{\partial L}{\partial b^k} = \delta^K \tag{9-29}$$

式中

$$\delta^K = \begin{bmatrix} \Delta_1 \\ \Delta_2 \\ \vdots \\ \Delta_{m_K} \end{bmatrix} \odot \begin{bmatrix} f'^K(Z_1^K) \\ f'^K(Z_2^K) \\ \vdots \\ f'^K(Z_{m_K}^K) \end{bmatrix} = \Delta \odot f'^K(Z^K) \tag{9-30}$$

2. $k = K - 1, \cdots, 2, 1$ 层

结合式（9-21）与式（9-22），则 δ_i^k 的表达式为

$$\delta_i^k = \frac{\partial L}{\partial Y_i^k}\frac{\partial Y_i^k}{\partial Z_i^k} = (\sum_{l=1}^{m_{k+1}} w_{li}^{k+1} \delta_l^{k+1}) f'^k(Z_i^k) = ((W^{k+1})^{\mathrm{T}} \delta^{k+1}) f'^k(Z_i^k) \tag{9-31}$$

则 $\frac{\partial L}{\partial w_{ij}^k}$ 和 $\frac{\partial L}{\partial b_i^k}$ 可以表示为

$$\frac{\partial L}{\partial w_{ij}^k} = \delta_i^k \frac{\partial Z_i^k}{\partial w_{ij}^k} = \delta_i^k Y_j^{k-1} \tag{9-32}$$

$$\frac{\partial L}{\partial b^k} = \delta_i^k \tag{9-33}$$

其矩阵形式为

$$\frac{\partial L}{\partial W^k} = \begin{bmatrix} \delta_1^k \\ \delta_2^k \\ \vdots \\ \delta_{m_k}^k \end{bmatrix} [Y_1^{k-1}, Y_2^{k-1}, \cdots, Y_{m_{k-1}}^{k-1}] = \delta^k (Y^{k-1})^{\mathrm{T}} \tag{9-34}$$

$$\frac{\partial L}{\partial b^k} = \delta^k \tag{9-35}$$

式中

$$\delta^k = \begin{bmatrix} (W_1^{k+1})^T \delta^{k+1} \\ (W_2^{k+1})^T \delta^{k+1} \\ \vdots \\ (W_{m_{k+1}}^{k+1})^T \delta^{k+1} \end{bmatrix} \odot \begin{bmatrix} f'^k(Z_1^k) \\ f'^k(Z_2^k) \\ \vdots \\ f'^k(Z_{m_k}^k) \end{bmatrix} = (W^{k+1})^T \delta^{k+1} \odot f'^k(Z^k) \tag{9-36}$$

最后可以写出 $\dfrac{\partial L}{\partial W^k}$ 与 $\dfrac{\partial L}{\partial b^k}$ 的递推公式：

$$\delta^k = \begin{cases} \Delta \odot f'^K(Z^K) & k = K \\ [(W^{k+1})^T \delta^{k+1}] \odot f'^k(Z^k), & k \neq K \end{cases} \tag{9-37}$$

$$\frac{\partial L}{\partial W^k} = \delta^k (Y^{k-1})^T \tag{9-38}$$

$$\frac{\partial L}{\partial b^k} = \delta^k \tag{9-39}$$

9.2.6 BP 算法直接推导

直接根据损失函数反向求得 $\dfrac{\partial L}{\partial W^k}$ 与 $\dfrac{\partial L}{\partial b^k}$，这种推导方式比较直观，但是由于涉及函数的层层嵌套，中间推导过程比较复杂。BP 算法目的是求得 $\dfrac{\partial L}{\partial W^k}$ 与 $\dfrac{\partial L}{\partial b^k}$ 的递推公式，因此推导的关键是在反向推导过程中提炼出递推项，也就是梯度误差 δ_i^k。为了简化，本节只展示了 $\dfrac{\partial L}{\partial W^k}$ 的推导过程。

1. 第 K 层（输出层）

$$\frac{\partial L}{\partial w_{ij}^K} = \frac{\partial \left[\dfrac{1}{2}\sum_{l=1}^{m_K}(Y_l^K - T_l)^2\right]}{\partial w_{ij}^K} = \frac{\sum_{l=1}^{m_K}(Y_l^K - T_l^K)\partial Y_l^K}{\partial w_{ij}^K} = \Delta_i \frac{\partial Y_i^K}{\partial w_{ij}^K}$$

因为输出层只有第 i 个神经元与 w_{ij}^K 相关，所以上式可写为

$$\begin{aligned}\frac{\partial L}{\partial w_{ij}^K} &= \Delta_i \frac{\partial f^K(Z_i^K)}{\partial w_{ij}^K} \\ &= \Delta_i f'^K(Z_i^K) \frac{\partial Z_i^K}{\partial w_{ij}^K} \\ &= \Delta_i f'^K(Z_i^K) Y_j^{K-1}\end{aligned} \tag{9-40}$$

定义 $\delta_i^K = \Delta_i f'^K(Z_i^K)$ 为输出层第 i 个神经元误差，则

$$\frac{\partial L}{\partial w_{ij}^K} = \delta_i^K Y_j^{K-1} \qquad (9\text{-}41)$$

2. $k = K-1$ 层

图 9-8 为 $k = K-1$ 层的直接推导示意图。

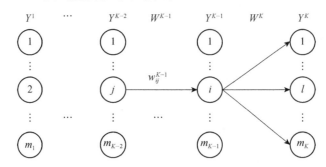

图 9-8 $k = K-1$ 层的直接推导示意图

由于反向推导过程中，涉及变量之间的嵌套关系，因此下面推导 $\dfrac{\partial L}{\partial w_{ij}^{K-1}}$ 的过程比较复杂。

$$\frac{\partial L}{\partial w_{ij}^{K-1}} = \frac{\partial \left[\frac{1}{2}\sum_{l=1}^{m_K}(Y_l^K - T_l^K)^2\right]}{\partial w_{ij}^{K-1}} = \frac{\sum_{l=1}^{m_K}(Y_l^K - T_l^K)\partial Y_l^K}{\partial w_{ij}^{K-1}} = \sum_{l=1}^{m_K}\Delta_l\frac{\partial Y_l^K}{\partial w_{ij}^{K-1}}$$

因为输出层所有神经元都与 w_{ij}^{K-1} 相关，所以上式可写为

$$\frac{\partial L}{\partial w_{ij}^{K-1}} = \sum_{l=1}^{m_K}\Delta_l\frac{\partial f^K(Z_l^K)}{\partial w_{ij}^{K-1}}$$

$$= \sum_{l=1}^{m_K}\Delta_l f'^K(Z_l^K)\frac{\partial Z_l^K}{\partial w_{ij}^{K-1}} = \sum_{l=1}^{m_K}\Delta_l f'^K(Z_l^K)\frac{\partial (\sum_{i=1}^{m_{K-1}} w_{li}^K Y_i^{K-1} + b_l^K)}{\partial w_{ij}^{K-1}}$$

在 $K-1$ 层只有神经元 i 与 w_{ij}^{K-1} 相关，所以上式可写为

$$\frac{\partial L}{\partial w_{ij}^{K-1}} = \sum_{l=1}^{m_K}\Delta_l f'^K(Z_l^K) w_{li}^K \frac{\partial Y_i^{K-1}}{\partial w_{ij}^{K-1}}$$

$$= \sum_{l=1}^{m_K}\Delta_l f'^K(Z_l^K) w_{li}^K \frac{\partial f^{K-1}(Z_i^{K-1})}{\partial w_{ij}^{K-1}}$$

$$= \sum_{l=1}^{m_K}\Delta_l f'^K(Z_l^K) w_{li}^K f'^{K-1}(Z_i^{K-1}) \frac{\partial Z_i^{K-1}}{\partial w_{ij}^{K-1}}$$

$$= \sum_{l=1}^{m_K}\Delta_l f'^K(Z_l^K) w_{li}^K f'^{K-1}(Z_i^{K-1}) \frac{\partial (\sum_{j=1}^{m_{K-2}} w_{ij}^{K-1} Y_j^{K-2} + b_i^{K-1})}{\partial w_{ij}^{K-1}}$$

在 $K-2$ 层只有神经元 j 与 w_{ij}^{K-1} 相关，所以

$$\frac{\partial L}{\partial w_{ij}^{K-1}} = \sum_{l=1}^{m_K} \Delta_l f'^K(Z_l^K) w_{li}^K f'^{K-1}(Z_i^{K-1}) Y_j^{K-2}$$
$$= \sum_{l=1}^{m_K} \delta_l^K w_{li}^K f'^{K-1}(Z_i^{K-1}) Y_j^{K-2}$$
（9-42）

定义 $\delta_i^{K-1} = \sum_{l=1}^{m_K} w_{li}^K \delta_l^K f'^{K-1}(Z_i^{K-1})$ 为输出层第 i 个神经元误差，则

$$\frac{\partial L}{\partial w_{ij}^{K-1}} = \delta_i^{K-1} Y_j^{K-2}$$
（9-43）

3. k = K−2 层

图 9-9 为 $k=K-2$ 层的直接推导示意图。推导过程很烦琐，关键是需要注意每一步变量之间的关系，具体见式（9-14）～式（9-17），同时要注意变量下标与求和符号采用的索引。

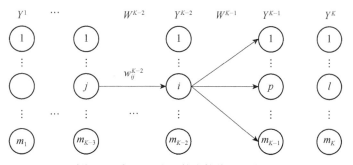

图 9-9　$k = K-2$ 层的直接推导示意图

$$\frac{\partial L}{\partial w_{ij}^{K-2}} = \frac{\partial \left[\frac{1}{2} \sum_{l=1}^{m_K}(Y_l^K - T_l)^2 \right]}{\partial w_{ij}^{K-2}} = \frac{\sum_{l=1}^{m_K}(Y_l^K - T_l^K)\partial Y_l^K}{\partial w_{ij}^{K-2}} = \sum_{l=1}^{m_K} \Delta_l \frac{\partial Y_l^K}{\partial w_{ij}^{K-2}}$$

因为输出层所有神经元都与 w_{ij}^{K-1} 相关，所以上式可写为

$$\frac{\partial L}{\partial w_{ij}^{K-2}} = \sum_{l=1}^{m_K} \Delta_l \frac{\partial f^K(Z_l^K)}{\partial w_{ij}^{K-2}}$$

$$= \sum_{l=1}^{m_K} \Delta_l f'^K(Z_l^K) \frac{\partial Z_l^K}{\partial w_{ij}^{K-2}} = \sum_{l=1}^{m_K} \Delta_l f'^K(Z_l^K) \frac{\partial (\sum_{p=1}^{m_{K-1}} w_{lp}^K Y_p^{K-1} + b_l^K)}{\partial w_{ij}^{K-2}}$$

K−1 层中所有神经元都与 w_{ij}^{K-1} 相关，所以

$$\frac{\partial L}{\partial w_{ij}^{K-2}} = \sum_{l=1}^{m_K} \Delta_l f'^K(Z_l^K) \sum_{p=1}^{m_{K-1}} w_{lp}^K \frac{\partial Y_p^{K-1}}{\partial w_{ij}^{K-2}}$$

$$Y_p^{K-1} = f^{K-1}(Z_p^{K-1})$$

将 Z_p^{K-1} 值代入，则有

$$\frac{\partial L}{\partial w_{ij}^{K-2}} = \sum_{l=1}^{m_K} \Delta_l f'^K(Z_l^K) \sum_{p=1}^{m_{K-1}} w_{lp}^K f'^{K-1}(Z_p^{K-1}) \frac{\partial Z_p^{K-1}}{\partial w_{ij}^{K-2}}$$

$$Z_p^{K-1} = \sum_{i=1}^{m_{K-2}} w_{pi}^{K-1} Y_i^{K-2} + b_p^{K-1}$$

$$\frac{\partial L}{\partial w_{ij}^{K-2}} = \sum_{l=1}^{m_K} \Delta_l f'^K(Z_l^K) \sum_{p=1}^{m_{K-1}} w_{lp}^K f'^{K-1}(Z_p^{K-1}) \frac{\partial (\sum_{i=1}^{m_{K-2}} w_{pi}^{K-1} Y_i^{K-2} + b_p^{K-1})}{\partial w_{ij}^{K-2}}$$

$K-2$ 层只有神经元 i 与 w_{ij}^{K-1} 相关，所以

$$\frac{\partial L}{\partial w_{ij}^{K-2}} = \sum_{l=1}^{m_K} \Delta_l f'^K(Z_l^K) \sum_{p=1}^{m_{K-1}} w_{lp}^K f'^{K-1}(Z_p^{K-1}) w_{pi}^{K-1} \frac{\partial Y_i^{K-2}}{\partial w_{ij}^{K-2}}$$

$$Y_i^{K-2} = f^{K-2}(Z_i^{K-2})$$

将 Y_i^{K-2} 值代入，则有

$$\frac{\partial L}{\partial w_{ij}^{K-2}} = \sum_{l=1}^{m_K} \Delta_l f'^K(Z_l^K) \sum_{p=1}^{m_{K-1}} w_{lp}^K f'^{K-1}(Z_p^{K-1}) w_{pi}^{K-1} f'^{K-2}(Z_i^{K-2}) \frac{\partial Z_i^{K-2}}{\partial w_{ij}^{K-2}}$$

$$= \sum_{l=1}^{m_K} \Delta_l f'^K(Z_l^K) \sum_{p=1}^{m_{K-1}} w_{lp}^K f'^{K-1}(Z_p^{K-1}) w_{pi}^{K-1} f'^{K-2}(Z_i^{K-2}) Y_j^{K-3}$$

令 $\delta_l^K := \Delta_l f'^K(Z_l^K)$，则有

$$\frac{\partial L}{\partial w_{ij}^{K-2}} = \sum_{l=1}^{m_K} \delta_l^K \sum_{p=1}^{m_{K-1}} w_{lp}^K f'^{K-1}(Z_p^{K-1}) w_{pi}^{K-1} f'^{K-2}(Z_i^{K-2}) Y_j^{K-3}$$

$$= \sum_{p=1}^{m_{K-1}} [\sum_{l=1}^{m_K} w_{lp}^K \delta_l^K f'^{K-1}(Z_p^{K-1})] w_{pi}^{K-1} f'^{K-2}(Z_i^{K-2}) Y_j^{K-3}$$

令 $\delta_p^{K-1} := \sum_{l=1}^{m_K} w_{lp}^K \delta_l^K f'^{K-1}(Z_p^{K-1})$，则有

$$\frac{\partial L}{\partial w_{ij}^{K-2}} = \sum_{p=1}^{m_{K-1}} w_{pi}^{K-1} \delta_p^{K-1} f'^{K-2}(Z_i^{K-2}) Y_j^{K-3} \qquad (9\text{-}44)$$

定义 $\delta_i^{K-2} := \sum_{p=1}^{m_{K-1}} w_{pi}^{K-1} \delta_p^{K-1} f'^{K-2}(Z_i^{K-2})$ 为输出层第 i 个神经元的梯度误差，则

$$\frac{\partial L}{\partial w_{ij}^{K-2}} = \delta_i^{K-2} Y_j^{K-3} \qquad (9\text{-}45)$$

由此，可以归纳出梯度误差的递推公式：

$$\delta_i^k = \sum_{l=1}^{m_{k+1}} w_{li}^{k+1} \delta_l^{k+1} f'^k(Z_i^k) \tag{9-46}$$

可以看出式（9-46）与式（9-31）表达的 δ_i^k 完全相同。

9.2.7 BP 算法流程

反向传播分为以下 4 个步骤。

步骤 1：初始化权重 $W^k, k=1,2,\cdots,K$。

步骤 2：向前逐层计算 Z^k、Y^k。

$$\text{For } k=1,2,\cdots,K$$
$$Z^k = W^k Y^{k-1} + b^k$$
$$Y^k = f^k(Z^k)$$

步骤 3：反向逐层计算梯度。

$$\text{For } k=K,K-1,\cdots,2,1$$
$$\delta^k = \begin{cases} f'^K(Z^K) \odot \varDelta, & k=K \\ [(W^{k+1})^{\mathrm{T}}]\delta^{k+1} \odot f'^k(Z^k), & k \neq K \end{cases}$$
$$\frac{\partial L}{\partial W^k} = \delta^k (Y^{k-1})^{\mathrm{T}}$$
$$\frac{\partial L}{\partial b^k} = \delta^k$$

步骤 4：逐层更新权重。

$$\text{For } k=K,K-1,\cdots,2,1$$
$$W^k = W^k - \eta \frac{\partial L}{\partial W^k}$$
$$b^k = b^k - \eta \frac{\partial L}{\partial b^k}$$

9.3 卷积神经网络

9.3.1 卷积定义

卷积是数学上的一种积分变换，在许多方面得到了广泛的应用。设 $f(x)$ 和 $g(x)$

是两个可积函数，则卷积定义为

$$y(x) = \int_{-\infty}^{\infty} f(\tau)g(x-\tau) \tag{9-47}$$

在计算机中采用离散卷积来实现，给定两个序列 $f(n)$ 和 $g(n)$，离散卷积为

$$y(n) = \sum_{i=-\infty}^{\infty} f(i)g(n-i) \tag{9-48}$$

可以看出卷积本质上就是先将一个函数翻转，然后进行滑动后叠加。卷积的卷是指函数的翻转，从 $g(t)$ 变成 $g(-t)$ 的这个过程，其物理意义需要结合具体应用才能解释，通常是指函数代表了与时间相关的时序数据。在数字图像处理和卷积神经网络中，使用卷积的二维形式，表示如下：

$$(f*g)(u,v) = \sum_i \sum_j f(i,j)g(u-i,v-j) \tag{9-49}$$

对于图像，图像像素之间只有位置关系而没有时序关系，此外常常需要利用机器学习技术才能从大量样本中得出 $g(x,y)$ 中的具体参数，而且卷积函数是否翻转对结果几乎没有影响，因此卷积计算实际上采用的是模板化方式来计算的。假设输入一幅图像 $f(x,y)$，经过特定设计的卷积核 $g(x,y)$ 进行卷积处理，卷积具体操作是将 $m\times n$ 的卷积核 $g(x,y)$ 作为掩模在图像上进行从左到右、从上到下的滑动（图 9-10），滑动步长为 k。每次滑动一次将计算卷积核掩模与图像重复部分的加权和，即

$$R = w_1 z_1 + w_2 z_2 + \cdots + w_{mn} z_{mn} = \sum_{i=1}^{mn} w_i z_i \tag{9-50}$$

式中，w 为卷积核的系数，z 为该系数对应的图像的灰度值。经过卷积处理后的输出图像将会得到模糊、边缘强化等各种效果。

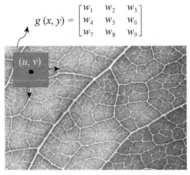

图 9-10　图像卷积计算示意图

9.3.2 卷积步长

步长为卷积核每次滑动的像素点个数。图 9-11 是步长为 1 的卷积过程，卷积核在图片上移动时，每次移动大小为 1 个像素点。图 9-12 是步长为 2 的卷积过程，当卷积核在图片上移动时，每次移动大小为 2 个像素点。

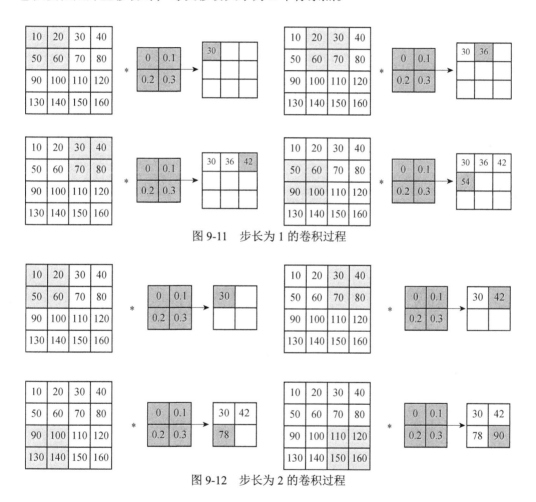

图 9-11 步长为 1 的卷积过程

图 9-12 步长为 2 的卷积过程

9.3.3 填充

当卷积核尺寸大于 1 时，输出特征图的尺寸会小于输入图片的尺寸。为了控制卷积操作后图片的尺寸，通常会在图像的外围进行填充（padding）。常用的填充方式有零填充和相邻像素值填充两种方式。根据对称性分为对称填充与非对称填充。对称填充指的是在水平方向（H）与垂直方向（W）均填充同样长度的数据，即 $P_h = P_w$。图 9-13 为零对称填充结果。

0	0	0	0	0	0
0	10	20	30	40	0
0	50	60	70	80	0
0	90	100	110	120	0
0	130	140	150	160	0
0	0	0	0	0	0

图 9-13　零对称填充结果

9.3.4　卷积输出特征尺寸

卷积后的特征输出尺寸与卷积核大小、填充长度、步长相关，其表达式如下：

$$H_{out} = \frac{H + 2P_h - H_k}{S_h} + 1 \tag{9-51}$$

$$W_{out} = \frac{W + 2P_w - W_k}{S_w} + 1 \tag{9-52}$$

式中，H_{out} 与 W_{out} 为卷积输出特征的高与宽；P_h 与 P_w 分别为在水平方向与垂直方向的填充长度；H_k 与 W_k 为卷积核的高与宽；S_h 与 S_w 分别为在水平方向与垂直方向的滑动步长。

9.3.5　多通道输入卷积

一个卷积核可以学习并提取图像的一种特征，但图像中包含如纹理、颜色等多种不同的信息，因此需要多个不同的卷积核来提取不同的特征。

常见的图像包含 RGB 3 个颜色通道，相应的需要 3 个卷积核（多卷积核）来提取特征。推广到一般化场景，假设输入图像的通道数为 C_{in}，高和宽分别为 H_{in} 与 W_{in}，则输入数据形状（shape）为 $C_{in} \times H_{in} \times W_{in}$；卷积核形状为 $C_{in} \times H_k \times W_h$，则多通道输入卷积过程如图 9-14 所示。图 9-14 展示了三通道输入图像卷积例子。在计算时分别对每个通道进行卷积，并将每个通道计算的结果进行求和，得到最终的输出。

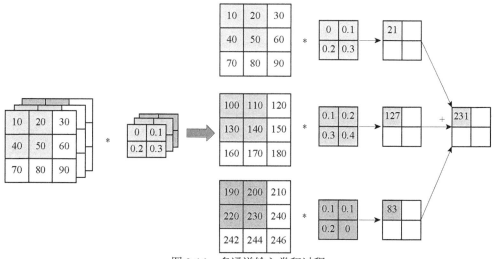

图 9-14　多通道输入卷积过程

9.3.6　多通道输入多通道输出卷积

在网络的中间层中一般情况是多通道输入,同时也是多通道输出,以便提取更多的特征,这时需要构造多组多卷积核来实现。假设输入图像的高和宽分别为 H_{in} 与 W_{in},通道数为 C_{in},输出通道数为 C_{out},需要设计卷积核的形状(shape)为四维数组 $C_{out} \times C_{in} \times H_k \times W_h$,多通道输入多通道输出卷积过程如图 9-15 所示。可以看出,多通道输入多通道输出卷积实际上是多组多通道输入卷积的组合。

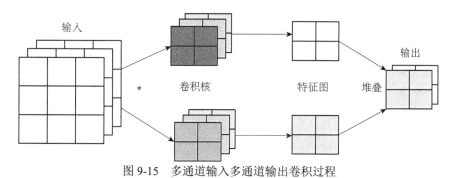

图 9-15　多通道输入多通道输出卷积过程

9.3.7　批量卷积

为了提高卷积神经网络的训练效率,通常是将多张图片(称为批量训练)一次送入网络。这样,输入数据的维度是 $B \times C_{out} \times C_{in} \times H_k \times W_h$,其中,$B$ 是指一批中的图像数量。图 9-16 中展示了两张多通道图像（一批）同时进行卷积的例子，可以看出，批量卷积是若干个多通道输入多通道输出卷积的组合。

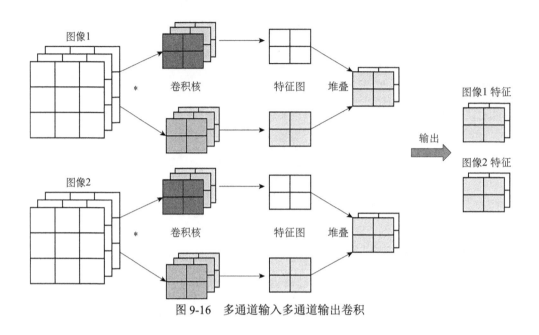

图 9-16 多通道输入多通道输出卷积

9.3.8 池化

池化作用是进行特征选择，降低特征数量，从而减少参数数量。池化相当于在空间范围内做了维度约减，分别作用于每个输入特征并减小其大小。常用的有平均池化与最大池化两种。池化与卷积一样，也是利用滑动窗口来实现的，若输入特征图的大小为 $H \times W$，滑动窗口大小为 $K_h \times K_w$，高度与宽度方向滑动步长分别为 S_h 和 S_w，则输出特征图大小分别为

$$H_{out} = \frac{H - K_h}{S_h} + 1, \quad W_{out} = \frac{W - K_w}{S_w} + 1 \qquad (9-53)$$

图 9-17 展示了采用 2×2 滑动窗口（两个方向的步长均为 2）对同一输入特征图（左边图像），分别利用平均池化与最大池化作用后得到的输出特征图（右边两幅图像）。可以看出，平均池化与最大池化操作非常简单，就是把滑动窗口内的像素值分别求平均值与最大值。

图 9-17 平均池化与最大池化

9.3.9 转置卷积

卷积作用于图像后的特征形状通常会变小，在某些网络中需要扩大图像的特征形状，这时就需要用到转置卷积。转置卷积的主要作用就是起到上采样的作用（图 9-18）。但转置卷积（也称为反卷积）不是卷积的逆运算，它只能恢复到原来的大小，但是数值与原来不同。转置卷积的运算过程如下。

（1）在输入特征图元素间填充 $S-1$ 行 0 与 $S-1$ 列 0，其中，S 表示转置卷积的步长。

（2）在输入特征图四周填充 $K-P-1$ 行 0 与 $K-P-1$ 列 0，其中，K 表示转置卷积核的大小，P 为转置卷积的填充长度，这里的填充与卷积中的填充不太一样。

（3）将卷积核参数进行上下、左右翻转。

（4）做卷积运算。

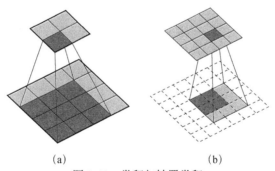

图 9-18 卷积与转置卷积

图 9-19 为 $S=1, P=0, K=3$ 时转置卷积的计算过程。图 9-20 为不同参数下的转置卷积。

在 encoder-decoder 深度模型中经常出现转置卷积，它与卷积在算法上一模一样，但是在作用上有一点不同。encoder 阶段，卷积层的主要作用就是获取图像的局部信息，并传送给池化层，然后由 2×2 最大池化进行处理，把最大值特征再次传递到下一层。decoder阶段是将特征层进行上采样，然后交给卷积层进行处理，所以位于decoder当中的卷积层的作用是对图像按照一定的计算进行填补。

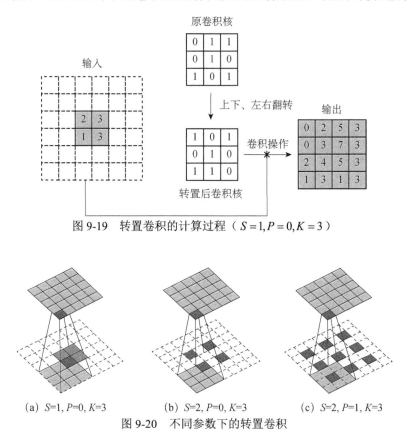

图9-19 转置卷积的计算过程（$S=1, P=0, K=3$）

(a) $S=1, P=0, K=3$　　(b) $S=2, P=0, K=3$　　(c) $S=2, P=1, K=3$

图9-20 不同参数下的转置卷积

9.3.10 batch-normalization

在机器学习中，通常需要将输入数据进行归一化处理，避免数据量级差异导致的模型收敛问题，能让机器学习更容易地学习到数据中的规律。有多种归一化方法，如最大最小归一化方法和高斯归一化。高斯归一化也称为白化操作，是将图像的像素分布调整为平均像素值为0、方差为1的正态分布。高斯归一化的优点在于能减小奇异样本数据导致的不良影响，促进模型的快速收敛。受到白化方法的启发，是否能够在模型的每一层都进行归一化操作呢？答案是肯定的。批量标准化（batch-normalization，BN）和普通的数据标准化类似，是将分散的数据统一的一种做法，也是优化神经网络的一种方法。

BN常常用在激活函数（层）之前或之后，是一种让神经网络训练更快、更稳定的方法[2]，避免梯度爆炸或者梯度消失。它计算每个小批次（mini-batch）的均值和方差，并将其归一化均值为 0、方差为 1 的标准正态分布。给定 mini-batch 中的集合为 $B = \{x_1, x_2, \cdots, x_m\}$，输入 x_i 大小为 (N, D)，BN 沿着通道 D 计算均值和方差，然后进行归一化、平移、缩放。

沿着通道 D 计算均值和方差：

$$\mu = \frac{1}{m} \sum_{i=1}^{m} x_i \tag{9-54}$$

$$\sigma^2 = \frac{1}{m} \sum_{i=1}^{m} (x_i - \mu)^2 \tag{9-55}$$

归一化：

$$\hat{x}_i = \frac{x_i - \mu}{\sqrt{\sigma^2 + \epsilon}} \tag{9-56}$$

式中，ϵ 表示一个小的常数，防止分母为 0。平移与缩放：

$$y_i = \gamma \hat{x}_i + \beta \tag{9-57}$$

式中，γ 与 β 分别为缩放和平移的可学习的参数。

9.3.11 Dropout

Hinton 等[3]提出，在每次训练时，随机让一定数量的卷积停止工作，这样可以提高网络的泛化能力，这种技术被称为 Dropout。Dropout 是指深度学习训练过程中，对于神经网络训练单元，按照一定的概率 p 将其从网络中暂时移除。对于随机梯度下降来说，由于是随机丢弃，故而每一个 mini-batch 都在训练不同的网络。

未使用 Dropout：

$$Z_i^{l+1} = w_i^{l+1} y^l + b_i^{l+1} \tag{9-58}$$

$$y_i^{l+1} = f(Z_i^{l+1}) \tag{9-59}$$

使用 Dropout：

$$r_j^l \sim \text{Bernoulli}(p) \tag{9-60}$$

$$\tilde{y}^l = r^l * y^l \tag{9-61}$$

$$Z_i^{l+1} = w_i^{l+1} \tilde{y}^l + b_i^{l+1} \tag{9-62}$$

$$y_i^{l+1} = f(Z_i^{l+1}) \tag{9-63}$$

式中，*表示逐元素相乘；Bernoulli 函数用于生成概率向量 r，即随机生成一个由 0 和 1 组成的向量。代码层面实现让某个神经元以概率 p 停止工作，其实就是让它的

激活函数值以概率 p 变为 0。某一层网络神经元的个数为 1000 个，Dropout 概率设置为 0.5，那么这一层神经元经过 Dropout 后，1000 个神经元中会有大约 500 个的值被置为 0。

训练阶段假设数据输入为 x，以概率 p 丢弃，$y_i = W|_p * x$。测试阶段需要将权重恢复到和训练阶段相同，才可以保证数据分布的一致性，所以要乘 p，$y_i = W * px$。

9.3.12　卷积神经网络

如果用 9.2 节介绍的全连接神经网络来处理图像（如提取图像特征与分类），那么图像中的每一个像素都是神经网络的输入节点。例如，一个 256×256 的图像，全连接神经网络仅仅在输入层就需要 65536 个输入节点，参数量非常庞大，无法构建深度神经网络来提取图像的高层语义特征。利用卷积则可以解决全连接计算量大的问题。图 9-21（a）是全连接示意图，图像中的每个像素均有一个连接权重，加权后传播到下一层；图 9-21（b）是卷积操作，图像中的所有像素只有一个卷积核，即一张图像共享一个卷积核大小的权重，且卷积后传播到下一层。卷积核滑动时覆盖的图像局部区域称为感受野，如 3×3 卷积核对应的感受野大小就是 3×3。

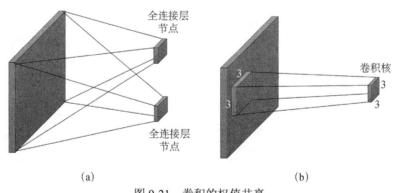

图 9-21　卷积的权值共享

典型的 DCNN 如图 9-22 所示[4]。DCNN 输入图像经过一系列卷积+池化等操作，逐层提取图像的特征。网络前端输出的中间特征可能包含图像的轮廓等信息，而后端输出的特征图可能就只有少数重要特征被保留（如目标图像轮廓等）。总之越往后特征越抽象，甚至看不出来任何几何意义。深度网络的结构可以多样化，可以包含以上介绍的所有组件（也称为层），如全连接、卷积、转置卷积、池化、BN、

Dropout 等。一般讲，网络最后有若干的全连接层，对于分类网络最后一层一般是 Softmax。

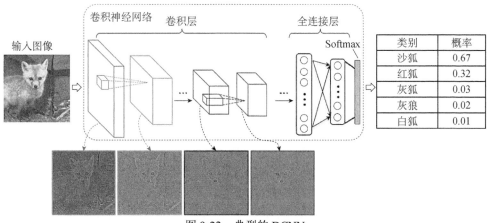

图 9-22　典型的 DCNN

Softmax 层将全连接层所得到的特征向量映射为归一化概率值，用来表示输入图像在所有类别中出现的概率。Softmax 层实现分为两个步骤，即将输入特征转化为非负数并归一化为概率。图 9-23 展示了特征维度为 3 的向量的 Softmax 实现过程。

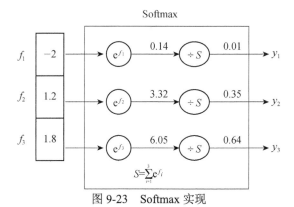

图 9-23　Softmax 实现

（1）输入特征转化为非负数：

$$z_1 = e^{f_1} = e^{-2} = 0.14$$
$$z_2 = e^{f_2} = e^{1.2} = 3.32$$
$$z_3 = e^{f_3} = e^{1.8} = 6.05$$

（2）执行归一化，转化为概率：

$$S = \sum_{i=1}^{3} e^{f_i} = 9.51$$

$$y_1 = \frac{z_1}{S} = 0.01$$

$$y_2 = \frac{z_2}{S} = 0.35$$

$$y_3 = \frac{z_3}{S} = 0.64$$

两步合并在一起，对于 N 维输入特征向量 Softmax 就是执行如下函数：

$$y_i = \frac{e^{f_i}}{\sum_{i=1}^{N} e^{f_i}} \qquad (9\text{-}64)$$

转化为概率是为了方便分类网络进行训练，通常分类网络样本对标签采用 One-Hot 编码（又称为一位有效编码）。One-Hot 编码采用 N 位状态寄存器来对 N 个状态（类别）进行编码，每个状态都有它独立的寄存器位，并且在任意时刻只有一位有效。例如，对猫、狗、老虎、狮子四种动物进行编码。

  猫：[1, 0, 0, 0]；狗：[0, 1, 0, 0]

  老虎：[0, 0, 1, 0]；狮子：[0, 0, 0, 1]

从上面例子看出一个 One-Hot 编码之和为 1，满足概率分布条件。在网络训练时，寻找网络参数的目的就是让所有样本经过卷积神经网络的 Softmax 输出值尽可能地都与其对应的标签匹配或接近。

9.3.13　CNN 反向传播算法

与全连接网络推导过程类似，卷积神经网络参数优化方法仍然采用 BP 算法优化网络参数。但是由于卷积神经网络上的一些组件（层）与全连接层不一样，因此卷积神经网络上的 BP 算法主要解决如下几个方面的反向传播问题[5]。对于 Dropout 层，由于该层只丢弃网络节点并没有改变网络结构，其 BP 算法也不用修改。因此，BP 算法主要涉及卷积层、池化层、BN 层。回顾前面全连接网络，BP 算法的核心是根据 δ^{k+1} 反推 δ^k：

$$\delta^k = \frac{\partial L}{\partial Z^k} = \frac{\partial L}{\partial Y^k} \frac{\partial Y^k}{\partial Z^k} = (W^{k+1})^{\mathrm{T}} \delta^{k+1} \odot f'^k(Z^k) \qquad (9\text{-}65)$$

在全连接网络中的正向传播过程如下：

$$Y_i^k = f^k(Z_i^k) = f^k(W^k Y^{k-1} + b^k) \qquad (9\text{-}66)$$

而在卷积网络中的传播过程如下：

$$Y_i^k = f^k(Z_i^k) = f^k(Y^{k-1} * W^k + b^k) \qquad (9\text{-}67)$$

式中，$*$ 表示卷积；Y^{k-1} 为第 $k-1$ 层的特征图；W^k 为第 k 层的卷积核。为了简化推导，这里以简单的矩阵相乘为例来发现反向传播规律。假定 k 层的激活输出是 3×3 矩阵，第 $k+1$ 层卷积核是 W^{k+1}，是 2×2 矩阵，卷积步长为 1，则输出 Z^{k+1} 是一个 2×2 矩阵，省略偏置得到

$$Z^{k+1} = Y^k * W^{k+1} \tag{9-68}$$

写成矩阵形式便是

$$\begin{bmatrix} z_{11} & z_{12} \\ z_{21} & z_{22} \end{bmatrix} = \begin{bmatrix} y_{11} & y_{12} & y_{13} \\ y_{21} & y_{22} & y_{23} \\ y_{31} & y_{32} & y_{33} \end{bmatrix} * \begin{bmatrix} w_{11} & w_{12} \\ w_{21} & w_{22} \end{bmatrix} \tag{9-69}$$

将卷积滑动窗口定义[式（9-69）]写成如下形式：

$$\begin{cases} z_{11} = y_{11}w_{11} + y_{12}w_{12} + y_{21}w_{21} + y_{22}w_{22} \\ z_{12} = y_{12}w_{11} + y_{13}w_{12} + y_{22}w_{21} + y_{23}w_{22} \\ z_{21} = y_{21}w_{11} + y_{22}w_{12} + y_{31}w_{21} + y_{32}w_{22} \\ z_{22} = y_{22}w_{11} + y_{23}w_{12} + y_{32}w_{21} + y_{33}w_{22} \end{cases} \tag{9-70}$$

下面计算 $\dfrac{\partial L}{\partial Y^k}$：

$$\nabla Y^k = \frac{\partial L}{\partial Y^k} = \frac{\partial L}{\partial Z^{k+1}} \frac{\partial Z^{k+1}}{\partial Y^k} = \delta^{k+1} \frac{\partial Z^{k+1}}{\partial Y^k} \tag{9-71}$$

式（9-71）表示第 k 层的梯度误差 ∇Y^k 等于第 $k+1$ 层的梯度误差乘 $\dfrac{\partial Z^{k+1}}{\partial Y^k}$。假设

$$\delta^{k+1} = \begin{bmatrix} \delta_{11} & \delta_{12} \\ \delta_{21} & \delta_{22} \end{bmatrix} \tag{9-72}$$

根据相邻两层之间的关系，利用全导数链式法则[式（9-3）]，根据式（9-71）将 ∇y_{11} 展开为所有 Z^{k+1} 相关的表示：

$$\nabla y_{11} = \delta_{11}^{k+1} \frac{\partial z_{11}^{k+1}}{\partial y_{11}^k} + \delta_{12}^{k+1} \frac{\partial z_{12}^{k+1}}{\partial y_{11}^k} + \delta_{21}^{k+1} \frac{\partial z_{21}^{k+1}}{\partial y_{11}^k} + \delta_{22}^{k+1} \frac{\partial z_{22}^{k+1}}{\partial y_{11}^k} \tag{9-73}$$

观察式（9-70）中的 4 个公式，所有 Z^{k+1}（包括 $z_{11}, z_{12}, z_{21}, z_{22}$）只有第一项 $y_{11}w_{11}$ 与 y_{11} 有关，因此式（9-73）为

$$\nabla y_{11} = \delta_{11} w_{11}$$

同样，可以写出 ∇y_{12} 的表达式：

$$\nabla y_{12} = \delta_{11}^{k+1} \frac{\partial z_{11}^{k+1}}{\partial y_{12}^k} + \delta_{12}^{k+1} \frac{\partial z_{12}^{k+1}}{\partial y_{12}^k} + \delta_{21}^{k+1} \frac{\partial z_{21}^{k+1}}{\partial y_{12}^k} + \delta_{22}^{k+1} \frac{\partial z_{22}^{k+1}}{\partial y_{12}^k} \tag{9-74}$$

同样在式（9-70）中的 4 个公式中，所有 Z^{k+1}（包括 $z_{11}, z_{12}, z_{21}, z_{22}$）只有第一个公式（关于 z_{11}）的第二项 $y_{12}w_{12}$，以及第二行（关于 z_{12}）的第一项 $y_{12}w_{11}$ 与 y_{12} 有关，因此

式（9-74）为

$$\nabla y_{12} = \delta_{11}w_{12} + \delta_{12}w_{11}$$

同理，可以得到其他 7 个 ∇Y^k：

$$\nabla y_{13} = \delta_{12}w_{12}$$

$$\nabla y_{21} = \delta_{11}w_{21} + \delta_{21}w_{11}$$

$$\nabla y_{22} = \delta_{11}w_{22} + \delta_{12}w_{21} + \delta_{21}w_{12} + \delta_{22}w_{11}$$

$$\nabla y_{23} = \delta_{12}w_{22} + \delta_{22}w_{12}$$

$$\nabla y_{31} = \delta_{21}w_{21}$$

$$\nabla y_{32} = \delta_{21}w_{22} + \delta_{22}w_{21}$$

$$\nabla y_{33} = \delta_{22}w_{22}$$

写成矩阵形式

$$\begin{bmatrix} \nabla y_{11} & \nabla y_{12} & \nabla y_{13} \\ \nabla y_{21} & \nabla y_{22} & \nabla y_{23} \\ \nabla y_{31} & \nabla y_{32} & \nabla y_{33} \end{bmatrix} = \begin{bmatrix} 0 & 0 & 0 & 0 \\ 0 & \delta_{11} & \delta_{12} & 0 \\ 0 & \delta_{21} & \delta_{22} & 0 \\ 0 & 0 & 0 & 0 \end{bmatrix} * \begin{bmatrix} w_{22} & w_{21} \\ w_{12} & w_{11} \end{bmatrix} \quad (9\text{-}75)$$

在式（9-75）中，为了符合梯度计算，在误差矩阵周围填充了一圈 0，此时将卷积核翻转后和反向传播的梯度误差进行卷积，就得到了前一次的 ∇Y^k，表示如下：

$$\nabla Y^k = \frac{\partial L}{\partial Y^k} = \delta^{k+1} * \mathrm{rot}180(W^{k+1}) \quad (9\text{-}76)$$

将式（9-76）代入式（9-65）便得到卷积层反向传播公式：

$$\delta^k = \delta^{k+1} * \mathrm{rot}180(W^{k+1}) \odot f'^k(Z^k) \quad (9\text{-}77)$$

9.3.14　池化层的反向传播

假设第 $k+1$ 层的特征图有 8 个梯度，那么第 k 层就会有 32 个梯度，这使得梯度无法对应传播下去。解决这个问题的方法很简单，就是把 1 个像素的梯度传递给 4 个像素，但是需要保证传递的梯度总和不变。根据这条原则，最大池化和平均池化的反向传播也是不同的。

如果是平均池化，则把所有子矩阵的各个池化区域的值取平均后放在还原后的子矩阵位置。这个过程称为上采样，见图 9-24。

$$\begin{bmatrix} 2 & 4 \\ 6 & 8 \end{bmatrix}_{\text{池化区域}} \quad \begin{bmatrix} 0.5 & 0.5 & 1 & 1 \\ 0.5 & 0.5 & 1 & 1 \\ 1.5 & 1.5 & 2 & 2 \\ 1.5 & 1.5 & 2 & 2 \end{bmatrix}_{\text{上采样（平均池化）}} \quad \begin{bmatrix} 2 & 0 & 0 & 0 \\ 0 & 0 & 0 & 4 \\ 0 & 6 & 0 & 0 \\ 0 & 0 & 8 & 0 \end{bmatrix}_{\text{上采样（最大池化）}}$$

图 9-24　池化操作的反向传播结果

对于最大化池化，反向传播也就是把梯度直接传给前一层某一个像素，而其他像素不接受梯度，也就是为 0。所以最大化池化操作需要记录下池化操作时最大像素值的位置信息，因为在反向传播中要用到。这样可以得到池化层的反向传播公式：

$$\delta^k = \text{upsample}(\delta^{k+1}) \odot f^{'k}(Z^k) \tag{9-78}$$

9.3.15　BN 层的反向传播

BN 变换是一种将归一化激活引入网络的可微分变换，即 $y = \text{BN}(x)$ 可微激活函数，反向传播也就是计算 x_i、γ 和 β 的导数，即 $\frac{\partial L}{\partial x_i}$、$\frac{\partial L}{\partial \gamma}$ 和 $\frac{\partial L}{\partial \beta}$。计算 $\frac{\partial L}{\partial \gamma}$、$\frac{\partial L}{\partial \beta}$ 是为了优化 γ 和 β 参数；计算 $\frac{\partial L}{\partial x_i}$ 是为了将梯度误差反向传播下去。先计算 $\frac{\partial L}{\partial \gamma}$ 与 $\frac{\partial L}{\partial \beta}$：

$$\frac{\partial L}{\partial \gamma} = \sum_i \frac{\partial L}{\partial y_i} \frac{\partial y_i}{\partial \gamma} = \sum_i \frac{\partial L}{\partial y_i} \hat{x} \tag{9-79}$$

$$\frac{\partial L}{\partial \beta} = \sum_i \frac{\partial L}{\partial y_i} \frac{\partial y_i}{\partial \beta} = \sum_i \frac{\partial L}{\partial y_i} \tag{9-80}$$

由于 γ 和 β 与所有 x_i 相关，所以在式（9-79）和式（9-80）中出现求和符号。计算 $\frac{\partial L}{\partial x_i}$ 要复杂一些，根据链式法则和式（9-54）～式（9-57），具体计算过程如下：

$$\frac{\partial L}{\partial x_i} = \frac{\partial L}{\partial \hat{x}_i} \frac{\partial \hat{x}_i}{\partial x_i} + \frac{\partial L}{\partial \sigma^2} \frac{\partial \sigma^2}{\partial x_i} + \frac{\partial L}{\partial \mu} \frac{\partial \mu}{\partial x_i} \tag{9-81}$$

计算式（9-81）要复杂一些，首先计算比较简单的 3 项 $\frac{\partial \hat{x}_i}{\partial x_i}$、$\frac{\partial \sigma^2}{\partial x_i}$ 和 $\frac{\partial \mu}{\partial x_i}$：

$$\frac{\partial \hat{x}_i}{\partial x_i} = \frac{1}{\sqrt{\sigma^2 + \epsilon}}, \quad \frac{\partial \sigma^2}{\partial x_i} = \frac{2(x_i - \mu)}{m}, \quad \frac{\partial \mu}{\partial x_i} = \frac{1}{m} \tag{9-82}$$

还需要继续计算 3 个中间变量 $\frac{\partial L}{\partial \hat{x}_i}$、$\frac{\partial L}{\partial \sigma^2}$ 和 $\frac{\partial L}{\partial \mu}$。由于这 3 个中间变量也比较复杂，观察式（9-81），我们不必计算最终的 $\frac{\partial L}{\partial x_i}$，只要计算递推的表达式即可。

$$\frac{\partial L}{\partial \hat{x}_i} = \frac{\partial L}{\partial y_i} \frac{\partial y_i}{\partial \hat{x}_i} = \frac{\partial L}{\partial y_i} \gamma \tag{9-83}$$

$$\frac{\partial L}{\partial \sigma^2} = \sum_i \frac{\partial L}{\partial \hat{x}_i} \frac{\partial \hat{x}_i}{\partial \sigma^2} = -\frac{1}{2} \sum_i \frac{\partial L}{\partial \hat{x}_i} (x_i - \mu)(\sigma^2 + \epsilon)^{-\frac{3}{2}} \tag{9-84}$$

$$\frac{\partial L}{\partial \mu} = \frac{\partial L}{\partial \hat{x}_i}\frac{\partial \hat{x}_i}{\partial \mu} + \frac{\partial L}{\partial \sigma^2}\frac{\partial \sigma^2}{\partial \mu} = \sum_i \frac{\partial L}{\partial \hat{x}_i}\frac{-1}{\sqrt{\sigma^2+\epsilon}} + \frac{\partial L}{\partial \sigma^2}\frac{-2\sum_i (x_i-\mu)}{N} \quad (9\text{-}85)$$

然后得到 $\frac{\partial L}{\partial x_i}$ 表达式如下：

$$\frac{\partial L}{\partial x_i} = \frac{\partial L}{\partial \hat{x}_i}\frac{1}{\sqrt{\sigma^2+\epsilon}} + \frac{\partial L}{\partial \sigma^2}\frac{2(x_i-\mu)}{m} + \frac{\partial L}{\partial \mu}\frac{1}{m} \quad (9\text{-}86)$$

最终式（9-79）、式（9-80）和式（9-86）便是需要计算的 $\frac{\partial L}{\partial \gamma}$、$\frac{\partial L}{\partial \beta}$ 和 $\frac{\partial L}{\partial x_i}$。需要注意的是计算式（9-86）需要依次递推计算式（9-83）～式（9-85）。

9.4 本章小结

本章介绍了深度神经网络基础知识，包括全连接神经网络和卷积神经网络及其常用组件。BP算法是本章的难点，为此给出了BP算法用到的反向传播公式的间接推导和直接推导，其中间接推导比较简洁，而直接推导便于理解，结合二者让读者能够对算法有清晰的认识。掌握了BP算法，卷积神经网络及其常用组件的反向传播也就比较容易掌握了。

参 考 文 献

[1] Lee L. 人工神经网络（ANN）的公式推导[EB/OL].［2022-05-17］. https://zhuanlan.zhihu.com/p/96678182.

[2] Ioffe S, Szegedy C. Batch normalization:Accelerating deep network training by reducing internal covariate shift[C]. International Conference on Machine Learning, Lille, 2015: 448-456.

[3] Hinton G E, Srivastava N, Krizhevsky A, et al. Improving neural networks by preventing co-adaptation of feature detectors[J]. arXiv: 1207.0580, 2012.

[4] Yu W, Yang K, Bai Y, et al. Visualizing and comparing AlexNet and VGG using deconvolutional layers. Proceedings of the 33rd International Conference on Machine Learning, New York, 2016: 1-7.

[5] 刘建平. 深度神经网络（DNN）反向传播算法（BP）[EB/OL].［2022-05-17］. https://www.cnblogs.com/pinard/p/6422831.html.

第 10 章　PyTorch 深度学习框架

PyTorch 是一个开源的深度学习框架，由 Facebook 的 AI 研究团队开发，因其灵活性、高效的计算能力和动态计算图的特点，广泛应用于学术界和工业界。PyTorch 提供了简单且强大的应用程序接口（application program interface，API），能够快速构建、训练和部署深度学习模型，支持从简单的线性模型到复杂的卷积神经网络和递归神经网络的开发。本章将介绍 PyTorch 框架的基础概念和功能，包括张量操作、神经网络的构建与训练，以及如何利用 GPU 加速模型的计算。下面将从 PyTorch 的基本组件入手，逐步展示如何搭建深度学习模型，直观地了解 PyTorch 在开发过程中所提供的灵活性和优势。

10.1　PyTorch 安装

PyTorch 是 Facebook 开发的开源机器学习库，由于具有强大的 GPU 加速的张量计算功能，成为现在研究领域的主流框架之一。进入 PyTorch 官网（https://pytorch.org/get-started/locally/），选择对应的安装方式即可，见图 10-1。

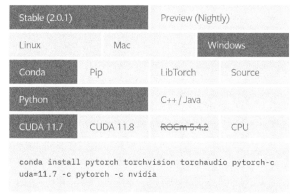

图 10-1　PyTorch 安装选择版本示意图

10.2 PyTorch 基础

10.2.1 创建 Tensor

Tensor 是 PyTorch 中的基本数据格式，类似于 Numpy 中的 ndarrays 格式。下面将创建最基本的数据格式，创建 Tensor 的方式有很多种，所需参数基本一致。Tensor 函数具体参数见表 10-1。例 10-1～例 10-3 分别给出了 Tensor 的基本使用方法。

表 10-1 Tensor 函数具体参数

函数名	功能与参数说明
torch.tensor(data,*,dtype=None,device=None,requires_grad=False,pin_memory=False) → Tensor	data：输入创建的数据。 dtype：数据类型，默认与 data 一致。 device：运行的设备（"cpu"，"cuda：0"），默认 cpu。 requires_grad：是否需要梯度，默认 False。 pin_memory：是否在固定内存中分配张量
torch.from_numpy(Numpy.array())	将 numpy 转化为 tensor 数据类型

例 10-1 使用 tensor 创建基本数据类型

```
import torch
x=torch.tensor([1,2])
```

输出：

```
tensor([1,2])
```

例 10-2 使用 torch.from_numpy（ ）转换数据

```
y=torch.from_numpy(numpy.array([1,2]))
```

输出：

```
tensor([1,2],dtype=torch.int32)
```

表 10-2 列举一些常见的数据生成方法。

表 10-2 常见的数据生成方法

函数名	功能与参数说明
torch.rand(*size,out=None)	功能：创建 0-1 的均匀分布。 参数说明：size 为输出张量大小
torch.zeros_like(*size,out=None)	功能：创建值全为 0 的张量。 参数解释：size 为输出张量大小

续表

函数名	功能与参数说明
torch.randn(*size,out=None)	功能：创建标准正态分布。 参数说明：size 为输出张量大小
torch.zero(*size,out=None)	功能：创建值全为 0 的张量。 参数说明：size 为输出张量大小
torch.ones_like(*size,out=None)	功能：创建值全为 1 的张量。 参数说明：size 为输出张量大小
torch.zeros(input)	功能：创建值全为 0 的，形状与 input 相同的张量。 参数说明：input 为输出张量大小（input 为 tensor）
torch.ones(input)	功能：创建值全为 1 的，形状与 input 相同的张量。 参数说明：input 为输出张量大小（input 为 tensor）
torch.linspace(start,end,step)	功能：创建 start 到 end 值的张量。 参数说明：start 为开始值，end 为结束值，step 为分割多少份

例 10-3　数据生成方法

```
torch.rand(size=(5,6))
```

输出：

```
tensor([[0.1753,0.2995,0.8245,0.5552,0.0600,0.6835],
        [0.2413,0.6852,0.2789,0.6576,0.3068,0.8084],
        [0.8338,0.7666,0.4977,0.2486,0.3133,0.1423],
        [0.6298,0.0121,0.1416,0.6484,0.0355,0.5305],
        [0.9088,0.8230,0.8185,0.0944,0.6086,0.4686]])
```

```
torch.randn(size=(5,6))
```

输出：

```
tensor([[-0.8620,-1.9577,-0.5277,-0.4890,-0.9184,-0.9831],
        [ 0.8294,0.5855,-0.4835,0.0799,-0.7263,1.2857],
        [ 0.2516,-0.4647,-0.3034,-1.4435,1.4160,1.2195],
        [-1.3351,0.6505,-1.5978,0.0448,1.1322,-0.6557],
        [ 0.1962,0.6053,-0.1290,0.1224,0.6758,0.9178]])
```

```
torch.zeros(size=(5,6))
```

输出：

```
tensor([[0.,0.,0.,0.,0.,0.],
        [0.,0.,0.,0.,0.,0.],
        [0.,0.,0.,0.,0.,0.],
        [0.,0.,0.,0.,0.,0.],
        [0.,0.,0.,0.,0.,0.]])
```

```
torch.ones(size=(5,6))
```

输出：

```
tensor([[1.,1.,1.,1.,1.,1.],
        [1.,1.,1.,1.,1.,1.],
        [1.,1.,1.,1.,1.,1.],
        [1.,1.,1.,1.,1.,1.],
        [1.,1.,1.,1.,1.,1.]])
```

```
torch.ones_like(torch.rand(size=(5,6)))
```

输出：

```
tensor([[1.,1.,1.,1.,1.,1.],
        [1.,1.,1.,1.,1.,1.],
        [1.,1.,1.,1.,1.,1.],
        [1.,1.,1.,1.,1.,1.],
        [1.,1.,1.,1.,1.,1.]])
```

```
torch.zeros_like(torch.rand(size=(5,6)))
```

输出：

```
tensor([[0.,0.,0.,0.,0.,0.],
        [0.,0.,0.,0.,0.,0.],
        [0.,0.,0.,0.,0.,0.],
        [0.,0.,0.,0.,0.,0.],
        [0.,0.,0.,0.,0.,0.]])
```

```
torch.linspace(1,10,5)
```

输出：

```
tensor([ 1.0000,3.2500,5.5000,7.7500,10.0000])
```

10.2.2 算术操作

在 PyTorch 中有一些基本的运算操作，这些运算操作（表 10-3）会在本节中大量应用。

表 10-3 运算方法

函数名	功能与函数说明
torch.add()	功能：两个张量求和
torch.abs()	功能：求绝对值
torch.sigmod()/tanh()/LeakReLU()/Softmaex/ReLU()	激活函数

在 PyToch 中索引与切片是一个简单但很重要的操作，与 Python 中的索引、切片类似。下面用例 10-4 来进行解释。

例 10-4　创建基本类型

```
x=torch.rand(size=(5,6))
print(x)
print(x[0])#取第一行
print(x[1])#取第二行
print(x[0:2,:])#取0~1行
```

输出：

```
tensor([[0.0259,0.5274,0.0576,0.0509,0.7038,0.3640],
        [0.3614,0.7528,0.7689,0.9793,0.5019,0.0286],
        [0.9580,0.1448,0.9778,0.9194,0.8159,0.0509],
        [0.9345,0.7004,0.0422,0.2688,0.4048,0.4635],
        [0.2403,0.3967,0.8821,0.3431,0.0860,0.9946]])
tensor([0.0259,0.5274,0.0576,0.0509,0.7038,0.3640])
tensor([0.3614,0.7528,0.7689,0.9793,0.5019,0.0286])
tensor([[0.0259,0.5274,0.0576,0.0509,0.7038,0.3640],
        [0.3614,0.7528,0.7689,0.9793,0.5019,0.0286]])
```

```
print(x[-1])#取最后一行
```

输出：

```
tensor([0.2403,0.3967,0.8821,0.3431,0.0860,0.9946])
```

```
print(x[2:4,0:2])#切片,取1~3行,0~1列
```

输出：

```
tensor([[0.9580,0.1448],
        [0.9345,0.7004]])
```

在搭建网络的过程中，为了使数据符合计算的形状要求，经常需要修改维度或者交换维度，常用的几个操作见表 10-4。

表 10-4　形状改变函数接口

函数名	功能与参数说明
torch.squeeze(input,dim)	功能：压缩维度为'1'维度。 参数说明：input 为 tensor；dim 指定维度
torch.unsqueeze(input,dim)	功能：扩展维度为'1'维度。 参数说明：input 为 tensor；dim 指定维度
tensor.resize(*size)	功能：将 tensor 修改为 size 大小。 参数说明：size 为希望 tensor 转变的形状

10.2.3　维度交换

PyTorch 通过变量直接调用 Permute( )函数来实现维度交换，见表 10-5。例 10-5

给出了 Permute( )的简单使用。

表 10-5 维度交换

函数名	使用方法
Permute(,,,)	x.permute(0,2,1)

例 10-5 维度交换

```
import torch
x=torch.randn(3,4,5)      # 设置一个随机三维数组
print(x)
print(x.size())           # 查看数组的维数
b=x.permute(0,2,1)        # 每一块的行与列进行交换,即每一块做转置行为
print(b)
print(b.size())
```

在研究与开发中,许多算法实现过程中包括多个维度变化的操作,但变化的过程抽象,不易于他人理解。本书介绍一个第三方库 einops,可以使用 pip install einops 进行安装。einops 是一个张量操作库,可以代替 PyToch 中的 reshape、permute、squeeze 等操作,让我们更加直观地感受张量的变化过程。表 10-6 给出了 einops 的维度处理方法。例 10-6 给出了 einops 的维度处理接口使用方法。

表 10-6 einops 的维度处理接口使用方法

函数名	功能与参数说明
einops.rearrange(tensor,pattern:str,**axes_lengths)	功能:维度交换。 参数说明:tensor 为需要操作的张量;pattern 为操作信息;**axes_lengths 表示允许传递多个关键字参数,形式为字典的键值对
einops.repeat(tensor,pattern:str,**axes_lengths)	功能:维度复制。 参数说明:tensor 为需要操作的张量;pattern 为操作信息
einops.reduce(tensor,pattern:str,**axes_lengths, reduction)	功能:维度压缩。 参数说明:tensor 为要处理的张量;pattern 为操作信息;reduction 为要执行的操作,可以是('min', 'max', 'sum', 'mean', 'prod')

例 10-6 einops 维度处理接口使用方法

```
import torch
import einops
x=torch.Tensor([[1,2,3],[1,1,1]])
y=einops.rearrange(x,'w h -> h w')
y2=einops.repeat(x,'w h -> w(repeat h)',repeat=2)
y3=einops.reduce(x,'w h -> w',reduction='mean')
print(x)
print(y)
print(y2)
print(y3)
```

输出:

```
tensor([[1.,2.,3.],
```

```
        [1.,1.,1.]])
tensor([[1.,1.],
        [2.,1.],
        [3.,1.]])
tensor([[1.,2.,3.,1.,2.,3.],
        [1.,1.,1.,1.,1.,1.]])
tensor([2.,1.])
```

y=einops.rearrange（x, 'w h->h w'）：这行代码使用了 einops 库中的 rearrange 函数来重新排列张量 x。参数 'w h->h w' 指定了新的维度顺序。具体来说，它告诉代码将原来的（width,height）形状转换为（height,width）形状。因此，y 将会是一个形状为（3,2）的新张量，其内容是 x 中的数据，但是重新排列了维度。

y2=einops.repeat（x, 'w h->w（repeat h）', repeat=2）：这行代码使用了 repeat 函数来复制张量 x 中的数据。参数 'w h->w（repeat h）' 表示在第二个维度上进行重复，重复的次数由 repeat 参数指定。具体来说，它将原来的（width，height）形状扩展为（width，height*repeat）形状，其中每个元素都重复了 repeat 次。在这个例子中，repeat=2，所以 y2 将会是一个形状为（2,6）的新张量。

y3=einops.reduce（x, 'w h->w', reduction='mean'）：这行代码使用了 einops 库中的 reduce 函数来对张量 x 进行降维操作。参数 'w h->w' 指定了降维的方式，它告诉代码在第二个维度上进行降维，具体的降维方式由 reduction 参数指定，这里使用的是求均值（'mean'）。因此，y3 将会是一个形状为（2,）的新张量，其中包含了 x 中每行的均值。

10.3 广播机制

广播机制是指形状不一样的张量进行运算，在一定条件下，将小的张量广播到形状较大的张量上，让 2 个张量的形状保持一致。进行广播时需要满足以下条件：

（1）张量必须要有一个维度（不能是标量）；

（2）进行广播时，是从最后一个维度开始的，维度尺寸需要相等，或者其中一个张量的维度是 1，或者一个张量没有这个维度。

例 10-7 给出了广播机制使用的案例。

例 10-7 广播机制

```
a=torch.ones(size=(1,2,3))
b=torch.ones(size=(1,2))
a+b#不能进行广播,最后一个维度不相等,
```

```
a=torch.ones(size=(1,2,3))
b=torch.ones(size=(1,2))
print(a+b)
```

输出：

```
RuntimeError:The size of tensor a(3)must match the size of tensor b(2)at non-singleton dimension 2
```

```
a=torch.ones(size=(1,2,3))
b=torch.ones(size=(1,1))
print(a+b)# 可以进行广播,满足其中一个维度为1(相当于b是一个1×1的矩阵,a中的每一个元素都加b)
```

输出：

```
tensor([[[2.,2.,2.],[2.,2.,2.]]])
```

```
a=torch.ones(size=(1,2,3))
b=torch.ones(size=(2,1))#可以进行广播,满足维度等于1,维度相等
print(a+b)
```

输出：

```
tensor([[[2.,2.,2.],[2.,2.,2.]]])
```

```
a=torch.ones(size=(1,2,3,1))
b=torch.ones(size=(1,1))#可以进行广播,满足维度等于1,维度相等,前面维度缺省
print(a+b)
```

输出：

```
tensor([[[[2.],[2.],[2.]],[[2.],[2.],[2.]]]])
```

10.4　PyTorch求导功能

在学习和研究算法时,可能要自定义一些参数,当对这些参数求微分时,需要用到以下函数（表10-7）。求导案例见例10-8。

表10-7　PyTorch求导功能接口

函数名	功能与参数说明
torch.autograd.backward(tensors,grad_tensors=None,retain_graph=None,create_graph=False)	功能：自动求取梯度。 参数说明：tensors为需要求导的张量；retain_graph为保存计算图；create_graph为创建计算图；grad_tensors为多梯度权重

函数名	功能与参数说明
torch.autograd.grad(outputs,inputs,grad_outputs=None,retain_graph=None,create_graph=False)	outputs 为用于求导的张量（理解为 y）；inputs 为需要梯度的张量（理解为 x）（y 对 x 求导）；create_graph 为创建导数计算图，用于高阶求导；retain_graph 为保存计算图；grad_outputs 为多梯度权重

例 10-8　PyTorch 求导

```
w=torch.tensor([2.0],requires_grad=True,)#需要梯度
x=torch.tensor([3.0],requires_grad=True)#需要梯度
y=torch.mul(w,x)
z=y.backward(retain_graph=True)
print(z)
tensor([6.],grad_fn=<MulBackward0>)
################################################
x=torch.tensor([2.0],requires_grad=True)
y=torch.exp(x)# y=e^x
#y=e^x对x求导,dy/dx=e^x,代入数据x=2,y'=7.3891
z=torch.autograd.grad(y,x,create_graph=True)
print(z)
```

输出：

```
(tensor([7.3891],grad_fn=<MulBackward0>),)
```

```
x=torch.tensor([5.0],requires_grad=True)
y=torch.log(x)#y=loge^x
#y=loge^x对x求导,dy/dx=1/x,代入数据x=5,y'=0.2
z=torch.autograd.grad(y,x,create_graph=True)print(z)
```

输出：

```
(tensor([0.2000],grad_fn=<DivBackward0>),)
```

```
x=torch.tensor([5.0],requires_grad=True,)
y1=torch.pow(x,2)#y=x^2
y2=torch.log(y1)#y=loge^y1
z=torch.autograd.grad(y2,x,create_graph=True)
#复合函数求导y2'=[1/(x^2)]*2x=[1/(25)]*10=0.4
print(z)
```

输出：

```
(tensor([0.4000],grad_fn=<MulBackward0>),)
```

10.5 神经网络设计

10.4 节已经介绍了 PyTorch 中重要的功能之一——自动求导，本节将了解如何使用 torch.nn 搭建神经网络。表 10-8 中给出了实用 PyTorch 搭建网络的基本组件接口。

表 10-8 实用 PyTorch 搭建网络的基本组件接口

函数名	功能与参数说明
torch.nn.Conv2d(in_channels,out_channels,kernel_size,stride=1, padding=0,dilation=1,groups=1,bias=True,padding_mode='zeros',device=None,dtype=None)	功能：将传入的张量做二维卷积操作。 参数说明：in_channels 为输入张量的深度； out_channels 为输出深度； kernel_size 为卷积核大小； stride 为步距（卷积核在张量上移动的大小）； padding 为在张量四周填补； dilation 为膨胀系数（卷积核中间间隔，通常使用在空洞卷积中）； groups 为深度可以分离卷积，通常在一些大型网络中使用，减少参数量 bias 为偏置项，是 CNN 卷积核的可学习标量参数，与卷积输出相加，增加模型非线性能力
torch.nn.BatchNorm1d(num_features,eps=1e-05,momentum=0.1,affine=True,track_running_stats=True,device=None,dtype=None)	功能：将一批一维或者二维数据进行批量标准化。 参数说明：num_features 为特征数量（通道数），如输入形状为（B，C）或者（B，C，N），则 num_features 指的是 C Eps 为防止分母等于 0 设置的参数； Momentum 为动态均值与方差使用的动量，默认设置为 0.1
torch.nn.BatchNorm2d(num_features,eps=1e-05,momentum=0.1,affine=True,track_running_stats=True,device=None,dtype=None)	功能：将一批三维或者四维数据进行批标准化。 参数说明：同上
torch.nn.BatchNorm3d(num_features,eps=1e-05,momentum=0.1,affine=True,track_running_stats=True,device=None,dtype=None)	功能：将一批三维或者四维数据进行批标准化。 参数说明：同上
torch.nn.MaxPool1d(kernel_size,stride=None,padding=0,dilation=1,return_indices=False,ceil_mode=False)	功能：将一维数据做最大池化操作。 参数说明：与 Conv2d 一致
torch.nn.MaxPool2d(kernel_size,stride=None,padding=0,dilation=1,return_indices=False,ceil_mode=False)	功能：将二维（N，C，H，W）数据做最大池化操作。 参数说明：与 Conv2 一致
torch.nn.Conv3d(in_channels,out_channels,kernel_size,stride=1,padding=0,dilation=1,groups=1,bias=True,padding_mode='zeros',device=None,dtype=None)	功能：将三维（N，C，D，H，W）数据做最大池化操作。 参数说明：与 Conv2 一致，需要注意这里传入的是一组三维数据，卷积核会在三维空间上移动，对应的卷积核也应该设置成三维卷积核

续表

函数名	功能与参数说明
torch.nn.Linear(in_features,out_features,bias=True,device=None,dtype=None)	功能：输入的数据做全连接操作。 参数说明：in_features 为输入数据的深度；out_features 为输出数据的深度

在 PyTorch 中网络结构的定义很简单，大致的框架如下所示。

```
import torch.nn as nn
import torch
class Mynet(nn.Module):
    def __init__(self):
        super(Mynet,self).__init__()
        #Your net
    def forward(self,x):
        #Calculation process
        pass
```

由上述框架可以看出，搭建网络是通过继承 nn.Module 类来实现的，需要在 def __init__(self) 里面写入定义的网络结构，在 forward() 中实现运算过程（向前传播过程）。

下面给出网络基本组件的使用和网络搭建的案例。其中，例 10-9 给出了 Conv2d 函数的使用案例，例 10-10 给出了最大池化（用于减小特征图的尺寸和参数量，同时保留最显著的特征）的使用案例。

例 10-9 Conv2d 函数使用

```
import torch
import torch.nn as nn
class Mynet(nn.Module):
    def __init__(self):
        super(Mynet,self).__init__()
        self.Conv=nn.Conv2d(in_channels=4,out_channels=4,
                kernel_size=3,stride=1,padding=1)
    def forward(self,x):
        x=self.Conv(x)
        return x
x=torch.rand(size=(4,4,12,12))
net=Mynet()#实例化网络
x=net(x)#将数据输入神经网络模型，并通过前向传播算法计算模型的输出结果
print(x)
```

输出：

```
torch.Size([4,4,12,12])
```

在这部分代码中，通过继承 nn.Module 实现了自定义网络。在 def __init__（self）

中定义需要的神经网络层，在 forward( ) 中实现运算过程。需要特别注意，在 PyToch 中，传入网络的数据格式通常为

$$(B, C, H, W, N)$$

其中，B 表示 batch size，即一批数据的数量，当数据集较大时，无法将所有数据一次性放入设备中进行运算，因此需要将数据分成多个批次，每批数据同时参与运算，以提高张量运算效率；C 表示 channel，即图像的通道数，例如，RGB 图像有 3 个通道，即一张图片的形状为 $3 \times H \times W$；H 表示 height，即图像的高度；W 表示 width，即图像的宽度；对于视频或时序数据，还可能包含一个维度 N，N 表示帧数或时间步长。在给出的代码示例中，首先初始化了一组形状为 $4 \times 4 \times 12 \times 12$ 的随机数据，表示 4 个批次，每个批次包含 4 个通道，图像尺寸为 12×12；然后，实例化了自定义的网络模型，并将生成的随机数据输入网络进行前向传播计算。

例 10-10　最大池化使用

```
import torch
import torch.nn.functional as f
import torch.nn as nn
class Mynet(nn.Module):
    def __init__(self)-> None:
        super().__init__()
        self.max=nn.MaxPool2d(kernel_size=2,stride=2)
    def forward(self,x):
        return self.max(x)
x=torch.tensor([[[[4.,4.,4.,4.],[1.,1.,1.,1.],[2,2,2,2],[3.,3.,3.,
    3.]]],[[[1,1,1,1],[1,1,1,1],[1,1,1,1],[1,1,1,1]]]])
print(x)
net=Mynet()
x=net(x)
print(x)
```

输出：

```
tensor([[[[4.,4.],[3.,3.]]],[[[1.,1.],[1.,1.]]]])
```

MaxPool2d( ) 中需要的参数是卷积核大小和步长，设置卷积核大小为 2，步长为 2；最大池化的作用是选取核中最大值作为结果，如[[4,4],[1,1]]的最大值为 4，表示该张量使用最大池化操作后的结果为 4。均值池化同理，结果的运算方式用最大值替换这个卷积核中所有值的均值。池化层在某些网络中充当下采样层的作用。

例 10-11 给出了网络基本组件 Conv,BN,ReLU 组合使用的案例。

例 10-11　网络基本组件（Conv,BN,ReLU）搭建

```
import torch
import torch.nn.functional as f
import torch.nn as nn
```

```
class Mynet(nn.Module):
    def __init__(self)-> None:
        super().__init__()
        self.max=nn.MaxPool2d(kernel_size=2,stride=2)
        self.conv=nn.Conv2d(in_channels=3,out_channels=6,
                kernel_size=3)
        self.bn=nn.BatchNorm2d(6)
        self.reLU=nn.ReLU()
    def forward(self,x):
        x=self.max(x)
        x=self.conv(x)
        x=self.bn(x)
        x=self.reLU(x)
        return x
x=torch.randn(size=(4,3,32,32))
net=Mynet()
x=net(x)
print(x.shape)
```

输出：

```
torch.Size([4,6,14,14])
```

BatchNorm2d( ) 会将数据归一化，能够加快网络收敛速度，(Conv,BN,ReLU) 的组合方式在许多网络结构中作为基础组件使用。

在处理时序数据时，3D 卷积和循环神经网络（如 RNN、GRU 和 LSTM 等）是常用的选择方案。以下介绍 PyTorch 中 3D 卷积的使用方法，假设有一个包含 6 帧视频的数据，每帧为 3 通道的彩色图像，大小为 32×32。输入数据的格式应为（B, C, T, H, W），分别表示批次大小、通道数、时间步长、高度和宽度。在使用 PyTorch 进行 3D 数据（如视频）的处理（如卷积或池化操作）时，需要特别注意卷积核的维度。卷积核的大小应设置为（T, H, W），其中第一维对应时间步长，第二维和第三维分别对应高度和宽度。同样地，在进行卷积或池化操作时，步长（stride）和零填充（padding）的设置也需要考虑时间维度。步长和零填充的参数应为三个维度，分别对应时间步长、高度和宽度。3D 卷积使用案例见例 10-12。

例 10-12 3D 卷积使用

```
import torch
import torch.nn.functional as f
import torch.nn as nn
class Mynet(nn.Module):
    def __init__(self)-> None:
        super().__init__()
        self.conv_3d=nn.Conv3d(in_channels=3,out_channels=4,
kernel_size=(1,1,1),stride=(2,1,1),padding=(0,0,0))
    def forward(self,x):
```

```
            x=self.conv_3d(x)
            return x
x=torch.randn(size=(4,3,6,32,32))
net=Mynet()
x=net(x)
print(x.shape)
```

输出:

```
torch.Size([4,4,3,32,32])
```

Flatten 展平函数也十分重要，该函数的作用是把数据展平为一维数据，其使用见例 10-13。

例 10-13　Flatten 函数使用

```
import torch
import torch.nn.functional as f
import torch.nn as nn
class Mynet(nn.Module):
    def __init__(self)-> None:
        super().__init__()
        self.conv_3d=nn.Conv3d(in_channels=3,out_channels=4,
        kernel_size=(1,1,1),stride=(2,1,1),padding=(0,0,0))
        self.flatten=nn.Flatten(start_dim=-2)
    def forward(self,x):
        x=self.conv_3d(x)
        print(x.shape)
        x=self.flatten(x)
        return x
x=torch.randn(size=(4,3,6,32,32))
net=Mynet()
x=net(x)
print(x.shape)
```

输出:

```
torch.Size([4,4,3,32,32])
torch.Size([4,4,3,1024])
```

从倒数第二个维度展开后变成了（4,4,3,32,32）的数据。

Linear 全连接层就是线性映射，其使用比较简单，见例 10-14。

例 10-14　Linear 函数使用

```
import torch
import torch.nn.functional as f
import torch.nn as nn
class Mynet(nn.Module):
    def __init__(self)-> None:
        super().__init__()
```

```
            self.conv_3d=nn.Conv3d(in_channels=3,out_channels=4,
            kernel_size=(1,1,1),stride=(2,1,1),padding=(0,0,0))
            self.flatten=nn.Flatten(start_dim=1)
            self.liner=nn.Linear(in_features=12288,out_features=1000)
    def forward(self,x):
        x=self.conv_3d(x)
        print(x.shape)
        x=self.flatten(x)
        x=self.liner(x)
        return x
x=torch.randn(size=(4,3,6,32,32))
net=Mynet()
x=net(x)
print(x.shape)
```

输出：

```
torch.Size([4,4,3,32,32])
torch.Size([4,1000])
```

在这段代码中，我们将 4×3×32×32 的数据映射到 1000 维度上。

使用优化器的目的：使用算法更新网络参数，将损失函数计算出的损失减小（拟合）。常用的优化器包括 SGD、Adam、AdamW、ASGD、Rprop 等。使用方法见例 10-15（伪代码）。

例 10-15 优化器的使用

```
from torch import optim
model=Mynet()
sgd=optim.SGD(model.parameters(),lr=0.1)
for epoch in range(100):
    for step,data in dataset:
        img,label=data
        optimizer.zero_grad()
        output=model(input)
        loss=loss_fn(output,lable)
        loss.backward()
        optimizer.step()
```

10.6 图像分类案例

10.5 节介绍了 PyTorch 如何简单地定义一个网络，本节将学习如何使用 PyTorch 中的官方数据集来制作自己的数据集、扩充数据集及可视化训练过程。

在前面的实例中，都是使用 torch.tensor 生成一个 x，但在深度学习中，为了很好地完成一个任务，会使用很多数据，由于设备的限制，无法将所有数据集全部加载进模型并进行计算，所以会将数据制作成一批一批的小数据。接下来本节会介绍 PyTorch 中数据加载与数据预处理的方法。

10.6.1 数据加载

在 PyTorch 中提供了数据加载的类，在我们自定义的方法中，需要继承 torch.utils.data.Dataset 实现数据的加载。

为了更加直观地了解 PyTorch 数据集构建、网络搭建及训练的过程，本书以 kaggle 中的一个比赛数据库（植物种子分类）为例来进行讲解，数据集中图像数据如图 10-2 所示。

图 10-2　植物种子分类数据库
https://www.kaggle.com/competitions/plant-seedlings-classification

该数据集包含了大约 960 种独特植物的图像，属于 12 个生长阶段的物种。数据集由 train 与 test 构成，包含 12 类（Black-grass、Charlock、Cleavers、Common Chickweed、Common wheat、Fat Hen、Loose Silky-bent、Maize、Scentless Mayweed、Shepherds Purse、Small-flowered Cranesbill 和 Sugar beet），在训练集中每一类有 200～600 张图片，测试集中有 794 张图片。第一步需要做的是制作数据集。

为了在 PyTorch 中创建自定义数据集，可以通过继承 torch.utils.data.Dataset 类，并重写其中的 __len__ 和 __getitem__ 方法来实现。__len__ 方法返回数据集的大小，即数据集中样本的总数。__getitem__ 方法将类中的属性定义为一个序列，并通过该方法返回序列中指定索引的元素。当使用索引访问数据集对象时，会自动调用 __getitem__ 方法来获取对应的样本数据。

```
class Mygrassdata(Dataset):
    def __init__(self):
        pass
    def __len__(self):
        pass
    def __getitem__(self,item):
        pass
```

如果数据集按照以下格式放置，则可以直接调用 ImageFolder 类来实现自定义数据集。例如，下面的 train 文件有直接 12 个图像类别，每个类别下面有若干图像。

train 文件格式如下所示。

```
train
├──Black-grass
│   ├──image1.jpg
│   └──image2.jpg
├──Charlock
├──Cleavers
├──Common Chickweed
├──Common wheat
├──Fat Hen
├──Loose Silky-bent
├──Maize
├──Scentless Mayweed
├──Shepherds Purse
├──Small-flowered Cranesbill
└──Sugar beet
```

可以直接使用 PyTorch 提供的 ImageFolder 类（见例 10-16）来加载和处理图像数据集，ImageFolder 类的功能与参数说明见表 10-9。

表 10-9 ImageFolder 接口功能与参数

函数名	功能与参数说明
torchvision.datasets.ImageFolder(root,transform=None, target_transform=None, loader=<function default_loader>, is_valid_file=None)	功能：制作数据集 参数说明：root 为数据集目录；transform 为数据集预处理方式；target_transform 表示对数据集类别进行处理，默认类别为（0,1,2,3,…）；loader 为数据集加载方式；is_valid_file 表示检查文件是否损坏

例 10-16 ImageFolder 函数使用

```
import numpy as np
from matplotlib import pyplot as plt
from torch.utils.data import Dataset,DataLoader
from torchvision.datasets import ImageFolder
from torchvision import transforms,utils
data_transform={
    "train":transforms.Compose(
        [transforms.RandomResizedCrop(224),
        transforms.RandomHorizontalFlip(),
        transforms.ToTensor(),
        transforms.Normalize((0.5,0.5,0.5), (0.5,0.5,0.5))]),
    "val":transforms.Compose(
        [transforms.Resize((224,224)),
        transforms.ToTensor(),
        transforms.Normalize((0.5,0.5,0.5), (0.5,0.5,0.5))])}
```

```
img_path='train'
traindata=ImageFolder(root=img_path,
                    transform=data_transform["train"])
#打印样本数量,以及分类类别和对应标签
print(len(traindata))
print(traindata.class_to_idx)
train_loader=DataLoader(traindata,batch_size=4,shuffle=True)
data,label=next(iter(train_loader))
#打印样本和对应的标签大小
print(data.shape,label.shape)
print(label)
def imshow(img):#可视化
    img=img / 2+0.5#反归一化
    npimg=img.numpy()#将tensor数据转化为numpy数据
    plt.imshow(np.transpose(npimg,(1,2,0)))
    plt.show()
imshow(utils.make_grid(data))
```

输出结果:

```
4750
{'Black-grass':0,'Charlock':1,'Cleavers':2,'Common Chickweed':
3,'Common wheat':4,'Fat Hen':5,'Loose Silky-bent':6,'Maize':7,'Scentless
Mayweed':8,'Shepherds Purse':9,'Small-flowered Cranesbill':10,'Sugar
beet':11}

torch.Size([4,3,224,224]) torch.Size([4])
tensor([11,1,10,2])
```

图 10-3 为输出结果。

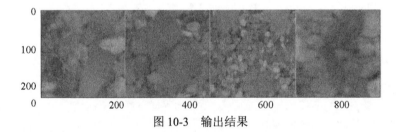

图 10-3 输出结果

下面通过继承 torch.utils.data.Dataset 定义自己的数据集类（例 10-17）。

例 10-17 Dataset 类实现数据加载

```
class Mydata_(Dataset):
    def __init__(self,root_path):
        self.root_path=root_path
        self.image,self.lable,self.len=get_image_info(self.root_path)
        self.train_trans=data_transform["train"]
```

```
        def __len__(self):
            return self.len
        def __getitem__(self,idx):
            image=self.train_trans(Image.open(self.image[idx]))
            lable=self.lable[idx]
            return image,lable
    data=Mydata_("train")
    trainlata=DataLoader(data,batch_size=4,shuffle=True)
    data,lable=next(iter(trainlata))
    imshow(utils.make_grid(data))
    print(lable)
```

上述代码中提供了在 self.root_path 路径中图像的加载，其中，get_image_info（self.root_path）函数返回了图像及其对应的标签（self.lable）和文件的数量（self.len）。上面完成了对数据集的简单制作，在大多数情况下，还需要对图片进行一些预处理，以增加数据集并提高模型精度。如果文件和图片的存放方式与上述示例一致，那么使用例 10.16 会更加简单。如果不一致，则可以参考实例 10.17 进行适当修改。

10.6.2　数据预处理

数据预处理是在将数据输入到网络之前进行的一系列处理操作。这些操作包括图像灰度变换和图像尺寸缩放等。同时，数据预处理还包含数据增强功能。在数据量较少的情况下，数据增强通过对原有数据进行一系列处理来增加数据量，这些处理包括灰度调整、裁切、旋转、镜像、明度、色调和饱和度的变化。常见的数据预处理方法可参见表 10-10。

表 10-10　常见的数据预处理方法

函数名	功能
CenterCrop（）	图片裁剪
ColorJitter（）	调节亮度、对比度、饱和度
RandomResizedCrop（）	图片随机裁剪
Normalize（）	数据集归一化
RandomHorizontalFlip（）	水平翻转

10.6.3　网络训练

在网络训练之前先介绍将使用的网络。这里采用经典神经网络——AlexNet，其配置如表 10-11 所示。

表 10-11 AlexNet 配置

层（Layer）	核大小（Kernel_size）	核数量（Kernel_num）	填充（padding）	步长（stride）
Conv1	11	48	2	4
ReLU				
Maxpool1	3	—	—	1
Conv2	5	128	2	1
ReLU				
Maxpool2	3	—	—	2
Conv3	3	192	1	1
ReLU				
Conv4	3	192	1	1
ReLU				
Conv5	3	192	1	1
ReLU				
Maxpool3	3	—	—	2
FC1	2048			
FC2	2048			
FC3	1000			

以下给出 AlexNet 代码。

```
import torch
import torch.nn as nn
class Alexnet(nn.Module):
    def __init__(self):
        super(Alexnet,self).__init__()
        self.Conv1=nn.Conv2d(in_channels=3,out_channels=48,kernel_size=11,padding=2,stride=4)
        self.ReLU=nn.ReLU(inplace=True)
        self.Maxpool1=nn.MaxPool2d(kernel_size=3,stride=2)
        self.Conv2=nn.Conv2d(in_channels=48,out_channels=128,kernel_size=5,padding=2,stride=1)
        self.Maxpool2=nn.MaxPool2d(kernel_size=3,stride=2)
        self.Conv3=nn.Conv2d(in_channels=128,out_channels=192,kernel_size=3,padding=1,stride=1)
        self.Conv4=nn.Conv2d(in_channels=192,out_channels=192,kernel_size=3,padding=1,stride=1)
        self.Conv5=nn.Conv2d(in_channels=192,out_channels=128,kernel_size=3,padding=1,stride=1)
        self.Maxpool3=nn.MaxPool2d(kernel_size=3,stride=2)
        self.FC1=nn.Linear(in_features=4608,out_features=2048)
        self.FC2=nn.Linear(in_features=2048,out_features=2048)
```

```
            self.FC3=nn.Linear(in_features=2048,out_features=12)
        def forward(self,x):
            x=self.Conv1(x)
            x=self.ReLU(x)
            x=self.Maxpool1(x)
            x=self.Conv2(x)
            x=self.ReLU(x)
            x=self.Maxpool2(x)
            x=self.Conv3(x)
            x=self.ReLU(x)
            x=self.Conv4(x)
            x=self.ReLU(x)
            x=self.Conv5(x)
            x=self.ReLU(x)
            x=self.Maxpool3(x)
            x=torch.flatten(x,start_dim=1)
            x=self.FC1(x)
            x=self.FC2(x)
            x=self.FC3(x)
            return x
```

PyTorch 中的模型训练过程通常遵循一个固定的模式：首先构建数据集和网络；然后指定优化器和损失函数；接着进入迭代训练阶段，其中包括将数据输入网络、计算损失、清除梯度、反向传播；最后更新模型参数。这个过程会重复多次直到达到预定的训练目标。

下面给出图像分类的完整代码，见例 10-18。

例 10-18 图像分类

```
import torch
from torch.utils.tensorboard import SummaryWriter
from torchvision.datasets import ImageFolder
from torch.utils.data import DataLoader
from net import Alexnet
from tqdm import tqdm
import tensorboard
from torch.nn import CrossEntropyLoss
from torch.optim import Adam
from torchvision import transforms
writer=SummaryWriter()
path="train/train"
train_transforms=transforms.Compose([
    transforms.RandomResizedCrop(224),
    transforms.RandomHorizontalFlip(),
    transforms.ToTensor(),
```

```python
    transforms.Normalize((0.5,0.5,0.5),(0.5,0.5,0.5))
])
val_transforms=transforms.Compose([
    transforms.Resize([224,224]),
    transforms.ToTensor(),
    transforms.Normalize((0.5,0.5,0.5),(0.5,0.5,0.5))])
#########步骤1########
traindata=ImageFolder(root=path,transform=train_transforms)
trainloader=DataLoader(dataset=traindata,batch_size=128,
                      shuffle=True)
valdata=ImageFolder(root="train/val",transform=val_transforms)
valloader=DataLoader(dataset=valdata,batch_size=256,
                     shuffle=False)
######################
#########步骤2########
device="cuda:0"#指定设备
net=Alexnet()#实例化网络
net=net.to(device)#将网络指定到GPU设备上
######################
#########步骤3########
Alexnetoptimizer=Adam(net.parameters(),lr=0.0001)#实例化优化器
######################
#########步骤4########
lossFunction=CrossEntropyLoss()#指定损失函数
######################


#########步骤5########
epochs=50#训练次数
for epoch in range(epochs):
    trainloader=tqdm(trainloader)#使用tqdm封装,方便查看训练数据
    loss_mean=0.0 #用于记录每一次训练损失的均值
for step,data_label in enumerate(trainloader):#获取每一批数据
#########步骤6########
        data,label=data_label#获取数据与标签值
        net.train()#网络开始train模式
        out=net(data.to(device))#将数据指定到与网络相同的设备
        loss=lossFunction(out,label.to(device))#根据预测值与标签计算损失
#########步骤7########
        Alexnetoptimizer.zero_grad()#梯度清零
#########步骤8########
        loss.backward()#反向传播
#########步骤9########
```

```
            Alexnetoptimizer.step()#更新
    #获取每一次step中loss的值并累加在loss_mean中
            loss_mean+=loss.item()
            trainloader.desc="epoch {} mean loss {}".format(epoch,
                            round(loss_mean /(step+1),3))
    #将loss_mean显示到tensorboard中
        writer.add_scalar("train_loss",loss_mean/(len(trainloader)),
epoch)
        valloader=tqdm(valloader)
        with torch.no_grad():#不需要计算梯度
            correct=0
            total=0
            val_loss=0.0
            net.eval()#开启验证模式
            for step,data_label in enumerate(valloader):
                images,labels=data_label
                images=images.to(device)
                labels=labels.to(device)
                outputs=net(images)
                loss_=lossFunction(outputs,labels.to(device))
                val_loss+=loss_.item()
                _,predicted=torch.max(outputs.data,1)#输出的值,第一维度是
批次,第二维度是每一类的对应值,选取最大的那个值就是对应的分类。
                total+=labels.size(0)#计算总的图片数量
    #将预测正确数量累加

                correct+=(predicted==labels).sum().item()
                valloader.desc="epoch {} val_mean loss {}".format(epoch,
                            round(val_loss /(step+1),3))+" correct
                            {}%".format(round(correct*100/total,3))
    #将验证集loss添加到tensorboard中
                writer.add_scalar("val_loss",val_loss /
len(valloader),epoch)
    #将验证准确率loss添加到tensorboard中

                writer.add_scalar("Accuracy",correct /(total+1),epoch)
    torch.save(net.state_dict(),"AlexNet.pth")#保存模型
```

训练次数为 50 次,从图 10-4(a)可以看出,在验证集上准确率达到了 70%,训练集与测试集的损失都低于 1,分别见图 10-4(b)和(c)。模型还有进一步训练的空间,在此由于设备性能有限,不再进行进一步的训练。优化器的作用是用来管理和更新自定义模型中的可学习(需要梯度)参数,常使用的优化器:Adam、SGD 和 Adamw。

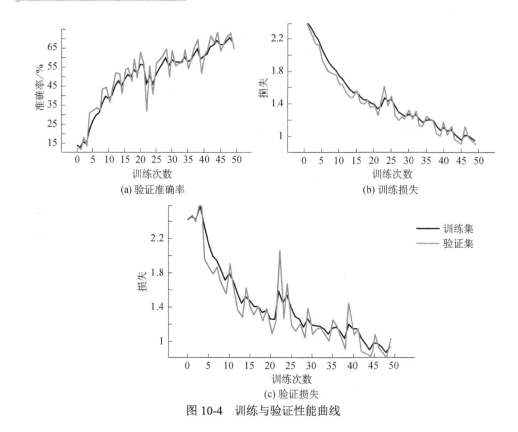

图 10-4 训练与验证性能曲线

10.6.4 训练过程可视化

为了在训练过程中直观地观测网络训练参数（loss、lr、acc 等），我们会使用一些可视化工具。TensorBoard 提供机器学习实验所需的可视化功能和工具：跟踪和可视化损失及准确率等指标；可视化模型图；查看权重、偏差或其他张量随时间变化的直方图；将嵌入投射到较低的维度空间；显示图片、文字和音频数据。

导入方式 from torch.utils.tensorboard import SummaryWriter。首先实例化 writer = SummaryWriter（），用于将信息写入对象。通过这个操作后会建立一个 runs 文件夹，用于存放 Tensorboard 文件。Tensorboard 常用的几个可视化函数如表 10-12 所示，使用案例见例 10-19。

表 10-12 Tensorboard 常用的几个可视化函数

函数名	功能与参数说明
add_image(tag,img_tensor,global_step=None)	功能：添加图片。 参数说明：tag 为标签名称；Img_tensor 为图片数据；global_step 为训练的次数，默认 None

第10章 PyTorch 深度学习框架

续表

函数名	功能与参数说明
add_scalar(tag,scalar_value,global_step=None)	功能：添加数字。 参数说明：tag 为标签名称；scalar_value 为需要展示的数据；global_step 为训练的次数，默认 None
add_graph(model,input_to_model=None,verbose=False)	功能：可视化模型 参数说明：model 为需要可视化的模型；input_to_model 为能够通过模型正向传播的 tensor 数据

例 10-19 Tensorboard 可视化

```
import torch
import torch.nn as nn
import torch.optim as optim
from torch.utils.tensorboard import SummaryWriter

# 创建TensorBoard写入器logs目录
writer=SummaryWriter('logs')

# 模拟训练过程
num_epochs=10
accuracy=0.5
loss=5.0

for epoch in range(num_epochs):
    # 模拟更新准确率和损失
    x=torch.rand(1)
    accuracy+=x[0]
    y=torch.rand(1)
    loss -=y[0]

    # 将准确率和损失写入TensorBoard
    writer.add_scalar('Accuracy',accuracy,epoch)
    writer.add_scalar('Loss',loss,epoch)

    print(f'Epoch [{epoch+1}/{num_epochs}],Accuracy:{accuracy:.4f},Loss:{loss:.4f}')
writer.close()# 关闭TensorBoard写入器
```

在命令行运行 tensorboard__logdir=runs，打开提示的地址，在浏览器显示的结果如图 10-5 所示。

(a) 准确率曲线

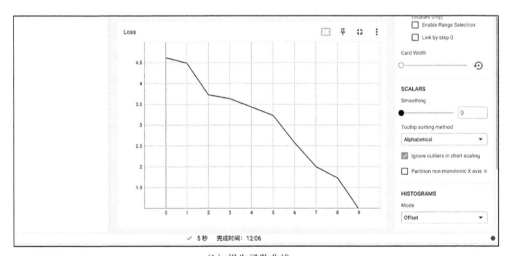

(b) 损失函数曲线

图 10-5　训练曲线图

Tensorboard 的优势之一是能够可视化复杂模型的结构。例 10-20 中给出了观察模型的代码。

例 10-20　使用 Tensorboard 可视化网络结构

```
import torch
import torch.nn as nn
from torchsummaryX import summary

# 定义一个简单的模型
```

```python
class Net(nn.Module):
    def __init__(self):
        super(Net,self).__init__()
        self.conv1=nn.Conv2d(3,64,kernel_size=3,stride=1,padding=1)
        self.reLU=nn.ReLU()
        self.conv2=nn.Conv2d(64,64,kernel_size=3,stride=1,padding=1)
        self.fc=nn.Linear(64 * 32 * 32,10)

    def forward(self,x):
        x=self.conv1(x)
        x=self.reLU(x)
        x=self.conv2(x)
        x=self.reLU(x)
        x=x.view(x.size(0),-1)
        x=self.fc(x)
        return x
# 创建模型实例
model=Net()

# 将模型转换为指定设备(如GPU)
device=torch.device("cuda" if torch.cuda.is_available()else "cpu")
model.to(device)

# 使用torchsummaryX打印模型结构
summary(model,torch.zeros((1,3,32,32)).to(device))

# 导入TensorBoard库
from torch.utils.tensorboard import SummaryWriter

# 创建SummaryWriter对象,指定日志目录
writer=SummaryWriter('./logs')

# 将模型结构写入TensorBoard
writer.add_graph(model,torch.zeros((1,3,32,32)).to(device))

# 关闭SummaryWriter
writer.close()
```

例 10-20 运行的结果见图 10-6。

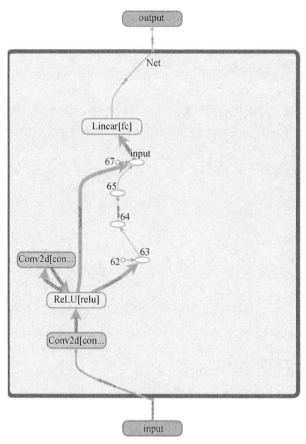

图 10-6　例 10-20 运行的结果

10.7　PyTorch-Lightning

PyTorch-Lightning 是依托于 PyTorch 的轻量包装器，是专为专业 AI 研究人员和机器学习工程师设计的深度学习框架，这个框架不仅保证了规模性能的高效运行，还具有非常大的灵活性。安装方式如下：

```
pip install pytorch-lightning
```

10.7.1　PyTorch-Lightning 使用方式

首先需要了解 LightingModule 类，这个类有以下几个需要重写的方法：__init__

（self）、training_strp（self,batch,batch_idx）、validation_step（self,batch,batch_idx）、test_step（self,batch,batch_idx）。例 10-21 给出了 Lightning 版本在 MNIST 数据库上训练的简单案例。

例 10-21　Lightning 简单实例

```
import os
import torch
import torch.nn as nn
import pytorch_lightning as pl
import torchvision
from torch import optim

class lighting(pl.LightningModule):
def __init__(self):
#在这个部分定义网络结构
        super(lighting,self).__init__()
        self.conv1=nn.Sequential(nn.Linear(28 * 28,64),nn. ReLU(),
nn.Linear(64,3))
        self.conv2=nn.Sequential(nn.Linear(3,64),nn.ReLU(),
nn. Linear(64,28 * 28))
    def training_step(self,batch,batch_idx):
#这个位置定义训练的步骤
        x,y=batch
        x=self.conv1(x)
        x=x.view(x.size(0),-1)
        x=self.conv2(x)
        loss=nn.functional.mse_loss(x,y)
        self.log("train_loss",loss)#自带tensorboard
        return loss

    def configure_optimizers(self):
#定义优化器
        optimizer=optim.Adam(self.parameters(),lr=1e-3)
        return optimizer

net=lighting()#实例化网络
dataset=torchvision.datasets.MNIST(os.getcwd(),download=True,
        transform=torchvision.transforms.ToTensor())
#载入数据集
train_loader=torch.utils.data.DataLoader(dataset)
trainer=pl.Trainer(limit_train_batches=100,max_epochs=1)
#实例化训练器
trainer.fit(model=net,train_dataloaders=train_loader)
```

运行此代码会生成图 10-7 所示的数据，并且生成对应模型权重文件。

图 10-7　例 10-21 生成的日志文件

还会打印出使用的设备信息和模型参数大小信息（图 10-8）。

```
GPU available: False, used: False
TPU available: False, using: 0 TPU cores
IPU available: False, using: 0 IPUs
HPU available: False, using: 0 HPUs

  | Name  | Type       | Params
-------------------------------------
0 | conv1 | Sequential | 50.4 K
1 | conv2 | Sequential | 51.2 K
-------------------------------------
101 K     Trainable params
0         Non-trainable params
101 K     Total params
0.407     Total estimated model params size (MB)
```

图 10-8　例 10-21 输出的设备信息和模型参数大小信息

10.7.2　Lightning 核心 API

在 10.7.1 节中，简单地使用了 Lightning 来定义和训练网络，下面详细地介绍 Lightning 中最核心的两个 API（LightningModule 和 Trainer）。表 10-13 给出了定义一个完整的网络必须要书写的 LightningModule 的 API。

表 10-13　LightningModule 的 API

API 名称	功能说明
init	定义网络结构
forward	定义推理时的计算过程（训练过程在 trainning_step 定义）
training_step	定义训练过程
validation_step	验证过程
test_step	测试过程
predict_step	预测过程
configure_optimizers	优化器

现在详细介绍每一个接口的使用：

```
import pytorch_lightning as pl
import torch
import torch.nn as nn
import torch.nn.functional as F
```

```python
from torch.utils.data import Dataset
from torch.utils.data.dataset import T_co
#定义数据集
class Mydata(Dataset):
    def __init__(self):
        self.x=torch.rand(size=(10,4,32,32))
        self.y=torch.ones_like(self.x)
        self.len=len(self.x)
    def __getitem__(self,index):
        return self.x[index,:,:,:],self.y[index,:,:,:]
    def __len__(self):
        return self.len
#定义网络
class LitModel(pl.LightningModule):
    def __init__(self):
        super(LitModel,self).__init__()
        self.conv1=nn.Conv2d(in_channels=4,out_channels=8,kernel_size=1)
    def forward(self,x):
        return self.conv1(x)
    def training_step(self,batch,batch_idx):
        x,y=batch
        x=self.conv1(x)
        y=torch.zeros_like(x)
        loss=F.cross_entropy(x,y)
        self.log("train_loss",loss)#在tensorboard显示需要查看的内容
        return loss #这里必须回传loss
    def configure_optimizers(self):#定义优化器
        return torch.optim.Adam(self.parameters(),lr=0.02)
```

至此，已经完成了网络和数据的准备，以及训练过程与优化器的设置。在使用Lightning框架时，无须再手动处理梯度清零、反向传播及更新梯度等繁琐步骤，因为Lightning已经自动为我们处理了这些事项。接下来的代码将详细说明如何训练我们的网络。

```python
mydata=Mydata()#先将数据实例化
train_loader=torch.utils.data.DataLoader(mydata)#使用DataLoader封装
trainer=pl.Trainer(max_epochs=10)#实例化训练器。设置最大训练次数
net=LitModel()#实例化网络
trainer.fit(model=net,train_dataloaders=train_loader)#传入网络和数据
```

加载权重进行预测也很简单：

```python
model=LitModel.load_from_checkpoint("lightning_logs/checkpoints/
```

```
epoch=9-step=100.ckpt")
    model.freeze()
    x=torch.zeros(size=(1,4,32,32))
    x=model(x)
```

10.7.3 单卡及多卡训练

在 Pytorch 进行多卡训练的过程中，需要执行以下步骤：注入环境、初始化环境、将模型转换为 DDP（Distributed Data Parallel，分布式数据并行）模型，以及为每个设备分配数据。具体来说，会使用 torch.nn.parallel.DistributedDataParallel(model, device_ids=[args.gpu])将模型修改为 DDP 模型，并使用 torch.utils.data.distributed.DistributedSampler(data)为每个设备分配数据。相比之下，使用 Lightning 框架进行多卡训练则简洁得多，具体如例 10-22 所示。

例 10-22 使用 Lightning 多卡训练

```
import torch
import pytorch_lightning as pt
import torch.nn as nn
import torch.nn.functional as F
from pytorch_lightning.strategies import DDPStrategy
from torchvision.models import resnet34,resnet50
from torchvision.datasets import CIFAR10
from torch.utils.data import DataLoader
from torchvision import transforms

class MyGPUS(pt.LightningModule):
    def __init__(self):
        super(MyGPUS,self).__init__()
        self.resnet34=resnet34(num_classes=10)
    def training_step(self,batch,idx):
        x,y=batch
        out=self.resnet34(x)
        lossfunction=nn.CrossEntropyLoss()
        loss=lossfunction(out,y)
        self.log("train_loss",loss,prog_bar=True,on_step=True)
        return loss
    def forward(self,x):
        x=self.resnet34(x)
        x=torch.max(x,dim=1)
        return x
    def test_step(self,batch,idx):
        x,y=batch
        out=self.resnet34(x)
        lossfunction=nn.CrossEntropyLoss()
```

```
            loss=lossfunction(out,y)
            self.log("val_loss",loss)
            return loss
        def configure_optimizers(self):

            optimizers=torch.optim.Adam(self.resnet34.parameters(),
lr=0.001)
            return optimizers

    My_transfrom={
        "train":transforms.Compose([
                        transforms.RandomCrop(224,224),
                        transforms.RandomHorizontalFlip(0.5),
            transforms.ToTensor(),
                        transforms.Normalize((0.5,0.5,0.5),
(0.5,0.5,0.5))]),
        "val":transforms.Compose([transforms.ToTensor(),
transforms.Normalize((0.5,0.5,0.5), (0.5,0.5,0.5))])
    }
    if __name__=='__main__':
        data=CIFAR10(download=False,root="cifar10_data")
        train_data=CIFAR10(download=False,root="cifar10_data",
train=True,transform=My_transfrom["train"])

        test_data=CIFAR10(download=False,root="cifar10_data",
train=False,transform=My_transfrom["val"])

        train_data_dataloard=DataLoader(train_data,batch_size=512,
shuffle=True,num_workers=16)
        test_data_dataloard=DataLoader(test_data,batch_size=256,
shuffle=False,num_workers=16)
    #根据情况设置devices的数量
        trainer=pt.Trainer(accelerator="gpu",devices=2,max_epochs=5,
strategy=DDPStrategy(find_unused_parameters=False),num_nodes=1)

        net=MyGPUS()
        trainer.fit(net,train_data_dataloard)
        trainer.test(net,test_data_dataloard)
```

运行成功的会出现如图 10-9 所示界面。

```
Epoch 4: 100%|██████████| 49/49 [00:40<00:00,  1.21it/s, loss=1.57, v_num=14, train_loss=1.460]
`Trainer.fit` stopped: `max_epochs=5` reached.
LOCAL_RANK: 0 - CUDA_VISIBLE_DEVICES: [0,1]
LOCAL_RANK: 1 - CUDA_VISIBLE_DEVICES: [0,1]
```

图 10-9　运行成功

如果使用多卡训练，则执行以下代码：

```
pt.Trainer(accelerator="gpu",devices=2,max epochs=5,strategy=DDP
Strategy(find_unused_parameters=False),num_nodes=1)
```

如果使用单卡训练，则执行以下代码：

```
pt.Trainer(accelerator="gpu",devices=1)
```

虽然 PyTorch-Lightning 提供了十分方便的结构，但经过测试（在 RTX 3090ti×2，128GB RAM，Ubantu 22.04 环境下，使用 CIFAR10 数据集和 ResNet34 模型进行双卡训练），相比原生 PyTorch 框架，Lightning 的训练速度慢了 6～10s，由此可见，Lightning 存在一定的性能损耗，但仍在可接受的范围内。读者可以根据自身的开发需求选择适合的框架。

10.8 本章小结

本章主要介绍了 PyTorch 深度学习框架，包括其基本原理、核心概念和实际应用。学习了如何使用 PyTorch 进行张量操作、搭建神经网络模型，以及训练和评估模型。同时，还探讨了 PyTorch 中的数据加载、可视化和多 GPU 训练等高级特性。此外，还介绍了 PyTorch-Lightning 及其在多 GPU 环境下的应用。对于从事深度学习研究和应用的人员来说，了解并掌握 PyTorch 深度学习框架至关重要。通过本章的学习，读者可以深入理解该框架的相关知识和技术，为今后的工作奠定坚实的基础。

第 11 章 常见深度神经网络模型

目前，常见的深度神经网络模型包括深度残差网络（ResNet）、编码-解码（encoder-decoder）结构、Transformer 模型、循环神经网络（recurrent neural network，RNN）、长短期记忆（LSTM）网络、生成对抗网络（GAN）等。本章将分别介绍这些深度神经网络模型的结构和基本原理，以及相应的 PyTorch 实现。

11.1 ResNet 模型与关键代码分析

11.1.1 ResNet 介绍

ResNet 的提出是 CNN 图像史上的一件里程碑事件，由于其在公开数据上展现的优势，其提出者何恺明也因此摘得 2016 年机器视觉和模式识别会议（Computer Vision and Pattern Recognition Conference，CVPR）最佳论文奖[1-3]。ResNet 网络广泛地用于目标分类等领域，其作为计算机视觉任务主干经典神经网络的一部分，典型的网络有 ResNet34、ResNet50、ResNet101 等。ResNet 网络证明网络能够向更深（包含更多隐藏层）的方向发展。顺便介绍一下 ResNet 的命名，例如，ResNet34 包含 33 个卷积层（Conv2d）和 1 个全连接层（FC），总共 34 个可学习的层，网络中的其他层不具备学习功能，占用的资源很少。相比之下，ResNet101 包含 100 个卷积层和 1 个全连接层。

11.1.2 ResNet 解决问题：网络退化

DCNN 已经在图像分类上取得了一系列的突破，更深的网络能自然地集成低、中、高层次的特征和分类器，且特征的级别可以通过堆叠层数来丰富。近期的成果证明了网络深度是非常重要的，许多其他的视觉任务也从深度模型中受益。在深度网络重要性的驱动下，学习更好的网络是否像堆叠更多层一样容易，一个障碍是梯度较小时出现梯度消失问题，这在一开始就阻碍了收敛。然而这个问题已经通过归一化和中间的归一化层在很大程度上得到了解决，这使得具有数十层的网络能够开始收敛，以实现具有反向传播的随机梯度下降。当更深的网络开始能够收敛时，一个退化问题就暴露出来，随着网络深度的增加，准确度变得饱和，并开始迅速退化。且这种退化并不是由过拟合引起的，增加更多层去适应更深的模型，也可能导致更高的训练误差。

通过一种称为残差网络的架构（图 11-1）来解决该问题。相较于每一层都直接拟合期望的映射，残差网络是拟合一个残差映射。在形式上，将期望的映射表示为 $H(x)$，让堆叠的非线性层拟合另一个映射 $F(x) = H(x) - x$（称为残差映射）。此时 $H(x)$ 被改写为 $F(x) + x$，已经验证优化残差映射比优化原始映射更加容易。$F(x) + x$ 的公式可以通过具有短接（shortcut connections）的前馈神经网络来实现，这些连接是跳过一层或多层的连接。

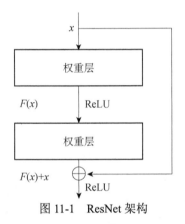

图 11-1 ResNet 架构

ResNet 块有两种，一种两层结构[basicblock，图 11-2（a）]，一种三层结构[bottleneck，图 11-2（b）]，图 11-2 中 d 表示维度。

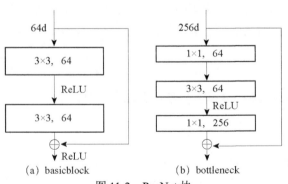

图 11-2 ResNet 块

basicblock 代码如下所示。

```python
# 这是残差网络中的basicblock,实现的功能如下:
class BasicBlock(nn.Module):
    expansion=1
    def __init__(self,inplanes,planes,stride=1,downsample=None):
    # inplanes代表输入通道数,planes代表输出通道数。
        super(BasicBlock,self).__init__()
        # Conv1
        self.conv1=conv3*3(inplanes,planes,stride)
        self.bn1=nn.BatchNorm2d(planes)
        self.reLU=nn.ReLU(inplace=True)
        # Conv2
        self.conv2=conv3*3(planes,planes)
        self.bn2=nn.BatchNorm2d(planes)
        # 下采样
        self.downsample=downsample
        self.stride=stride

    def forward(self,x):
        residual=x

        out=self.conv1(x)
        out=self.bn1(out)
        out=self.reLU(out)

        out=self.conv2(out)
        out=self.bn2(out)

        if self.downsample is not None:
            residual=self.downsample(x)
        # F(x)+x
        out+=residual
        out=self.reLU(out)

        return out
```

bottleneck 代码如下所示。

```python
class Bottleneck(nn.Module):
    expansion=4        # 输出通道数的倍乘

    def __init__(self,inplanes,planes,stride=1,downsample= None):
        super(Bottleneck,self).__init__()
        # conv1   1*1
        self.conv1=nn.Conv2d(inplanes,planes,kernel_size=1, bias=False)
        self.bn1=nn.BatchNorm2d(planes)
```

```python
        # conv2  3*3
        self.conv2=nn.Conv2d(planes,planes,kernel_size=3, stride=stride,padding=1,bias=False)
        self.bn2=nn.BatchNorm2d(planes)
        # conv3  1*1
        self.conv3=nn.Conv2d(planes,planes * 4,kernel_size=1,
                            bias= False)
        self.bn3=nn.BatchNorm2d(planes * 4)
        self.reLU=nn.ReLU(inplace=True)
        self.downsample=downsample
        self.stride=stride

    def forward(self,x):
        residual=x

        out=self.conv1(x)
        out=self.bn1(out)
        out=self.reLU(out)

        out=self.conv2(out)
        out=self.bn2(out)
        out=self.reLU(out)

        out=self.conv3(out)
        out=self.bn3(out)

        if self.downsample is not None:
            residual=self.downsample(x)

        out+=residual
        out=self.reLU(out)

        return out
```

11.2 编码-解码模型

11.2.1 编码-解码模型介绍

编码-解码是一个模型构架，是一类算法的统称，并不是特指某一个具体的算法，在这个框架下可以使用不同的算法来解决不同的任务。编码-解码的输入输出可以是任意文字、语音、图像和视频数据。对于文字，编码器首先将输入序列转化成一个固定维度的语义编码,解码器阶段将这个激活状态生成目标译文。编码-解码模型的基本结构如图 11-3 所示。

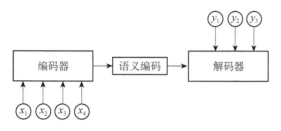

图 11-3　编码-解码模型的基本结构

编码-解码模型虽然非常经典,但是局限性也非常大。最大的局限性就在于编码和解码之间的唯一联系就是一个固定长度的语义向量 C。也就是说,编码器要将整个序列的信息压缩进一个固定长度的向量中去。但是这样做有两个弊端,一是语义向量无法完全表示整个序列的信息;二是先输入的内容携带的信息会被后输入的信息稀释掉,或者说,被覆盖了。输入序列越长,这个现象就越严重。这就使得在解码时一开始就没有获得输入序列足够的信息,那么解码的准确度就会出现明显的下降。

在图像领域,编码-解码可以用于图像分割(图 11-4)[4-7]。一般而言,编码器(图 11-4 左)由一系列的卷积(或者自注意力)和下采样(减小特征尺寸)组成;而解码器(图 11-4 右)由一系列上采样(加大特征的尺寸,还原图像尺寸)和卷积(或者自注意力)组成。下面介绍的 UNet 网络也属于编码-解码结构,除此之外,用于图像特征提取或生成的自编码器(autoencoder,AE)和变分自编码器(variational autoencoder,VAE)模型也属于编码-解码结构[7]。

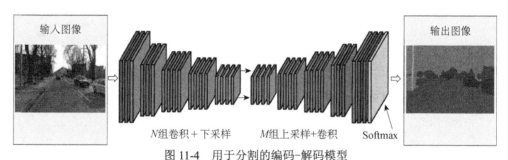

图 11-4　用于分割的编码-解码模型

11.2.2　UNet 网络详解

UNet 网络架构如图 11-5 所示。UNet 是一个对称的结构,左半边是编码器,右半边是解码器。图像会先经过编码器处理,再经过解码器处理,最终实现图像分割。它们的作用如下所示。

(1)编码器:从输入图像中提取并压缩关键特征信息,但在此过程中会逐渐丢失精确的空间位置信息。

(2)解码器:利用编码器提取的图像特征信息,逐步重建并恢复图像的空间结构和细节。

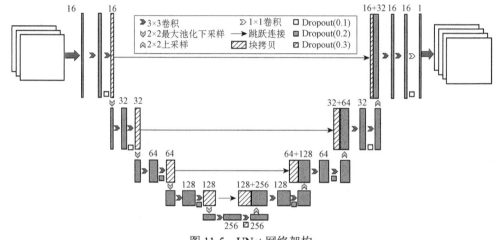

图 11-5 UNet 网络架构

编码器的部分和传统的网络结构类似,可以选择图 11-5 中的结构,也可以选择 VGG、ResNet 等。随着卷积层的加深,特征图的长宽减小,通道增加。虽然编码器提取了图像的高级特征,但是丢弃了图像的位置信息。所以在图像识别问题中,模型只需要编码器的部分。因为图像识别不需要位置信息,所以只需要提取图像的内容信息。编码器,即下采样提取特征的过程。编码器的基本模块采用双卷积形式,即输入依次通过两个 3×3 卷积层,以适应跳跃连接。下采样则使用池化层,直接将特征图尺寸缩小为原来的 1/2。

解码器的部分是 UNet 的重点,它的作用是恢复图像尺寸并预测生成图像。解码器中涉及逆卷积,简单来说就是卷积的反向运算。解码器的每一层都通过逆卷积,并且和编码器相对应的初级特征结合(图中的白色箭头),逐渐恢复图像的位置信息。在解码器中,随着卷积层的加深,特征图的长宽增大,通道减少。解码器的基本模块采用双卷积结构,其中上采样使用转置卷积实现,每次转置卷积操作将特征图的空间尺寸放大 2 倍。UNet 网络的代码如下所示。

```
import torch
import torch.nn as nn
```

```python
class UNet(nn.Module):
    def __init__(self, in_channels, out_channels):
        super(UNet, self).__init__()

        # 定义下采样路径（编码器）
        self.down_conv1 = self.double_conv(in_channels, 64)
        self.down_pool1 = nn.MaxPool2d(kernel_size=2, stride=2)
        self.down_conv2 = self.double_conv(64, 128)
        self.down_pool2 = nn.MaxPool2d(kernel_size=2, stride=2)
        self.down_conv3 = self.double_conv(128, 256)
        self.down_pool3 = nn.MaxPool2d(kernel_size=2, stride=2)

        # 定义上采样路径（解码器）
        self.up_transpose1 = nn.ConvTranspose2d(256, 128, kernel_size=2, stride=2)
        self.up_conv1 = self.double_conv(256, 128)
        self.up_transpose2 = nn.ConvTranspose2d(128, 64, kernel_size=2, stride=2)
        self.up_conv2 = self.double_conv(128, 64)

        # 输出层
        self.out = nn.Conv2d(64, out_channels, kernel_size=1)

    def forward(self, x):
        # 下采样路径（编码器）
        down1 = self.down_conv1(x)
        down_pool1 = self.down_pool1(down1)
        down2 = self.down_conv2(down_pool1)
        down_pool2 = self.down_pool2(down2)
        down3 = self.down_conv3(down_pool2)
        down_pool3 = self.down_pool3(down3)
        # 上采样路径（解码器）
        up1 = self.up_transpose1(down_pool3)
        up1 = torch.cat([down2, up1], dim=1)
        up1 = self.up_conv1(up1)
        up2 = self.up_transpose2(up1)
        up2 = torch.cat([down1, up2], dim=1)
        up2 = self.up_conv2(up2)
        # 输出层
        out = self.out(up2)
```

```
            return out

    def double_conv(self, in_channels, out_channels):
        return nn.Sequential(
            nn.Conv2d(in_channels, out_channels, kernel_size=3, padding=1),
            nn.ReLU(inplace=True),
            nn.Conv2d(out_channels, out_channels, kernel_size=3, padding=1),
            nn.ReLU(inplace=True)
        )
```

代码中逆卷积用 PyTorch 的 nn.ConvTranspose2d（ ）函数来实现，它有 4 个基本参数（输入通道数、输出通道数、卷积核大小、卷积步长），其中，卷积步长决定了上采样的倍数。如 ConvTranspose2d（1024，512，2，stride=2）表明输入是 1024 通道，输出是 512 通道，卷积核大小是 2×2，在两个方向上的卷积步长为 2。

11.3　Transformer 模型

11.3.1　模型整体介绍

Transformer[1] 由编码器、解码器和全连接层组成（图 11-6）。在编码器部分（图 11-6 左），包括位置编码和 N 个编码器块；在解码器部分（图 11-6 右），同样包括位置编码和 N 个解码器块。编码器块的主要组成部分包括填充掩码（padding mask）、多头注意力机制（multi-head attention）和全连接层；而解码器块则包括填充掩码、序列掩码（sequence mask）、掩码多头注意力机制（masked multi-head attention）、多头注意力机制和全连接层。最初，Transformer 网络被应用于语言模型中，输入是一段文本，输出是翻译为另一种语言的文本。随着发展，Transformer 模型在图像领域也得到了广泛应用。本节将介绍语言模型中的 Transformer，而视觉 Transformer（vision transformer，ViT）将在 11.4 节中进行讲解。

第 11 章 常见深度神经网络模型

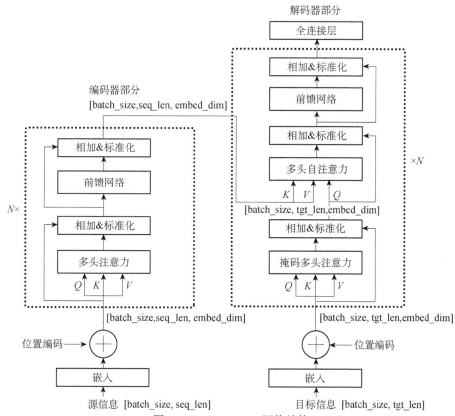

图 11-6 Transformer 网络结构

在机器翻译中,一对样本是由原始句子和翻译后的句子组成的,例如,输入句子是"他是男生",对应的英语翻译是"He is a boy"。则该对样本由"他是男生"和"He is a boy"组成。这个样本的原始句子的字长度 length=4,即'他''是''男''生'。经过嵌入后每个字的向量是 512。则这个句子的嵌入后的维度是[4,512](若是批量输入,则嵌入后的维度是[batch_size,4,512])。下面以一个简单地从中文翻译为英语的数据集来说明 Transformer 翻译原理。

```
           # 编码器输入        解码器输入          解码器输出
sentences=[['他 是 男 生 P','S He is a boy','He is a boy E'],
           ['他 喜 欢 汉 语','S He likes Chinese P','He likes Chinese P E']]
    # S:开始符号,# E:结束符号,# P:填充符号

    # 词源字典  字:索引
    src_vocab={'P':0,'他':1,'是':2,'男':3,'生':4,'喜':5,'欢':6,'汉':7,'语':8}
    # 目标字典转换成 索引:字的形式
    src_idx2word={src_vocab[key]:key for key in src_vocab}
```

```python
src_vocab_size=len(src_vocab) # 字典中字的个数
tgt_vocab={'S':0,'E':1,'P':2,'He':3,'is':4,'a':5,'boy':6,'likes':7,'Chinese':8}
idx2word={tgt_vocab[key]:key for key in tgt_vocab}
tgt_vocab_size=len(tgt_vocab)# 目标字典长度

src_len=len(sentences[0][0].split(" "))# 编码器输入的最大长度为5
tgt_len=len(sentences[0][1].split(" "))# 解码器输入输出最大长度为5
#下面给出超参数设置：
rc_len=5  # 源信息长度
tgt_len=5  # 目标信息长度
## 模型参数
d_model=512  # 嵌入维度
d_ff=2048  # 前馈网络维度
d_k=d_v=64  # K(=Q),V的维度
n_layers=6  # 编码和解码层数
n_heads=8  # 多头注意力的头数量

# 把句子转换成字典索引
# def make_batch(sentences):
#     enc_inputs=[[src_vocab[n] for n in sentences[0].split()]]
#     dec_inputs=[[tgt_vocab[n] for n in sentences[1].split()]]
#     dec_outputs=[[tgt_vocab[n] for n in sentences[2].split()]]
#     return torch.LongTensor(enc_inputs),torch.LongTensor(dec_inputs),torch.LongTensor(dec_outputs)

def make_batch(sentences):
    enc_inputs=[[src_vocab[n] for n in sentence[0].split()] for sentence in sentences]
    dec_inputs=[[tgt_vocab[n] for n in sentence[1].split()] for sentence in sentences]
    dec_outputs=[[tgt_vocab[n] for n in sentence[2].split()] for sentence in sentences]
    return torch.LongTensor(enc_inputs),torch.LongTensor(dec_inputs),torch.LongTensor(dec_outputs)

#调用make_batch
enc_inputs,dec_inputs,dec_outputs=make_batch(sentences)
print(enc_inputs)
print(dec_inputs)
print(dec_outputs)
```

上面程序输出：

```
tensor([[1,2,3,4,0],
        [1,5,6,7,8]])
tensor([[0,3,4,5,6],
```

```
            [0,3,7,8,2]])
    tensor([[3,4,5,6,1],
            [3,7,8,2,1]])
```

下面定义数据集函数。

```
    class MyDataSet(Data.Dataset):
        def __init__(self,enc_inputs,dec_inputs,dec_outputs):
            super(MyDataSet,self).__init__()
            self.enc_inputs=enc_inputs
            self.dec_inputs=dec_inputs
            self.dec_outputs=dec_outputs
        def __len__(self):
            return self.enc_inputs.shape[0]
        def __getitem__(self,idx):
            return self.enc_inputs[idx],self.dec_inputs[idx],
self.dec_outputs[idx]
        #定义数据装载器
        loader=Data.DataLoader(MyDataSet(enc_inputs,dec_inputs,
dec_outputs),2,True)
```

Transformer 整体代码如下所示。

```
    class Transformer(nn.Module):
        def __init__(self):
            super(Transformer,self).__init__()
            self.encoder=TransformerEncoder()
            self.decoder=TransformerDecoder()
            self.projection=nn.Linear(d_model,tgt_vocab_size,bias=
False)

        def forward(self,enc_inputs,dec_inputs):
            #编码器及其输出
            enc_outputs,enc_self_attns=self.encoder(enc_inputs)
            #解码器及其输出
            dec_outputs,dec_self_attns,dec_enc_attns=self.decoder
(dec_inputs,enc_inputs,enc_outputs)
            dec_logits=self.projection(dec_outputs)
            dec_logits=dec_logits.view(-1,dec_logits.size(-1))
            return dec_logits,enc_self_attns,dec_self_attns,
dec_enc_attns
```

11.3.2 编码器部分

编码器由 N 个编码层堆叠而成。输入文本经过词嵌入层得到词嵌入，然后和位置编码线性相加并作为输入层的最终输出；随后，每一层的输出作为下一层编码块的输入，在每个编码块里进行注意力计算、前馈神经网络、残差连接、层归一化等操作。最终返回编码器最后一层的输出和每一层的注意力权重矩阵。编码器的整体代码如下所示。

```
class TransformerEncoder(nn.Module):
    def __init__(self):
        super(TransformerEncoder,self).__init__()
        self.src_emb=nn.Embedding(src_vocab_size,d_model)
        self.pos_emb=PositionalEncoding(d_model)
        # 引入编码器层EncoderLayer
        self.layers=nn.ModuleList([EncoderLayer() for _ in range(n_layers)])
    def forward(self,enc_inputs):
        enc_outputs=self.src_emb(enc_inputs)
        enc_outputs=self.pos_emb(enc_outputs.transpose(0,1)).transpose(0,1)
        enc_self_attn_mask=get_attn_pad_mask(enc_inputs,enc_inputs)
        enc_self_attns=[]
        for layer in self.layers:
            enc_outputs,enc_self_attns=layer(enc_outputs,enc_self_attn_mask)
            enc_self_attns.append(enc_self_attn)
        return enc_outputs,enc_self_attns
```

1. **位置编码**

首先，将需要翻译的文本数据转换为词索引（word indices）；然后，使用 nn.Embedding 层将这些词索引转换为词向量（word embeddings）；接着，构建一个更长序列的词向量矩阵。例如，如果设定序列长度为 5000，每个词的向量维度为 512，则会生成一个 5000 行 512 列的矩阵，这个矩阵表示了 5000 个词，每个词由一个 512 维的向量表示。再对所构造的词向量通过 sin 和 cos 函数进行如下绝对位置编码：

$$\text{PE}(\text{pos}, 2i) = \sin\left(\frac{\text{pos}}{10000^{2i/d_{\text{model}}}}\right) \tag{11-1}$$

$$\text{PE}(\text{pos}, 2i+1) = \cos\left(\frac{\text{pos}}{10000^{2i/d_{\text{model}}}}\right) \tag{11-2}$$

式中，pos 为词向量的索引序号，相当于矩阵的行；$2i$ 为词向量偶数维度，相当于矩阵的列，从而实现矩阵形式的位置编码；d_{model} 表示特征维度。再将位置编码与原词向量进行相加，为词向量添加对应位置的位置编码。代码如下所示。

```
class PositionalEncoding(nn.Module):
    def __init__(self,d_model,dropout=0.1,max_len=5000):
        super(PositionalEncoding,self).__init__()
        self.dropout=nn.Dropout(p=dropout)
```

```
            pe=torch.zeros(max_len,d_model)
            position=torch.arange(0,max_len,dtype=torch.float).
unsqueeze(1)
            div_term=torch.exp(torch.arange(0,d_model,2).float()*
                        (-math.log(10000.0)/ d_model))
            pe[:,0::2]=torch.sin(position * div_term)
            pe[:,1::2]=torch.cos(position * div_term)
            pe=pe.unsqueeze(0).transpose(0,1)
            self.register_buffer('pe',pe)

    def forward(self,x):
        x=x+self.pe[:x.size(0),:]
        return self.dropout(x)
```

2. 编码器层

编码层中包含了填充掩码、多头自注意力、前馈神经网络、全连接，其代码如下所示。

```
    class EncoderLayer(nn.Module):
      def __init__(self):
        super(EncoderLayer,self).__init__()
        # 引入多头注意力
        self.enc_self_attn=MultiHeadAttention()
        # 前馈神经网络
        self.pos_ffn=PoswiseFeedForwardNet()
      def forward(self,enc_inputs,enc_self_attn_mask):
        enc_outputs,attn=self.enc_self_attn(enc_inputs,enc_inputs,
enc_inputs,
        enc_outputs=self.pos_ffn(enc_outputs)
    return enc_outputs,attn
```

1）填充掩码

如果样本中句子的最大长度是 10，则对于如 [4,512] 的句子，需要填充到 10 个长度，形状就变为 [10,512]，填充的位置上的 embedding 数值为 0。对于那些填充为零的数据，注意力机制不应该把注意力放在这些位置上，因此需要进行额外的处理。具体的做法是，把这些位置的值加上一个非常大的负数，这样经过 Softmax 后，这些位置的权重就会接近 0。代码如下所示。

```
    def get_attn_pad_mask(seq_q,seq_k):e'w
        batch_size,len_q=seq_q.size()
        batch_size,len_k=seq_k.size()
        # 判断0填充位置,并标记为1,然后再给张量升维 [batch_size,1,len_k]。
        pad_attn_mask=seq_k.data.eq(0).unsqueeze(1)
        #将张量膨胀到与注意力分数相同的尺寸[batch_size,len_q,len_k]
        pad_attn_mask=pad_attn_mask.expand(batch_size,len_q,len_k)
```

```
return pad_attn_mask
```

2）多头自注意力

将 Encoder 层中已经进行位置编码的词向量传入自注意力中，分别作为输入的 input_Q、input_K、input_V 向量，并通过可训练的全连接层转为查询(Q)、键(K)、值(V)向量，在转为 Q、K、V 向量的同时，因为是多头的，所以将原本的 input_Q、input_K、input_V 的维度分解为对应头的数量[如原本的 input_Q、input_K、input_V 的维度为（2,8,8,512），将 512 维转为对应 8 个头的维度，则维度为（2,8,8,64）]。这样可以使不同的头对不同维度的关注程度不同。接着用 Q 向量乘以转置后的 K 向量，将填充掩码填充在结果上，对结果进行 Softmax 处理，得出相对应的得分；再用得分与 V 向量相乘，从而实现对 V 向量的不同关注。最后将不同头的输出向量 V 进行拼接，Q、K、V 关系公式如下：

$$\text{Attention}(Q,K,V) = \text{Softmax}\left(\frac{QK^\text{T}}{\sqrt{d_k}}\right)V \qquad (11\text{-}3)$$

式中，d_k 表示特征维度长度。

自注意力机制实际上是将同一序列中的词向量分别作为查询(Q)、键(K)和值(V)向量，以找出序列内部的关联关系。相比之下，一般的注意力机制是用当前序列的向量作为查询(Q)向量，而使用其他序列的向量作为键(K)和值(V)向量。具体以解码层两种不同的注意力层为例。多头自注意力模型的计算过程如图 11-7 所示。

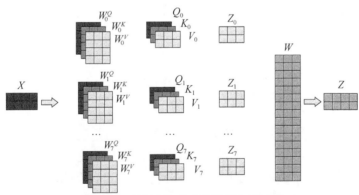

图 11-7　多头自注意力模型的计算过程

代码如下所示。

```
class MultiHeadAttention(nn.Module):
    def __init__(self, d_model, num_heads):
        super(MultiHeadAttention, self).__init__()
        # 定义头数
        self.num_heads = num_heads
        # 定义模型的维度
```

```python
        self.d_model = d_model
        # 确保d_model可以被头数整除
        assert d_model % self.num_heads == 0
        # 每个头的维度
        self.depth = d_model // self.num_heads

        # 定义权重矩阵用于查询、键和值
        self.wq = nn.Linear(d_model, d_model)
        self.wk = nn.Linear(d_model, d_model)
        self.wv = nn.Linear(d_model, d_model)

        # 定义线性层进行最后的转换
        self.dense = nn.Linear(d_model, d_model)

    def split_heads(self, x, batch_size):
        # 将输入张量分成多个头
        x = x.reshape(batch_size, -1, self.num_heads, self.depth)
        # 对头维度和序列长度维度进行置换
        return x.permute([0, 2, 1, 3])

    def forward(self, v, k, q, mask=None):
        # 获取批量大小
        batch_size = q.shape[0]

        # 线性变换得到查询、键和值
        q = self.wq(q)   # (batch_size, seq_len, d_model)
        k = self.wk(k)   # (batch_size, seq_len, d_model)
        v = self.wv(v)   # (batch_size, seq_len, d_model)

        # 分割头
        q = self.split_heads(q, batch_size)  # (batch_size, num_heads, seq_len_q, depth)
        k = self.split_heads(k, batch_size)  # (batch_size, num_heads, seq_len_k, depth)
        v = self.split_heads(v, batch_size)  # (batch_size, num_heads, seq_len_v, depth)

        # 缩放点积注意力
        scaled_attention_logits = torch.matmul(q, k.transpose(-2, -1)) / torch.sqrt(torch.tensor(self.depth, dtype=torch.float32))

        # 如果有掩码,则将其加到缩放后的张量上
        if mask is not None:
            scaled_attention_logits += (mask * -1e9)  # 添加掩码到缩放后的张量上
```

```
            # 计算注意力权重
            attention_weights = F.softmax(scaled_attention_logits, dim=-1)
            # (batch_size, num_heads, seq_len_q, seq_len_k)

            # 计算输出
            output = torch.matmul(attention_weights, v) # (batch_size, num_heads, seq_len_q, depth)
            # 对头维度和序列长度维度进行置换，并合并
            output = output.permute([0, 2, 1, 3]).contiguous()
            # (batch_size, seq_len_q, num_heads, depth)
            output = output.reshape(batch_size, -1, self.d_model)
            # (batch_size, seq_len_q, d_model)

            # 线性变换得到最终输出
            output = self.dense(output)  # (batch_size, seq_len_q, d_model)
            return output
```

3）前馈神经网络

前馈神经网络（feed forward network，FFN）就是一个全连接层，每个位置的词都单独经过这个完全相同的FFN。该网络由两个线性变换组成，即两个全连接层组成，第一个全连接层的激活函数为ReLU激活函数，可以表示为

$$FFN = \max(0, xW_1 + b_1)W_2 + b_2 \tag{11-4}$$

FFN代码如下所示。

```
    class PoswiseFeedForwardNet(nn.Module):
        def __init__(self):
            super(PoswiseFeedForwardNet,self).__init__()
            self.conv1=nn.Conv1d(in_channels=d_model,out_channels=d_ff,kernel_size=1)
            self.conv2=nn.Conv1d(in_channels=d_ff,out_channels=d_model,kernel_size=1)
            self.layer_norm=nn.LayerNorm(d_model)

        def forward(self,inputs):
            residual=inputs # 输入:[batch_size,len_q,d_model]
            output=nn.ReLU()(self.conv1(inputs.transpose(1,2)))
            output=self.conv2(output).transpose(1,2)
            return self.layer_norm(output+residual)
```

11.3.3 解码器部分

通过编码层的编码输入和解码层的对应翻译词库的输入，以及位置编码、解码

层来实现对应词的翻译。

```
class Transformer Decoder(nn.Module):
    def __init__(self):
        super(Transformer Decoder,self).__init__()
        self.tgt_emb=nn.Embedding(tgt_vocab_size,d_model)
        self.pos_emb=nn.Embedding.from_pretrained(
    get_sinusoid_encoding_table(tgt_len+1,d_model),freeze=True)
        self.layers=nn.ModuleList([DecoderLayer() for _ in range(n_layers)])

    def forward(self,dec_inputs,enc_inputs,enc_outputs):
        dec_outputs=self.tgt_emb(dec_inputs)
        dec_outputs=self.pos_emb(dec_outputs.transpose(0,1)).transpose(0,1)

        #此部分增加了序列掩码,与编码器中的代码不一样
        dec_self_attn_pad_mask=get_attn_pad_mask(dec_inputs,dec_inputs)
        dec_self_attn_subsequent_mask=get_attn_subsequent_mask(dec_inputs)
        dec_self_attn_mask=torch.gt((dec_self_attn_pad_mask+
    dec_self_attn_subsequent_mask),0)
        dec_enc_attn_mask=get_attn_pad_mask(dec_inputs,enc_inputs)

        dec_self_attns,dec_enc_attns=[],[]
        for layer in self.layers:
            dec_outputs,dec_self_attn,dec_enc_attn=layer
(dec_outputs,enc_outputs,dec_self_attn_mask,dec_enc_attn_mask)
            dec_self_attns.append(dec_self_attn)
            dec_enc_attns.append(dec_enc_attn)
        return dec_outputs,dec_self_attns,dec_enc_attns
```

1. **位置编码**

首先,将待翻译的输入文本转换为词索引(或称为词编码);然后,使用 nn.Embedding 层将这些词索引转换为词向量;接下来,对这些词向量应用位置编码,其方法与编码器中的位置编码相同。

2. **解码层**

解码层中包含填充掩码、序列掩码、掩码多头注意力机制、多头注意力机制和全连接层。

1)填充掩码

填充掩码同编码层一样,目的是将填充的位置编码置为无穷,使得多头注意力机制后的 Softmax 不关注填充的位置。

2）序列掩码

序列掩码是一种重要的机制，用于确保解码器在处理序列数据时不会获取未来的信息。具体而言，对于任意时刻 t 的序列元素，解码器的输出仅能依赖于 t 时刻及其之前的输入，而不能利用 t 时刻之后的信息。为了实现这一目标，需要设计一种方法来遮蔽未来的信息。

实现序列掩码的具体方法如下：构造一个下三角矩阵（包括对角线），其中下三角部分（包括对角线）的元素值均为1，上三角部分的元素值均为0。将这个掩码矩阵应用于输入序列，即可有效地屏蔽未来时刻的信息，从而确保解码过程的因果性和有效性。序列掩码矩阵如表11-1所示。

表 11-1 序列掩码矩阵

1	0	0	0
0.52	0.55	0	0
0.34	0.36	0.36	0
0.28	0.29	0.17	0.32

代码如下所示。

```
def get_attn_subsequence_mask(seq):
    #seq:[batch_size,tgt_len]
    attn_shape=[seq.size(0),seq.size(1),seq.size(1)]
    # attn_shape:[batch_size,tgt_len,tgt_len]
    # 生成一个上三角矩阵
    subsequence_mask=np.triu(np.ones(attn_shape),k=1)
    subsequence_mask=torch.from_numpy(subsequence_mask).byte()
    return subsequence_mask   # [batch_size,tgt_len,tgt_len]
```

3）掩码多头自注意力机制

解码器的自注意力机制是将添加了位置信息的目标语言词向量分别作为 input_Q、input_K 和 input_V 向量。这些向量随后经过线性变换，转化为 Q、K 和 V 矩阵。在此基础上，解码器还需要应用序列掩码和填充掩码。序列掩码用于屏蔽尚未被翻译的词汇信息，确保解码器在生成每个词时只依赖已生成的词。填充掩码则用于处理不同长度的序列。这两种掩码相加后形成一个综合掩码。该综合掩码作用于 Q 和 K 矩阵的点积结果上，有效地控制注意力的分布。随后，这个结果经过 Softmax 层进行归一化，并与 V 矩阵相乘，得到最终的注意力输出。解码器中的多头自注意力机制的原理与编码器中的类似，主要区别在于添加了掩码操作。这种设计确保了解码过程的因果性，即每个位置只能关注到其之前的位置。掩码部分的代码如下所示。

```
dec_outputs=self.tgt_emb(dec_inputs)
dec_outputs=self.pos_emb(dec_outputs.transpose(0,1)).transpose(0,1)
# 解码器输入序列的填充矩阵
dec_self_attn_pad_mask=get_attn_pad_mask(dec_inputs,ec_inputs)
dec_self_attn_subsequence_mask=get_attn_subsequence_mask
```

```
(dec_inputs)
        # 两个矩阵相加,大于0的为1,否则为0,为1的将会被填充为无限小
        dec_self_attn_mask=torch.gt((dec_self_attn_pad_mask+
                             dec_self_attn_subsequence_mask),0)
        # 注意力中的掩码矩阵
        dec_enc_attn_mask=get_attn_pad_mask(dec_inputs,enc_inputs)
```

4)多头注意力机制

与编码器相同。

5)全连接层

对解码器层的解码器结果进行全连接,将向量的维度由词向量的维度转为翻译的词向量的个数。最后将结果进行 Softmax 并选择当前得分最高的索引进行输出。

11.3.4 网络训练

网络训练相对比较简单,代码如下所示。

```
        model=Transformer().to(device)
        criterion=nn.CrossEntropyLoss(ignore_index=0)
        optimizer=optim.SGD(model.parameters(),lr=1e-3,momentum=0.99)
        for epoch in range(epochs):
          for enc_inputs,dec_inputs,dec_outputs in loader:
            enc_inputs,dec_inputs,dec_outputs=enc_inputs.to(device),
dec_inputs.to(device),dec_outputs.to(device)
             outputs,enc_self_attns,dec_self_attns,dec_enc_attns=model
(enc_inputs,dec_inputs)
             loss=criterion(outputs,dec_outputs.view(-1))
        # dec_outputs.view(-1):[batch_size * tgt_len * tgt_vocab_size]
             print('Epoch:','%04d' %(epoch+1),'loss=','{:.6f}'.format
(loss))

            optimizer.zero_grad()
            loss.backward()
            optimizer.step()
```

11.4 视觉 Transformer(ViT)与关键代码分析

11.4.1 ViT 整体架构

视觉 Transformer(ViT)模型[2]是 Transformer 在图像处理中的应用,用于提取

图像特征和分类，因此它只有 Transformer 的编码器部分。ViT 首先把图像分割为 196 个 16×16 的图像块，每一个图像块与 Transformer 的字相对应；然后与 Transformer 一样对这些图像块连同这些块的位置编码一起送入 Transformer 编码器进行处理；最后通过多层感知器（multilayer perceptron，MLP）进行分类或者特征提取，具体原理示意图见图 11-8。

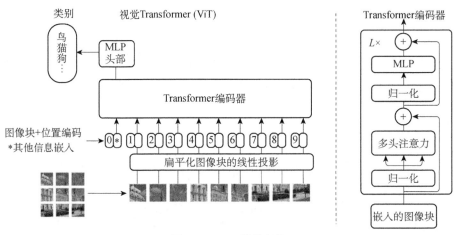

图 11-8　ViT 整体架构

1. 图片预处理

为了保证图片尺寸的统一，将图片进行预处理，所有图片的尺寸为 224×224。将处理后的图片（1,224,224）统一划分为 16×16 的图像块，一共有 14×14=196 个图像块，每个图像块有 3 个通道，每个通道有 16×16 个像素，一共有 768 个像素点。为了实现这一结果，可以通过卷积的方式进行实现，输入通道有 3 个，输出通道有 768 个，卷积核的大小为 16，步长为 16，将卷积操作作用在每一个图像块上，那么一共会有 14×14 个，结果为（1,768,14,14）。再将结果进行展平，得到（1,196,768）。因为前期切图像块时，并没有记录每一个图像块的相对位置，因此我们需要传递给模型这些空间上的信息，使得模型知道每一个图像块位置间的关联关系。在 ViT 中的位置信息是由模型进行训练的，位置信息的尺寸为（197,768），因为前面的图像块已经加上了类标记，所以图像块已经变成了（197,768）。用 nn.Parameter 初始化位置信息息参数，再将位置信息加入到图像块上。完整的图片预处理代码如下所示。

```
class PatchEmbedding(nn.Module):
    def __init__(self,in_channels:int=3,patch_size:int=16,emb_size:int=768,img_size:int=224):
        self.patch_size=patch_size
        super().__init__()
        self.projection=nn.Sequential(
            nn.Conv2d(in_channels,emb_size,kernel_size=patch_size,
```

```
stride=patch_size),
                Rearrange('b e(h)(w)-> b(h w)e'),
            )
            self.cls_token=nn.Parameter(torch.randn(1,1,emb_size))
            # 位置编码信息,一共有(img_size // patch_size)**2+1(cls token)
个位置向量
            self.positions=nn.Parameter(torch.randn((img_size //
patch_size)**2+1,emb_size))

        def forward(self,x:Tensor)-> Tensor:
            b,_,_,_=x.shape
            x=self.projection(x)
            cls_tokens=repeat(self.cls_token,'()n e -> b n e',b=b)
            # prepend the cls token to the input
            x=torch.cat([cls_tokens,x],dim=1)
            # add position embedding
            print(x.shape,self.positions.shape)
            x+=self.positions
            return x
```

2. ViT 中的 Transformer 编码块

ViT 中的 Transformer Encoder 借鉴了原始 Transformer 的编码器结构,主要由多头自注意力机制和前馈神经网络组成。每个子模块都配有层归一化和残差连接。这种结构被重复堆叠,形成完整的 ViT Transformer 编码器。通过这种设计,ViT 能有效处理图像数据,在各种计算机视觉任务中展现出卓越的性能。代码如下所示。

```
    class TransformerEncoder(nn.Sequential):
        def __init__(self,
                emb_size:int=768,
                drop_p:float=0.,
                forward_expansion:int=4,
                forward_drop_p:float=0.,
                ** kwargs):
            super().__init__(
                ResidualAdd(nn.Sequential(
                    nn.LayerNorm(emb_size),
                    MultiHeadAttention(emb_size,**kwargs),
                    nn.Dropout(drop_p)
                )),
                ResidualAdd(nn.Sequential(
                    nn.LayerNorm(emb_size),
                    FeedForwardBlock(emb_size,expansion=forward_
expansion,drop_p=forward_drop_p),
                    nn.Dropout(drop_p)
                )
            ))
```

1)多头自注意力

将带有位置信息的图像块通过全连接层（nn.Linear）分别构建出可训练的 Q、K、V 向量，维度与图像块的维度保持一致。由于采用多头注意力机制，将 Q、K、V 的维度由 768 拆分为 8 个头，每个头的维度为 96。多头注意力的设计理念与原始 Transformer 相同，目的是让不同的自注意力头能够关注输入的不同方面或特征，从而捕捉更丰富的信息。最后，各个头的输出被合并，融合成完整的注意力表示。这里使用了 einops 库来实现维度的重排，使得代码比原始 Transformer 中的多头自注意力实现更简洁。ViT 多头注意力的代码如下所示。

```python
from einops.layers.torch import Rearrange,Reduce
class MultiHeadAttention(nn.Module):
    def __init__(self, d_model, num_heads):
        super(MultiHeadAttention, self).__init__()
        self.num_heads = num_heads
        self.d_model = d_model
        assert d_model % self.num_heads == 0
        self.depth = d_model // self.num_heads
        self.wq = nn.Linear(d_model, d_model)
        self.wk = nn.Linear(d_model, d_model)
        self.wv = nn.Linear(d_model, d_model)

        self.dense = nn.Linear(d_model, d_model)
    def split_heads(self, x):
        # 使用einops将x拆分成多个头
        x = einops.rearrange(x, 'b n (h d) -> b h n d', h=self.num_heads)
        return x

    def forward(self, v, k, q, mask=None):
        b, n, _ = q.shape

        q = self.wq(q)   # shape (b, n, d_model)
        k = self.wk(k)   # shape (b, n, d_model)
        v = self.wv(v)   # shape (b, n, d_model)

        q = self.split_heads(q)   # shape (b, h, n, d)
        k = self.split_heads(k)   # shape (b, h, n, d)
        v = self.split_heads(v)   # shape (b, h, n, d)

        scaled_attention_logits = torch.matmul(q, k.transpose(-2, -1)) / torch.sqrt(torch.tensor(self.depth, dtype=torch.float32))

        if mask is not None:
            scaled_attention_logits += (mask * -1e9)   # 添加掩码到缩
```

放后的张量上

```
            attention_weights = F.softmax(scaled_attention_logits,
dim=-1)   # shape (b, h, n, n)
            output = torch.matmul(attention_weights, v)  # (b, h, n, d)
            output = einops.rearrange(output, 'b h n d -> b n (h d)')
    # shape (b, n, d_model)
            output = self.dense(output)  # shape (b, n, d_model)
            return output
```

2）残差块

首先，对具有位置信息的图像块进行 LayerNorm 归一化；然后，将这些归一化后的图像块通过自注意力机制处理后的结果与原始的（未经自注意力处理的）图像块进行残差连接。由于后续的全连接也会使用残差块，因此封装一个通用的残差块。残差块代码如下所示。

```
class ResidualAdd(nn.Module):
    def __init__(self,fn):
        super().__init__()
        self.fn=fn

    def forward(self,x,**kwargs):
        res=x
        x=self.fn(x,**kwargs)
        x+=res
        return x
```

3）前馈网络块

前馈网络块由全连接层组成，将经过自注意力的 patch 进行特征重整。代码如下所示。

```
class FeedForwardBlock(nn.Sequential):
    def __init__(self,emb_size:int,expansion:int=4,drop_p:float=0.):
        super().__init__(
            nn.Linear(emb_size,expansion * emb_size),
            nn.GELU(),
            nn.Dropout(drop_p),
            nn.Linear(expansion * emb_size,emb_size),
        )
```

11.4.2 MLP 头

最后一层的全连接头先对第二维的数据做均值，将维度投射到最后一维类别标记上；接着将类别标记输出；然后将类别标记的维度延伸到指定的分类上；最后输出每个分类数的概率。代码如下所示。

```
class ClassificationHead(nn.Sequential):
    def __init__(self,emb_size:int=768,n_classes:int=1000):
        super().__init__(
            Reduce('b n e -> b e',reduction='mean'),
            nn.LayerNorm(emb_size),
            nn.Linear(emb_size,n_classes))
```

11.4.3　ViT 完整模型

将位置编码、Transformer 编码器块、全连接全部组建起来，构成完整的 ViT 模型。代码如下所示。

```
class ViT(nn.Sequential):
    def __init__(self,
                 in_channels:int=3,
                 patch_size:int=16,
                 emb_size:int=768,
                 img_size:int=224,
                 depth:int=12,
                 n_classes:int=1000,
                 **kwargs):
        super().__init__(
            PatchEmbedding(in_channels,patch_size,emb_size,img_size),
            TransformerEncoder(depth,emb_size=emb_size,**kwargs),
            ClassificationHead(emb_size,n_classes)
        )
```

11.5　RNN 模型原理与实现

11.5.1　RNN 介绍

RNN（循环神经网络）是一类具有短期记忆能力的神经网络。与传统前馈神经网络不同，RNN 中的神经元可以接受其他神经元的信息，也可以接受自身的信息，形成具有环路的网络结构。这种结构更接近生物神经网络。RNN 主要用于处理序列数据，广泛应用于语音识别、语言模型和自然语言生成等任务。在 RNN 中，当前的输出不仅依赖于当前的输入，还依赖于先前的信息。具体表现为隐藏层之间的节点是相连的，且隐藏层的输入包括输入层的输出和上一时刻隐藏层的输出。理论上，RNN 能够处理任何长度的序列数据，这使它在处理需要上下文信息的任务（如预测句子中的下一个单词）时特别有效。但是在实践中，为了降低复杂性往往假设当前的状态只与前面的几个状态相关，RNN 展开示意图如图 11-9 所示。

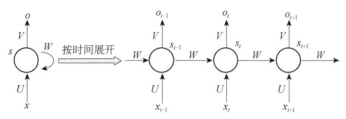

图 11-9　RNN 展开示意图

下面给出一个例子来说明 RNN 设计与使用。

```
import torch
import torch.nn as nn
import torch

class CustomRNNCell(torch.nn.Module):
    def __init__(self, input_size, hidden_size):
        super(CustomRNNCell, self).__init__()
        self.input_size = input_size
        self.hidden_size = hidden_size
        # 定义输入到隐藏状态的权重矩阵
        self.Wxh = torch.nn.Parameter(torch.randn(input_size, hidden_size))
        # 定义隐藏状态到隐藏状态的权重矩阵
        self.Whh = torch.nn.Parameter(torch.randn(hidden_size, hidden_size))
        # 定义隐藏状态到输出的权重矩阵
        self.Why = torch.nn.Parameter(torch.randn(hidden_size, hidden_size))
        # 定义偏置向量
        self.bias_h = torch.nn.Parameter(torch.randn(hidden_size))
        self.bias_y = torch.nn.Parameter(torch.randn(hidden_size))

    def forward(self, x, h_prev):
        # 输入到隐藏状态的计算
        h_t = torch.tanh(torch.matmul(x, self.Wxh) + torch.matmul(h_prev, self.Whh) + self.bias_h)
        # 隐藏状态到输出的计算
```

```python
        y_t = torch.matmul(h_t, self.Why) + self.bias_y
        return y_t, h_t

# 定义一个三层RNN模型
class ThreeLayerRNN(torch.nn.Module):
    def __init__(self, input_size, hidden_size, output_size):
        super(ThreeLayerRNN, self).__init__()
        self.hidden_size = hidden_size
        # 定义三个RNN单元
        self.rnn1 = CustomRNNCell(input_size, hidden_size)
        self.rnn2 = CustomRNNCell(hidden_size, hidden_size)
        self.rnn3 = CustomRNNCell(hidden_size, hidden_size)
        # 输出层
        self.fc = torch.nn.Linear(hidden_size, output_size)

    def forward(self, x):
        # 初始化隐藏状态
        h1 = torch.zeros(x.size(0), self.hidden_size)
        h2 = torch.zeros(x.size(0), self.hidden_size)
        h3 = torch.zeros(x.size(0), self.hidden_size)
        # 前向传播
        for t in range(x.size(1)):
            # 第一层RNN
            y1, h1 = self.rnn1(x[:, t, :], h1)
            # 第二层RNN
            y2, h2 = self.rnn2(y1, h2)
            # 第三层RNN
            y3, h3 = self.rnn3(y2, h3)
        # 输出层
        output = self.fc(y3)
        return output

# 创建训练数据
input_size = 10
hidden_size = 20
output_size = 5
seq_length = 15
batch_size = 32
# 创建模型
model = ThreeLayerRNN(input_size, hidden_size, output_size)
# 损失函数
criterion = torch.nn.MSELoss()
# 优化器
optimizer = torch.optim.Adam(model.parameters(), lr=0.001)
# 模拟训练
for epoch in range(1000):
```

```
    # 创建输入数据
    x = torch.randn(batch_size, seq_length, input_size)
    y = torch.randn(batch_size, output_size)
    # 前向传播
    output = model(x)
    # 计算损失
    loss = criterion(output, y)
    # 反向传播和优化
    optimizer.zero_grad()
    loss.backward()
    optimizer.step()
    # 输出训练信息
    if (epoch + 1) % 10 == 0:
        print('Epoch [{}/{}], Loss: {:.4f}'.format(epoch + 1, 100,
loss.item()))
```

11.5.2 LSTM 网络

LSTM 是一种特殊的 RNN，其核心在于细胞状态和门结构。细胞状态作为信息传输的主干，允许信息在序列中长期传递，可视为网络的长期记忆。门结构（包括输入门、遗忘门和输出门）控制信息的添加、保留和移除。这些门在训练过程中学习如何管理信息流。LSTM 的设计有效缓解了传统 RNN 中的梯度消失或爆炸问题，使其能够学习长期依赖关系。与普通 RNN 相比，LSTM 的主要改进在于引入了这种复杂的记忆单元和门控机制。LSTM 有多种版本，包括全连接结构的 LSTM、卷积结构的 LSTM（ConvLSTM）[4]和双向结构的 LSTM（BiLSTM）[5]。下面主要介绍全连接结构的 LSTM。

1）记忆单元

LSTM 引入了一个新的记忆单元 C_t，用于进行线性的循环信息传递，同时输出信息给隐藏层的外部状态 h_t。在每个时刻 t，C_t 记录了到当前时刻为止的历史信息。

2）门控机制

LSTM 引入门控机制来控制信息传递的路径，类似于数字电路中的门，0 即关闭，1 即开启。LSTM 中的 3 个门分别为遗忘门 f_t、输入门 i_t 和输出门 o_t。

（1）f_t 控制上一个时刻的记忆单元 C_{t-1} 需要遗忘多少信息。

（2）i_t 控制当前时刻的候选状态 $\tilde{C}_t$ 有多少信息需要存储。

（3）o_t 控制当前时刻的记忆单元 C_t 有多少信息需要输出给外部状态 h_t。

LSTM 网络由一个个的 LSTM 单元连接而成。LSTM 整体结构如图 11-10 所示。

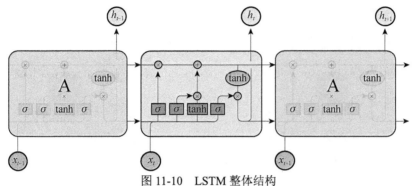

图 11-10　LSTM 整体结构

下面介绍 LSTM 的几个核心组件门。

（1）遗忘门（图 11-11）。

$$f_t = \sigma(W_f \cdot [h_{t-1}, x_t] + b_f) \quad (11\text{-}5)$$

遗忘门读取 h_{t-1} 和 x_t，通过 Sigmoid 函数输出一个 0~1 的数，表示遗忘门对每个记忆单元 C_{t-1} 中信息的保留程度，数值 1 表示完全保留，数值 0 表示完全舍弃。

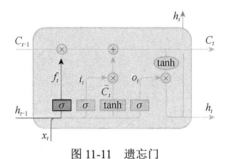

图 11-11　遗忘门

（2）输入门（图 11-12）。

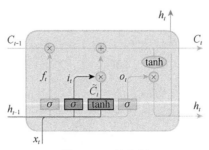

图 11-12　输入门

$$i_t = \sigma(W_i \cdot [h_{t-1}, x_t] + b_i)$$
$$\tilde{C}_t = \tanh(W_C \cdot [h_{t-1}, x_t] + b_C) \quad (11\text{-}6)$$

输入门将确定什么样的信息存放在记忆单元中，包含两个部分。

① Sigmoid 层同样输出[0,1]的数值,决定候选状态 $\tilde{C}_t$ 有多少信息需要存储。
② tanh 层会创建候选状态 $\tilde{C}_t$。

(3) 更新记忆单元(图 11-13)。

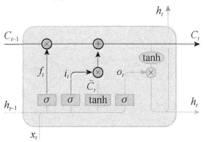

图 11-13 更新记忆单元

$$C_t = f_t \times C_{t-1} + i_t \times \tilde{C}_t \tag{11-7}$$

首先将旧状态 C_{t-1} 与 f_t 相乘,遗忘掉由 f_t 所确定的需要遗忘的信息;然后加上 $i_t \times \tilde{C}_t$,由此得到了新的记忆单元 C_t。

(4) 输出门(图 11-14)。

结合输出门 o_t 将内部状态的信息传递给外部状态 h_t。同样传递给外部状态的信息也是个过滤后的信息,首先,Sigmoid 层确定记忆单元的信息被传递出去;然后,把细胞状态通过 tanh 层进行处理(得到[-1,1]的值)并将其和输出门的输出相乘,最终外部状态仅仅会得到输出门确定输出的那部分。

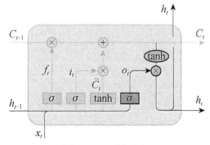

图 11-14 输出门

$$\begin{cases} o_t = \sigma(W_o[h_{t-1}, x_t] + b_o) \\ h_t = o_t \times \tanh(C_t) \end{cases} \tag{11-8}$$

通过 LSTM 循环单元,整个网络可以建立较长距离的时序依赖关系,以上公式可以简洁地描述为

$$\begin{bmatrix} \tilde{C}_t \\ o_t \\ i_t \\ f_t \end{bmatrix} = \begin{bmatrix} \tanh \\ \sigma \\ \sigma \\ \sigma \end{bmatrix} \left(W \begin{bmatrix} x_t \\ h_{t-1} \end{bmatrix} + b \right) \tag{11-9}$$

LSTM 代码实现如下所示。

```python
class LSTMCell(nn.Module):
    def __init__(self,input_size,hidden_size,cell_size,output_size):
        super().__init__()
        self.hidden_size=hidden_size # 隐藏状态h的大小,即LSTM单元隐藏层神经元数量
        self.cell_size=cell_size # 记忆单元c的大小
        # 门
        self.gate=nn.Linear(input_size+hidden_size,cell_size)
        self.output=nn.Linear(hidden_size,output_size)
        self.sigmoid=nn.Sigmoid()
        self.tanh=nn.Tanh()
        self.softmax=nn.LogSoftmax(dim=1)

    def forward(self,input,hidden,cell):
        # 连接输入x与h
        combined=torch.cat((input,hidden),1)
        # 遗忘门
        f_gate=self.sigmoid(self.gate(combined))
        # 输入门
        i_gate=self.sigmoid(self.gate(combined))
        z_state=self.tanh(self.gate(combined))
        # 输出门
        o_gate=self.sigmoid(self.gate(combined))
        # 更新记忆单元
        cell=torch.add(torch.mul(cell,f_gate),torch.mul(z_state,i_gate))
        # 更新隐藏状态h
        hidden=torch.mul(self.tanh(cell),o_gate)
        output=self.output(hidden)
        output=self.softmax(output)
        return output,hidden,cell

    def initHidden(self):
        return torch.zeros(1,self.hidden_size)

    def initCell(self):
        return torch.zeros(1,self.cell_size)
```

11.5.3 GRU 网络

GRU 是简化版的 LSTM，是为了解决长期依赖问题。GRU 总体结构与 RNN 相

近，如图 11-15 所示。

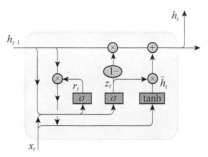

图 11-15　GRU 内部结构

GRU 的思想与 LSTM 相似，反映在其内部结构上，其运算过程如下：

$$\begin{cases} z_t = \sigma(W_z \cdot [h_{t-1}, x_t]) \\ r_t = \sigma(W_r \cdot [h_{t-1}, x_t]) \\ \tilde{h}_t = \sigma(W_o \cdot [r_t \odot h_{t-1}, x_t] + b_o) \\ h_t = (1 - z_t) * h_{t-1} + z_t * \tilde{h}_t \end{cases} \quad (11\text{-}10)$$

LSTM 用 3 个门（遗忘门、输入门和输出门）来控制信息传递，而 GRU 将其缩减为两个（重置门和更新门）。GRU 去除了单元状态，转而使用隐藏状态来传输信息，使其参数减少，效率更高。虽然 GRU 做了较大的简化，但其仍然保持着与 LSTM 相近的功能。

1）重置门

GRU 中的隐藏状态 h_t 与 LSTM 中不同，可视为 LSTM 中单元状态和隐藏状态的混合，记录着历史信息。重置门的输出 r_t 的计算如下：

$$r_t = \sigma(W_r \cdot [h_{t-1}, x_t]) \quad (11\text{-}11)$$

此外，重置门的输出参数 r_t 将作为比例因子，控制着 h_{t-1} 中将有多少信息被保留，即将 r_t 与 h_{t-1} 相乘，得到候选隐藏状态 $\tilde{h}_t$。

$$\tilde{h}_t = \sigma(W_o \cdot [r_t \odot h_{t-1}, x_t] + b_o) \quad (11\text{-}12)$$

$\tilde{h}_t$ 包含了历史信息 h_{t-1} 和当前时刻的输入信息。重置门的输出值越小，历史信息遗忘得越多。重置门有助于捕捉时间序列里的短期依赖关系。

2）更新门

更新门的作用类似于 LSTM 中的遗忘门和输入门，决定着 h_t 将从 h_{t-1} 中保留多少信息，以及需要从 $\tilde{h}_t$ 中接收多少新信息。在 LSTM 中，遗忘门和输入门是互补关系，具有一定的冗余性。而 GRU 则直接使用一个门 z_t 来保持输入和遗忘间的平衡。更新门部分主要完成两项工作。

（1）计算更新门的输出 z_t：

$$z_t = \sigma(W_z \cdot [h_{t-1}, x_t]) \quad (11\text{-}13)$$

（2）计算隐藏状态 h_t：

$$h_t = (1-z_t)*h_{t-1} + z_t * \tilde{h}_t \quad (11\text{-}14)$$

z_t 控制着 h_{t-1} 和 x_t 有多大比例流入 h_t 中，更新门的值越大，当前输入的信息占比越多。更新门有助于捕捉时间序列里的长期依赖关系。代码如下所示。

```python
import torch
import torch.nn as nn

class GRUCell(nn.Module):
    def __init__(self,input_size,hidden_size,output_size):
        super(GRUCell,self).__init__()
        self.hidden_size=hidden_size
        self.gate=nn.Linear(input_size+hidden_size,hidden_size)
        self.output=nn.Linear(hidden_size,output_size)
        self.sigmoid=nn.Sigmoid()
        self.tanh=nn.Tanh()
        self.softmax=nn.LogSoftmax(dim=1)

    def forward(self,input,hidden):
        combined=torch.cat((input,hidden),1)
        z_gate=self.sigmoid(self.gate(combined))  #重置门
        r_gate=self.sigmoid(self.gate(combined))  #更新门
        combined01=torch.cat((input,torch.mul(hidden,r_gate)), 1)
        h1_state=self.tanh(self.gate(combined01))
        h_state=torch.add(torch.mul((1 - z_gate),hidden),
                          torch.mul(h1_state,z_gate))
        output=self.output(h_state)
        output=self.softmax(output)
        return output,h_state

    def initHidden(self):
        return torch.zeros(1,self.hidden_size)
```

11.6　GAN 模型原理与实现

GAN[8]是一种深度学习模型，主要包括两部分：生成模型和判别模型，对应神经网络的生成器与判别器。

（1）生成器（generator，G）：生成数据。

（2）判别器（discriminator，D）：判断数据是真实的还是机器生成的，目的是判别数据是否是生成器生成的假数据。生成器与判别器互相对抗，不断地调整参数。最终的目的是使判别网络无法判断生成网络的输出结果是否真实。

生成器 G 是一个生成图片的网络，它接收一个随机的噪声 z，通过这个噪声生成图片，生成的图片记做 $G(z)$。

判别器 D 判别一张图片是不是真实的。它的输入是 x，x 代表一张图片[其中，x 包含生成图片和真实图片，对于生成图片有 $x=G(z)$]，输出 $D(x)$ 代表 x 为真实图片的概率，如果为 1，那么就代表 100%是真实的图片，而输出为 0，就代表图片 0%是真的（或者说 100%是假的）。GAN 整体结构如图 11-16 所示。

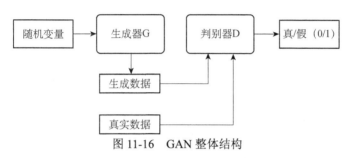

图 11-16　GAN 整体结构

注意：真实数据分布中的数据与生成数据可以认为是相同形状的。

生成网络。生成网络将隐空间中随机采样作为输入，其输出结果需要尽量地模仿训练集中的真实样本，见图 11-17。

图 11-17　生成网络的输入与输出

判别网络。判别网络也可以称为对抗网络，判别网络的输入则为真实样本或生成网络的输出，其目的是将生成网络的输出从真实样本中尽可能地分辨出来，见图 11-18。

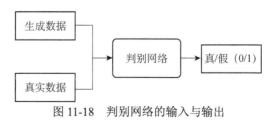

图 11-18　判别网络的输入与输出

以下是用 GAN 生成图片的例子。

```python
import torch
import torch.nn as nn
import torch.optim as optim
import torchvision
import torchvision.transforms as transforms

# 定义生成网络
class Generator(nn.Module):
    def __init__(self,nz,ngf,nc):
        super(Generator,self).__init__()
        self.main=nn.Sequential(
            nn.ConvTranspose2d(nz,ngf*8,4,1,0,bias=False),
            nn.BatchNorm2d(ngf*8),
            nn.ReLU(True),
            nn.ConvTranspose2d(ngf*8,ngf*4,4,2,1,bias=False),
            nn.BatchNorm2d(ngf*4),
            nn.ReLU(True),
            nn.ConvTranspose2d(ngf*4,ngf*2,4,2,1,bias=False),
            nn.BatchNorm2d(ngf*2),
            nn.ReLU(True),
            nn.ConvTranspose2d(ngf*2,ngf,4,2,1,bias=False),
            nn.BatchNorm2d(ngf),
            nn.ReLU(True),
            nn.ConvTranspose2d(ngf,nc,4,2,1,bias=False),
            nn.Tanh()
        )

    def forward(self,input):
        return self.main(input)

# 定义判别网络
class Discriminator(nn.Module):
    def __init__(self,nc,ndf):
        super(Discriminator,self).__init__()
        self.main=nn.Sequential(
            nn.Conv2d(nc,ndf,4,2,1,bias=False),
            nn.LeakyReLU(0.2,inplace=True),
            nn.Conv2d(ndf,ndf*2,4,2,1,bias=False),
            nn.BatchNorm2d(ndf*2),
            nn.LeakyReLU(0.2,inplace=True),
            nn.Conv2d(ndf*2,ndf*4,4,2,1,bias=False),
            nn.BatchNorm2d(ndf*4),
            nn.LeakyReLU(0.2,inplace=True),
            nn.Conv2d(ndf*4,ndf*8,4,2,1,bias=False),
```

```python
            nn.BatchNorm2d(ndf*8),
            nn.LeakyReLU(0.2,inplace=True),
            nn.Conv2d(ndf*8,1,4,1,0,bias=False),
            nn.Sigmoid()
        )

    def forward(self,input):
        return self.main(input).view(-1,1).squeeze(1)
If name =='main':
# 设置随机种子
seed=42
torch.manual_seed(seed)

# 参数设置
nz=100          # 噪声向量的大小
ngf=64          # 生成器特征图的大小
ndf=64          # 判别器特征图的大小
nc=3            # 输入图像的通道数
batch_size=8    #一批样本数量
device=torch.device('cuda' if torch.cuda.is_available()else 'cpu')
# 创建生成器和判别器
generator=Generator(nz,ngf,nc).to(device)
discriminator=Discriminator(nc,ndf).to(device)

# 定义损失函数和优化器
criterion=nn.BCELoss()
d_optimizer=optim.Adam(discriminator.parameters(),lr=0.0002,betas=(0.5,0.999))
g_optimizer=optim.Adam(generator.parameters(),lr=0.0002,betas=(0.5,0.999))

# 加载数据
transform=transforms.Compose([
    transforms.Resize(64),
    transforms.CenterCrop(64),
    transforms.ToTensor(),
    transforms.Normalize((0.5,0.5,0.5),(0.5,0.5,0.5))
])
dataset=torchvision.datasets.CIFAR10(root='./data',train=True,download=True,transform=transform)
dataloader=torch.utils.data.DataLoader(dataset,batch_size=batch_size,shuffle=True,num_workers=2)

# 开始训练
num_epochs=50
for epoch in range(num_epochs):
    for i,data in enumerate(dataloader,0):
```

```python
real_data=data[0].to(device)
batch_size=real_data.size(0)

# 训练判别器
#真实图片送进判别网络中,得到结果与1进行损失计算
discriminator.zero_grad()
label=torch.full((batch_size,),1.0,device=device)
output=discriminator(real_data)
d_real_loss=criterion(output,label)

#将噪声z送进生成网络得到假图片,并将假图片送入判别网络,得到的结果和0进行损失计算
z=torch.randn(batch_size,nz,1,1,device=device)
fake_data=generator(z)
label=torch.full((batch_size,),0.0,device=device)
output=discriminator(fake_dat254a.detach())
d_fake_loss=criterion(output,label)
d_loss = d_real_loss + d_fake_loss

d_loss.backward()
d_optimizer.step()

#训练生成器
#将噪声产生的假图片fake_data送入判别网络,并与1进行损失计算
generator.zero_grad()
label=torch.full((batch_size,),1.0,device=device)
output=discriminator(fake_data)
g_loss=criterion(output,label)
g_loss.backward()
g_optimizer.step()

# 打印训练进度
if i % 100==0:
    print(f"Epoch [{epoch}/{num_epochs}] Batch [{i}/{len(dataloader)}] " f"DLoss: {d_loss.item(): .4f} GLoss: {g_loss.item(): .4f}")
    fake = generator(z)
    path = './data/images_epoch{:02d}_batch{:03d}.png'.format(epoch, i)
    torchvision.utils.save_image(fake, path,normalize=True)
```

在上述代码实现中,生成器的任务是将随机噪声(通常从标准正态分布中采样)转换为与真实图片类似的图像。在代码中,生成器的输入噪声维度 nz=100,表示输入的随机噪声是 100 维的(形状为 (batch_size, nz, 1, 1))。生成器通过多层反卷积网络(ConvTranspose2d)将输入的噪声向量逐步变换成一个大小为 64×64 的彩色图像(通道数 nc=3)。生成器的每一层结构如下:每层反卷积(ConvTranspose2d)将输入的张量尺寸放大,并逐步减少特征图的通道数。特征通道数从 ngf×8 开始,逐层减少

到 ngf，其中 ngf=64 是生成器的基本通道数。每层反卷积后使用批归一化（BatchNorm2d）和 ReLU 激活函数来稳定训练并提高生成效果。最后一层使用 Tanh 激活函数将输出图片的像素值压缩到[-1, 1]，与后续输入到判别器的归一化图像数据保持一致。

判别器的任务是区分输入的图像是真实的还是由生成器生成的假图像。判别器采用卷积网络架构，输入为 64×64 的彩色图像，输出为一个二分类概率，表示输入图像为真实的概率。判别器的网络结构由多层卷积层组成，每层卷积层后面跟着 LeakyReLU 激活函数，用于避免稀疏梯度问题。每一层卷积操作都会减小图像的空间维度，并逐步增加特征图的通道数，直到最终输出一个标量，通过 Sigmoid 函数将其归一化为[0,1]范围，表示图像为真实的概率。输入通道数为 nc=3，表示彩色图像。特征通道数从 ndf（判别器基本通道数 64）开始，并逐层增加为 ndf×2，ndf×4，ndf×8，使得判别器能够学习到不同层级的图像特征。使用 LeakyReLU 激活函数（inplace=False）避免稀疏梯度，并保持判别器的稳定训练。

11.7 本章小结

ResNet 通过引入残差块结构来解决深度神经网络中的梯度消失问题，允许网络层数更深，从而提高了模型的表现力和准确率。在训练过程中，ResNet 使用跨层连接来保留输入信息，使得网络可以更快地收敛，同时避免了梯度消失问题。

RNN 主要用于处理序列数据，通过循环结构来保留历史信息，并使用输出层进行分类或回归预测。但是，由于梯度消失或爆炸的问题，传统的 RNN 存在训练困难和长时依赖性较弱等问题。LSTM 是一种改进的 RNN 结构，通过引入记忆单元与门控机制来解决梯度问题和长时依赖性问题，能够更好地处理序列数据。Transformer 是一种基于自注意力机制的编码-解码结构，能用于自然语言处理和图像处理等任务。它可以同时处理整个序列，避免了传统的 RNN 需要顺序计算的问题，具有良好的并行性能和较高的准确率。

GAN 的应用场景十分广泛，如图像生成、文本生成、音频生成、视频生成等。在图像生成领域，GAN 已经成功地生成了逼真的人脸、街景和自然风景等图像。在文本生成领域，GAN 可以生成自然语言文本，如对话、新闻报道等。在音频生成领域，GAN 可以生成自然的声音效果，如音乐和声音特效等。未来，随着技术的不断发展，GAN 还将在更多的领域得到应用和发展。

这些深度神经网络模型的应用场景不仅限于上述任务，还可以用于语音识别、推荐系统、强化学习等领域。未来，随着技术的进一步发展，这些模型还会不断演化和改进，为各行业带来更多的创新和价值。

参 考 文 献

[1] Vaswani A, Shazeer N, Parmar N, et al. Attention is all you need[C]. Advances in Neural Information Processing Systems, Long Beach, 2017: 1-11.

[2] Dosovitskiy A, Beyer L, Kolesnikov A, et al. An image is worth 16×16 words: Transformers for image recognition at scale[C]. International Conference on Learning Representations, Zhengzhou, 2021: 1-21.

[3] He K, Zhang X, Ren S, et al. Deep residual learning for image recognition[C]. IEEE Conference on Computer Vision and Pattern Recognition, Las Vegas, 2016: 770-778.

[4] Shi X, Chen Z, Wang H, et al. Convolutional LSTM network: A machine learning approach for precipitation nowcasting[C]. Advances in Neural Information Processing Systems, Montreal, 2015: 1-9.

[5] Huang Z, Xu W, Yu K. Bidirectional LSTM-CRF models for sequence tagging[J]. arXiv: 1508.01991, 2015.

[6] Badrinarayanan V, Kendall A, Cipolla R. SegNet: A deep convolutional encoder-decoder architecture for image segmentation[J]. IEEE Transactions on Pattern Analysis and Machine Intelligence, 2017, 39(12): 2481-2495.

[7] Gulrajani I, Kumar K, Ahmed F, et al. Pixelvae:A latent variable model for natural images[J]. arXiv: 1611.05013, 2016.

[8] Goodfellow I, Pouget-Abadie J, Mirza M, et al. Generative adversarial networks[J]. Communications of the ACM, 2020, 63(11): 139-144.